ANSYS 仿真分析系列丛书

ANSYS 工程结构数值分析方法与计算实例

第 2 分册：
结构动力学问题、结构非线性问题

熊令芳　石彬彬　等 编著

中国铁道出版社

2015年·北 京

内 容 简 介

本书为《ANSYS工程结构数值分析方法与计算实例》的第2分册，共包含11章、2个附录，主要内容包括基于ANSYS的工程结构动力计算、非线性计算两大部分。动力计算部分，结合例题系统介绍ANSYS的各种动力分析方法（自振特性、简谐载荷响应、瞬态分析、响应谱、随机振动、多体动力学、显式动力学）；在非线性分析部分，介绍了各类常见非线性问题（材料非线性、几何非线性与屈曲、接触）的处理方法和注意问题，均结合例题讲解。

本书适合工科相关专业的研究生及高年级本科生作为学习有限元分析及ANSYS数值分析技术课程的参考书，也可作为从事工程结构分析的技术人员学习和应用ANSYS软件的参考书。

图书在版编目(CIP)数据

ANSYS工程结构数值分析方法与计算实例. 第2分册，结构动力学问题、结构非线性问题/熊令芳等编著. —北京：中国铁道出版社，2015.10
（ANSYS仿真分析系列丛书）
ISBN 978-7-113-20931-5

Ⅰ.①A… Ⅱ.①熊… Ⅲ.①工程结构—有限元分析—应用软件 Ⅳ.①TU3-39

中国版本图书馆CIP数据核字(2015)第212767号

ANSYS仿真分析系列丛书
书　　名：ANSYS工程结构数值分析方法与计算实例
　　　　　　第2分册：结构动力学问题、结构非线性问题
作　　者：熊令芳　石彬彬　等

策　　划：陈小刚
责任编辑：王　健　　　编辑部电话：010-51873162
封面设计：崔　欣
责任校对：王　杰
责任印制：郭向伟

出版发行：中国铁道出版社(100054，北京市西城区右安门西街8号)
网　　址：http://www.tdpress.com
印　　刷：北京铭成印刷有限公司
版　　次：2015年10月第1版　2015年10月第1次印刷
开　　本：787 mm×1 092 mm　1/16　印张：21.25　字数：536千
书　　号：ISBN 978-7-113-20931-5
定　　价：50.00元

版权所有　侵权必究

凡购买铁道版图书，如有印制质量问题，请与本社读者服务部联系调换。电话：(010)51873174(发行部)
打击盗版举报电话：市电(010)51873659，路电(021)73659，传真(010)63549480

前　言

ANSYS 作为著名的大型结构分析软件，因其功能的通用性、建模计算的高效性及计算结果精确可靠等特点，成为目前国内工程计算领域应用最广泛的分析软件，在工程计算及研究领域发挥了重要作用，大部分高校的工科专业都把 ANSYS 作为有限元分析课程的教学软件。但是另一方面，ANSYS 毕竟是一个复杂的工程分析系统，熟练掌握其建模和分析技术并不是一件轻松的事情。很多技术人员感觉在学习 ANSYS 时缺少系统的理论指导和可参考的典型算例，客观上造成学习周期长，使用软件时问题和疑惑较多，对于计算结果的分析和评价也常常缺乏必要的经验。《ANSYS 工程结构数值分析方法与计算实例》正是为了帮助广大技术人员学习和提升 ANSYS 应用水平而编写的参考书，本书结合大量计算实例，系统地介绍了 ANSYS 软件的理论知识和使用要点。

本册为第 2 分册，包含正文 11 章及 2 个附录，主要内容涉及 ANSYS 工程结构动力计算及非线性计算两大部分。在结构动力计算部分，简要介绍了 ANSYS 动力分析的理论基础，系统介绍了 ANSYS 的各种动力分析方法的实现过程，包括自振特性分析、简谐载荷响应分析、瞬态分析、响应谱分析、随机振动分析、多体动力学分析、显式动力学分析等。在非线性分析部分，简单介绍了各类常见的非线性问题类型（材料非线性、几何非线性与屈曲、接触），详细讲解了 ANSYS 对常见的非线性问题的处理方法。

本分册的相关章节都是结合典型算例进行讲解，包含建模、计算以及计算结果的分析和探讨等内容，涉及到 Mechanical APDL 和 Workbench 两种分析环境，有些例题采用了两种分析环境下的对比分析。本分册的具体内容如下：

第 1 章是 ANSYS 结构动力学分析概述，简要介绍了 ANSYS 的动力分析功能、应用领域及相关的基本概念和理论背景。第 2 章介绍 ANSYS 结构振动模态计算，分别介绍了在 Mechanical APDL 以及 Workbench 两种不同分析界面下进行模态分析及预应力模态分析的实现过程，通过算例讨论了计算结果和有关概念。第 3 章为 ANSYS 谐响应计算，介绍了在 Mechanical APDL 以及 Workbench 两种分析界面下进行完全法和模态叠加法谐响应分析的实现过程，通过例题详细介绍和讨论了相关的计算方法和概念。第 4 章为 ANSYS 瞬态动力计算，同样介绍了两种分析环境下的完全法及模态叠加法瞬态计算的实现过程，通过例题比较了不同加载条件下的结构瞬态响应特点。第5章为ANSYS响应谱计算,主要介绍基于地震响应谱的计算方法,并提供了典型算例。第6章为ANSYS随机振动计算,介绍了PSD分析实现过程,通过算例介绍了相关的操作方法和概念。第7章为ANSYS机构运动及多体动力学分析,介绍了在Workbench环境下的刚体动力分析及刚柔混合体分析方法,提供了典型例题。第8章为非线性基本概念及材料非线性分析,介绍了相关的基本概念、算法原理及弹塑性分析的实现过程,提供了一个典型的弹塑性结构分析例题。第9章为几何非线性分析及屈曲分析,简要介绍了几何非线性问题的几种类型和分析选项,详细介绍了屈曲问题(一类典型的几何非线性问题)的分析方法,还提供了结构大变形分析、特征值屈曲及非线性屈曲的典型例题。第10章为ANSYS接触非线性分析,详细介绍了在Mechanical APDL及Workbench中接触关系的建立方法,提供了齿轮啮合分析的典型接触例题。第11章为ANSYS显式动力学分析方法与例题,结合子弹击穿钢板的例题介绍了Workbench环境中基于ANSYS显式动力学求解器进行非线性瞬态分析的实现过程。附录A介绍了各种动力学分析中常见的抽象单元的特点和使用方法,对部分单元提供了实际算例。附录B介绍了在Workbench环境中通过System Coupling组件进行流固耦合动力分析的实现过程。

  本书由熊令芳、石彬彬等编著,尚晓江博士对本书内容提供了很有价值的指导意见,特在此表示感谢。此外,参与本书例题测试和文字编写工作的还有胡凡金、王文强、夏峰、李安庆、张永刚、王睿、王海彦、刘永刚等,是大家的辛勤付出,才使得本书顺利编写完成。此外,还要感谢中国铁道出版社的编辑老师为本书的出版而付出的劳动。

  由于本书编写时间较短,涉及内容较多,加之作者认识水平的局限,书中的不当甚至错误之处在所难免,恳请读者批评指正。与本书相关的技术问题咨询或讨论,可发邮件至此邮箱:consult_str@126.com。

作者

2015年3月

目　录

第 1 章　ANSYS 结构动力学分析概述 ... 1
1.1　ANSYS 结构动力分析功能及应用简介 ... 1
1.2　ANSYS 动力分析的基本概念和原理 ... 2

第 2 章　ANSYS 结构振动模态计算 ... 5
2.1　Mechanical APDL 中的模态分析方法 ... 5
2.2　Workbench 中的模态分析方法 ... 19
2.3　模态分析例题 ... 36

第 3 章　ANSYS 谐响应计算 ... 54
3.1　Mechanical APDL 中的谐响应分析实现过程 ... 54
3.2　Workbench 中的谐响应分析实现过程 ... 75
3.3　谐响应分析例题 ... 81

第 4 章　ANSYS 瞬态动力计算 ... 105
4.1　Mechanical APDL 中的瞬态分析实现过程 ... 105
4.2　Workbench 中的瞬态分析实现过程 ... 120
4.3　Workbench 瞬态分析例题：钢结构平台 ... 126

第 5 章　ANSYS 响应谱计算 ... 146
5.1　Mechanical APDL 响应谱分析实现过程 ... 146
5.2　Workbench 响应谱分析实现过程 ... 151
5.3　响应谱分析例题：钢结构平台响应谱计算 ... 157

第 6 章　ANSYS 随机振动计算 ... 165
6.1　Mechanical APDL 随机振动分析的实现过程 ... 165
6.2　Workbench 随机振动分析的实现过程 ... 171
6.3　随机振动分析例题：钢结构平台 PSD 计算 ... 178

第 7 章　ANSYS 机构运动及多体动力学分析 ... 186
7.1　ANSYS 多体动力学分析的实现方法 ... 186
7.2　刚体动力学计算例题：曲柄滑块机构运动仿真 ... 189

第 8 章 非线性基本概念及材料非线性分析 …… 208

- 8.1 非线性问题的分类和基本算法 …… 208
- 8.2 ANSYS 弹塑性分析的材料定义 …… 210
- 8.3 静不定桁架的弹塑性分析例题 …… 218

第 9 章 几何非线性分析与屈曲分析 …… 224

- 9.1 ANSYS 几何非线性的基本概念与分析要点 …… 224
- 9.2 屈曲分析的概念和方法 …… 225
- 9.3 几何非线性及屈曲分析例题 …… 236

第 10 章 ANSYS 接触非线性分析 …… 268

- 10.1 ANSYS 中的接触分析方法 …… 268
- 10.2 接触分析例题:齿轮接触分析 …… 272

第 11 章 ANSYS 显式动力分析方法与例题 …… 283

- 11.1 ANSYS 显式分析方法简介 …… 283
- 11.2 子弹击穿钢板显式动力学分析 …… 284

附录 A 结构动力学分析常用的几个单元 …… 298

- A.1 COMBIN14 …… 298
- A.2 MASS21 …… 303
- A.3 MATRIX27 …… 308
- A.4 COMBIN39 …… 314
- A.5 COMBIN40 …… 320

附录 B System Coupling 及流固耦合技术简介 …… 329

第 1 章　ANSYS 结构动力学分析概述

ANSYS Mechanical 具备全面的结构动力学分析功能，基于 ANSYS Mechanical 可分析各种常见的工程结构动力特性及行为。本章的第 1 节是 ANSYS 结构动力分析功能和应用介绍，介绍了各种 ANSYS 结构动力学分析类型及其可以分析的工程问题类型。本章的第 2 节是 ANSYS 动力分析的基本概念和原理，由结构动力学的基本方程出发，介绍了各种 ANSYS 动力分析类型的相关理论背景，这些是基于 ANSYS 进行结构动力分析所必须具备的理论基础。

1.1　ANSYS 结构动力分析功能及应用简介

ANSYS 结构动力学分析的主要功能包括模态分析、谐响应分析、瞬态分析、响应谱分析、随机振动分析以及多体动力学分析等，这一系列动力分析类型构成了一个比较完整的结构动力分析的工具体系。

ANSYS 模态分析用于计算动力系统的固有振动特性：频率及振形。首先，模态分析可用于判断结构是否有动力效应，通过模态分析的结果，可以了解到结构的固有频率和外部激励频率的关系，进而判断是否需要进行动力分析，通常激励频率低于激励方向结构固有振动频率的 1/3 可不进行动力学分析，简化为静力的结构分析问题。模态分析中，一类有代表性的问题是包含应力刚度的结构模态分析。张紧的琴弦具有特定的侧向振动频率，而松弛状态的弦则不具有这种特性，这是由于沿着琴弦方向的拉应力对侧向刚度的贡献。旋转的叶片具有更高的自振频率，也同样是由于应力刚化的结果。在 ANSYS 的动力学分析体系中，模态分析还是一些其他动力分析类型的基础，比如：基于模态叠加的谐响应分析、模态叠加法瞬态分析、谱分析等，都需要基于模态的结果。

ANSYS 谐响应分析用于计算结构在简谐荷载作用下的动力学响应。在各种类型的动力载荷中，简谐荷载是最简单也是最常见的一种动力学激励。由结构受迫振动的稳态解答可知，结构在简谐荷载作用下的响应与施加的荷载之间存在一个相位差。ANSYS 谐响应分析可分析结构在一个频率范围的简谐激励作用下，结构的稳态响应幅值和相位与激励频率之间的关系。谐响应分析的激励必须是同频率的，但可以有相位差。ANSYS 谐响应分析可以基于模态叠加的方法，也可以直接解算结构动力方程组，谐响应分析假定结构的行为是线性的，不能考虑任何非线性因素。谐响应分析的结果可以帮助设计人员了解结构的持续动力特性，验证是否能够避免共振、疲劳以及其他受迫振动引起的有害效应。谐响应分析在各类旋转机械（如：水泵、风机等）的支座、固定装置设计中较为常用。

ANSYS 瞬态分析用于计算结构在随时间任意变化的动力荷载作用下的时间历程动力响应。ANSYS 的瞬态分析提供了两种类型的解法，即：模态叠加法和时域积分法。模态叠加法基于线性叠加原理,因此不能考虑非线性因素;而时域积分方法则可以考虑所有的非线性因素。时域积分法又包括 Newmark 方法、HHT 方法以及显式的中心差分法(用于显式动力分析程序 ANSYS LS-DYNA 或 ANSYS Explicit STR 中)。瞬态分析的典型应用包括各种工程结构在地震波作用下的振动时间历程分析、结构受到冲击作用的动力响应计算、结构受到流体影响引发的耦合振动分析等。瞬态分析可以得到详尽的结构动力过程和行为,其计算所用的时间和计算资源通常较多,计算结果文件的规模一般也比较大。

ANSYS 响应谱分析是结构瞬态分析的一种简化,是一种基于模态叠加的拟静力方法。响应谱分析能够考虑结构各频段振动的振幅最大值和振型参与因素,能够得到结构的最大动力响应,但是此方法不能考虑任何的非线性因素且不能考虑相位和时间因素。ANSYS 提供单点响应谱和多点响应谱分析方法。单点谱分析是在单一点集上定义一条(或一组)响应谱,多点谱分析则是在模型的多个点集合上定义不同的响应谱。在模态合并方法方面,提供了 SRSS、CQC 等常用方法。响应谱分析在各种建筑物(构筑物)、桥梁结构、核电站建筑或装置的抗震分析领域应用广泛,已经成为结构设计的标准化计算方法。

ANSYS 随机振动分析用于计算结构对随机荷载反应的统计规律。此分析在结构上施加功率谱密度(PSD),计算结构响应的 PSD 曲线及响应参数的 1sigma 值。随机振动分析的结果有助于工程师了解结构响应随频率变化的规律。常用于各种航天结构的动力分析中。

ANSYS 多体动力学分析用于计算多体系统的动力学行为。在多体系统分析中,通常包括刚体、柔性体以及运动副(Joint)。目前支持的运动副包括 Revolute、Universal、Slot、Translational、Cylindrical、Spherical、Planar 等。

本书的第 2 章至第 7 章将详细介绍上述各种动力学分析的实现方法。

1.2　ANSYS 动力分析的基本概念和原理

在结构动力学分析中,必须考虑结构的惯性力向量及阻尼力向量,于是 ANSYS 结构动力分析的基本方程为:

$$[M]\{\ddot{u}\}+[C]\{\dot{u}\}+[K]\{u\}=\{F(t)\} \tag{1-1}$$

式中　$\{\ddot{u}\}$、$\{\dot{u}\}$、$\{u\}$——依次为节点加速度向量、节点速度向量、节点位移向量;
　　　$[M]$、$[C]$、$[K]$——依次为总体质量矩阵、总体阻尼矩阵、总体刚度矩阵;
　　　$\{F(t)\}$——节点荷载向量。

上述结构动力方程中的总体质量矩阵、总体阻尼矩阵与静力分析中的总体刚度矩阵的处理方式相似,也是由单元矩阵组合装配形成。结构中任一单元的单元质量矩阵$[M^e]$和单元阻尼矩阵$[C^e]$的一般表达式如下:

$$[M^e]=\int_{V_e}\rho[N]^T[N]dV$$

$$[C^e]=\int_{V_e}c[N]^T[N]dV$$

上述形式的单元矩阵通常又被称为一致单元质量矩阵和单元阻尼矩阵。

对于模态分析,仅考虑结构自身的特性,与外部作用无关,通常也不考虑阻尼,此时结构的动力方程简化为:

$$[M]\{\ddot{u}\}+[K]\{u\}=0 \tag{1-2}$$

第1章 ANSYS 结构动力学分析概述

如果令 $\{u\}=\{\phi_i\}\cos(\omega_i t)$，代入结构自由振动有限元方程，简化得到：

$$([K]-\omega_i^2[M])\{\phi_i\}=0 \tag{1-3}$$

上式为一个齐次线性方程组，其有非零解的条件为：

$$\det([K]-\omega_i^2[M])=0 \tag{1-4}$$

式(1-4)是结构频率特征值分析的基本方程，通过求解这一特征值问题可得到结构的各阶自振频率和振型。对振型计算结果，ANSYS 程序还提供了两种归一化方法。一种方法是振型向量最大分量归一，其他各分量成比例缩放；另一种是关于质量矩阵归一化，即满足：

$$\{\phi_i\}^T[M]\{\phi_i\}=1 \tag{1-5}$$

对于考虑应力刚化效应的模态分析，只需在以上频率特征值方程的刚度矩阵中增加应力刚度项即可，依然为特征值问题。

作为结构动力分析中一类常见的特殊问题，当结构外荷载为简谐荷载时，ANSYS 提供了谐响应分析来给出系统在简谐荷载作用下的最大稳态响应。假设外荷载的频率为 Ω，外荷载和稳态位移响应的相位分别为 ψ 及 φ，简谐外荷载及稳态位移响应分别为：

$$\{F(t)\}=\{F_{\max}e^{i\psi}\}e^{i\Omega t}=\{F_{\max}\cos\psi+iF_{\max}\sin\psi\}e^{i\Omega t}=\{F_1+iF_2\}e^{i\Omega t} \tag{1-6}$$

$$\{u(t)\}=\{u_{\max}e^{i\varphi}\}e^{i\Omega t}=\{u_{\max}\cos\varphi+iu_{\max}\sin\varphi\}e^{i\Omega t}=\{u_1+iu_2\}e^{i\Omega t} \tag{1-7}$$

将式(1-6)、式(1-7)代入结构动力有限元方程，可得：

$$(-\Omega^2[M]+i\Omega[C]+[K])\{u_1+iu_2\}=\{F_1+iF_2\} \tag{1-8}$$

求解此方程组即可求出给定加载频率 Ω 的稳态位移响应幅值和相位角。

在瞬态分析中，结构动力学方程是一个二阶的常微分方程组，需引入初始条件（初位移、初速度）及边界条件才能求解。ANSYS Mechanical 中提供了振型叠加法、缩减法以及完全法三种求解方法。目前使用最多的方法是完全法。

下面以 Newmark 完全法瞬态分析为例，介绍瞬态分析的计算实现过程。

在 $t+\Delta t$ 时刻结构满足如下形式的动力学方程：

$$[M]\{\ddot{u}_{t+\Delta t}\}+[C]\{\dot{u}_{t+\Delta t}\}+[K]\{u_{t+\Delta t}\}=\{F_{t+\Delta t}\} \tag{1-9}$$

Newmark 方法假设 $t+\Delta t$ 时刻的节点速度向量、节点位移向量通过 t 时刻的节点速度向量、节点加速度向量以及节点位移向量按如下两个等式表示：

$$\{\dot{u}_{t+\Delta t}\}=\{\dot{u}_t\}+[(1-\beta)\{\ddot{u}_t\}+\beta g\{\ddot{u}_{t+\Delta t}\}]\Delta t \tag{1-10}$$

$$\{u_{t+\Delta t}\}=\{u_t\}+\{\dot{u}_t\}\Delta t+\left[\left(\frac{1}{2}-\alpha\right)\{\ddot{u}_t\}+\alpha g\{\ddot{u}_{t+\Delta t}\}\right]\Delta t^2 \tag{1-11}$$

后面一个等式可改写为：

$$\ddot{u}_{t+\Delta t}=\frac{1}{\alpha\Delta t^2}(u_{t+\Delta t}-u_t)-\frac{1}{\alpha\Delta t}\dot{u}_t-\left(\frac{1}{2\alpha}-1\right)\ddot{u}_t \tag{1-12}$$

此式与前面的第一个等式代入 $t+\Delta t$ 时刻结构动力学方程，得到：

$$[\hat{K}]\{u_{t+\Delta t}\}=\left(\frac{[M]}{\alpha\Delta t^2}+\frac{\beta[C]}{\alpha\Delta t}+[K]\right)\{u_{t+\Delta t}\}$$

$$=[M]\left[\frac{1}{\alpha\Delta t^2}\{u_t\}+\frac{1}{\alpha\Delta t}\{\dot{u}_t\}+\left(\frac{1}{2\alpha}-1\right)\{\ddot{u}_t\}\right]+$$

$$[C]\left[\frac{\beta}{\alpha\Delta t}\{u_t\}-\left(1-\frac{\beta}{\alpha}\right)\{\dot{u}_t\}-\left(1-\frac{\beta}{2\alpha}\right)\{\ddot{u}_t\}\right]+\{F_{t+\Delta t}\} \tag{1-13}$$

通过上式对 $[\hat{K}]$ 求逆阵，得到 $t+\Delta t$ 时刻的节点位移向量 $\{u_{t+\Delta t}\}$，然后回代到前面的两个等式，即可得到 $t+\Delta t$ 时刻的节点速度向量$\{\dot{u}_{t+\Delta t}\}$以及节点加速度向量$\{\ddot{u}_{t+\Delta t}\}$。

在非线性瞬态分析中，因$[\hat{K}]$中包含$[K]$，因此必须进行多次平衡迭代（后面非线性一章介绍）才能达到平衡。

除了 Newmark 方法外，时间积分的算法还是 HHT 方法及中心差分法，这些方法的瞬态动力学分析过程，可参考 ANSYS Mechanical 以及 LS-DYNA 的理论手册，这里不再详细叙述。

关于谱分析，目前工程中较为常用的是单点响应谱方法，此方法也是结构地震反应计算中的常规性方法。响应谱分析是基于模态叠加的思想，由结构各阶模态的动力响应按照一定方式组合得到结构的谱响应。

在响应谱分析中，结构的第 i 阶模态的响应 R_i 由模态向量乘以模态系数得到，即：

$$R_i = A_i\{\Psi_i\} \tag{1-14}$$

式中 $\{\Psi_i\}$——结构的第 i 阶振形；

A_i——第 i 阶模态的模态系数。

对于加速度反应谱，结构的第 i 阶模态系数则由下式给出：

$$A_i = \frac{S_{ai}\gamma_i}{\omega_i^2} \tag{1-15}$$

式中 γ_i——第 i 阶模态的模态参与系数；

S_{ai}——对应于第 i 阶频率的加速度响应谱值；

ω_i——结构的第 i 阶自振圆频率。

常用的模态合并方法有 SRSS、CQC。对于 SRSS 模态组合方法，结构的总响应 R_a 由下式给出：

$$R_a = \sqrt{\sum_{i=1}^{N}(R_i)^2} \tag{1-16}$$

对于 CQC 模态组合方法，结构的总响应 R_a 由下式给出：

$$R_a = \sqrt{\left|\sum_{i=1}^{N}\sum_{j=1}^{N}k\varepsilon_{ij}R_iR_j\right|} \tag{1-17}$$

其中的组合参数如下：

$$k = \begin{cases} 1 & i=j \\ 2 & i \neq j \end{cases}$$

$$\varepsilon_{ij} = \frac{8\sqrt{\zeta_i\zeta_j}(\zeta_i+r\zeta_j)r^{3/2}}{(1-r^2)^2+4\zeta_i\zeta_j r(1+r^2)+4(\zeta_i^2+\zeta_j^2)r^2}$$

$$r = \omega_j/\omega_i$$

式中 ζ_i、ζ_j——分别为第 i 阶和第 j 阶模态的阻尼比；

r——j 阶和 i 阶圆频率之比。

第 2 章　ANSYS 结构振动模态计算

本章介绍在 ANSYS 中进行模态分析的具体实现过程,第 1 节介绍在 Mechanical APDL 中的模态分析,第 2 节介绍在 Workbench 中的模态分析方法,第 3 节为模态分析的计算例题。在介绍模态分析方法时,包含了普通模态分析和预应力模态分析。

2.1　Mechanical APDL 中的模态分析方法

本节介绍在 ANSYS Mechanical APDL 环境中模态分析的实现过程和操作要点。

2.1.1　普通模态分析

在 Mechanical APDL 中,普通模态分析与其他分析类似,同样包括前处理、求解以及后处理三个环节,各环节中又包含有若干个具体的操作步骤,下面介绍模态分析的关键环节和步骤的操作方法和注意事项。

1. 前处理

前处理环节的主要工作内容是创建模态分析的结构有限元计算模型。在 Mechanical APDL 中,建模是通过前处理器 PREP7 完成的,包括下列具体的操作步骤:

(1)创建或导入几何模型

通过/PREP7 命令进入前处理器,然后通过其实体建模功能创建几何模型,也可直接导入外部建好的 CAD 模型。

(2)定义单元属性

单元属性通常包括单元类型、单元截面(实常数)、材料模型。

模态分析支持广泛的单元类型,包括各种实体单元(二维、三维)、板壳单元、梁单元、质量单元、弹簧单元等等。对于壳单元、梁单元,需要为其指定截面信息,梁单元通常还需要指定横截面的定位关键点。对弹簧、质量等单元需要指定弹性系数、质量以及转动惯量等实常数。材料模型方面,由于模态分析的线性本质,只能支持线性材料模型(其中也包括正交异性材料),如果采用的不是集中质量模型还需要指定结构材料的密度参数。

(3)划分网格形成有限元模型

在 Mechanical APDL 中,划分网格通常分为三步。首先为待划分的几何对象指定各种单元属性,然后再指定待网格划分几何对象的单元形状和网格尺寸,最后是划分网格形成有限元分析模型。

在网格的密度方面,对于仅需要低阶整体振形的问题,较粗略的网格划分即可满足精度;而对高阶局部振形则需要较细致的网格。

在创建模态分析的有限元模型时,也可以直接创建节点并通过节点创建单元,尤其是在创建弹簧、质量单元组成的离散系统时。

建模结束后,选择主菜单的 FINISH 按钮,退出前处理器 PREP7。

2. 进行模态求解

模态求解阶段的工作内容包括选择分析类型、施加约束条件、设置分析选项、模态求解以及模态扩展等。

(1)选择分析类型

首先打开求解器,选择菜单 Main Menu>Solution>Analysis Type>New Analysis,弹出 New Analysis 选择框,在其中[ANTYPE] Type of analysis 中选择分析类型为 Modal,如图 2-1 所示。对应命令为 ANTYPE,MODAL。

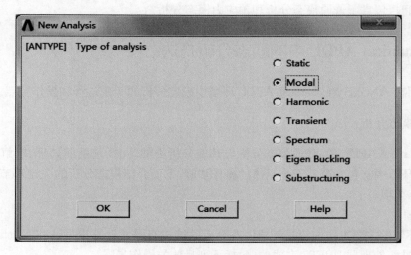

图 2-1 选择模态分析类型

(2)施加约束条件

根据结构的受力,施加支座约束条件。在 ANSYS 模态分析中,只允许施加零位移约束,不允许施加非零的强迫位移,如果施加了非零位移约束则程序会代之以零位移约束。

约束条件对模态分析结果起着决定性的作用。一方面,如果不施加任何约束可以得到自由模态。对 3D 结构而言,不施加任何约束得到前 6 阶模态的频率为零,即刚体位移模态。另一方面,对于施加了约束结构的模态分析,其结果的正确与否与所施加约束是否反映了结构的实际约束状态密切相关。对于模态分析取半边结构分析而施加的对称性约束,在使用中也要特别注意,这类约束可能会过滤掉一些模态。比如说,在结构的镜面对称面上施加了反对称的约束,则无法获得对称变形的模态。

(3)设置分析选项

通过选择菜单 Main Menu>Solution>Analysis Type>Analysis Options,打开 Modal Analysis 设置框。对于普通模态分析,此设置框中需要设置的选项包括模态提取方法及提取数量、模态扩展设置选项、质量矩阵选项等。

下面介绍具体的选项。

1)模态提取方法

如图 2-2 所示,在 Modal Analysis 设置框中,Mode extraction method 选项用于选择模态提取

方法,ANSYS 提供的模态分析方法见表 2-1。

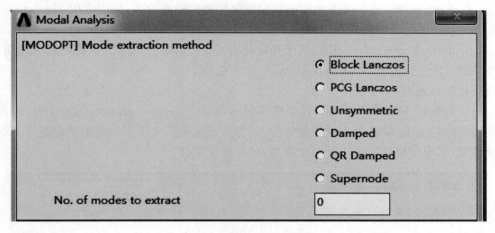

图 2-2 Modal Analysis 设置

表 2-1 ANSYS 模态提取方法

模态提取方法	说　　明
Block Lanczos	分块 Lanczos 方法,是程序中的缺省计算方法,适合于分析壳单元或网格质量较差的实体单元结构
PCG Lanczos	PCG Lanczos 方法,是一种与 PCG 迭代技术结合的 Lanczos 方法,适用于处理 3D 体单元组成的大规模计算模型(大于 50 万 DOF),提取的模态数不宜过多,建议在 100 阶以内
Supernode	超节点方法,适合于分析大型结构提取大量模态数的情况。当提取的模态数超过 100~200 阶时,此方法的效率比 Block Lanczos 或 PCG Lanczos 高。此方法采用一致质量矩阵,不允许采用集中质量矩阵
Unsymmetric	非对称方法,适用于分析刚度阵或质量阵不对称的模态问题。计算中采用 Lanczos 算法
Damped	阻尼方法,用于分析有阻尼体系的模态。计算中采用 Lanczos 算法,计算得到复数特征值和特征向量,特征值的虚部代表频率,实部代表稳定性
QR Damped	QR 阻尼方法,此方法能很好地分析分析小阻尼问题,适合于分析大型的模型

对普通的模态分析,使用较多的方法是 Block Lanczos 方法、PCG Lanczos 方法以及 Supernode 方法。

2)模态提取数量

如图 2-2 所示,在 Modal Analysis 设置框中,No. of modes to extract 选项用于指定模态提取的阶数。

3)模态扩展选项设置

如图 2-3 所示,在 Modal Analysis 设置框中,通过 MXPAND 命令设置模态扩展选项。

图 2-3 Modal Analysis 设置

①Expand mode shapes 选项用于指定是否扩展模态振形，缺省为 Yes。

②No. of modes to expand 选项用于指定需要扩展的模态阶数，仅当采用 Unsymmetric 方法以及 Damped 法时需要设置此选项。

③Calculate elem results? 选项用于指定是否需要计算单元结果。如需计算单元结果，如应力、应变等，则选择打开"Calculate elem results"选项。

4）质量矩阵选项

如图 2-4 所示，Modal Analysis 设置框的最下部分，Use lumped mass approx? 选项用于指定质量矩阵的类型，缺省为一致质量矩阵，如打开此选项开关则采用集中质量矩阵。对于分布质量模型，集中质量矩阵是一种简化模型，计算速度较快。

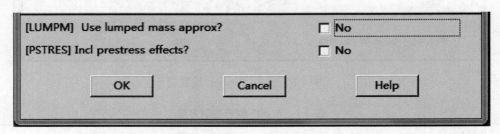

图 2-4　Modal Analysis 设置

5）预应力刚度选项

Include prestress effects? 选项用于指定是否在分析中考虑预应力刚度效应，缺省为关闭，即在分析中不考虑预应力引起的刚化行为。如打开此选项，则在分析中考虑预应力刚化效应的模态分析，相关内容在 2.1.2 节中介绍。

6）模态提取方法的选项

选定了模态提取方法后，需要对所选择的模态提取方法进行进一步的选项设置。

①Block Lanczos 方法的选项

如果在 Modal Analysis 设置框中选择缺省的 Block Lanczos 方法，当按 OK 关闭 Modal Analysis 设置框后，会接着打开 Block Lanczos Method 设置框，如图 2-5 所示。

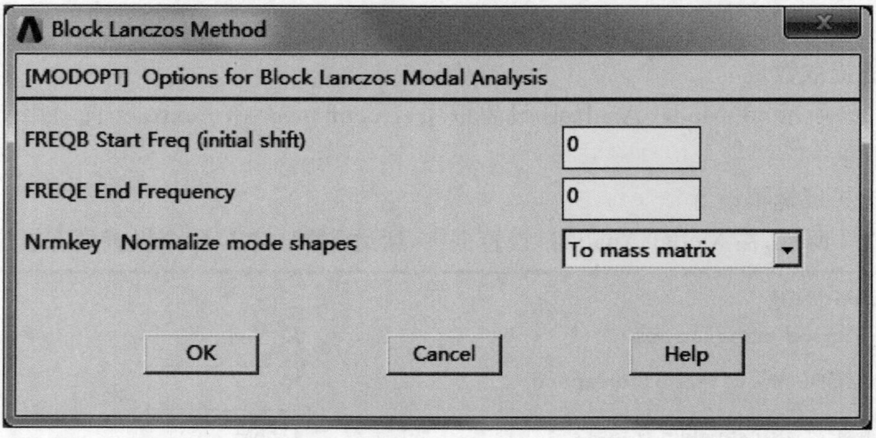

图 2-5　Block Lanczos 方法的选项

上述设置框中，FREQB 和 FREQE 为模态提取的下限频率和上限频率，单位是 Hz，下限频率 FREQB 用于过滤一些低频模态，上限频率 FREQE 的缺省为 1e8，实际上一般结构的频率不可能达到此上限，其意义是允许提取全部要求的模态数。

Normalize mode shapes 选项用于设置振形归一化方法，可选择基于质量矩阵的归一化（To mass matrix），也可选择基于最大位移分量归一化（to unity）。所谓的关于质量矩阵的归一化，是指结构中各质量的模态位移均按照一定比例缩放，使得缩放后的振型向量的转置乘以质量矩阵再乘以缩放后的振型向量等于 1；而关于最大位移分量归一化，则是将振形的最大位移置 1，其他自由度对应的位移分量按比例缩放。

②Supernode 方法的选项

如果在 Modal Analysis 设置框中选择 Supernode 方法，当按 OK 关闭 Modal Analysis 设置框后，会接着打开 Supernode Modal Analysis 设置框，如图 2-6 所示。

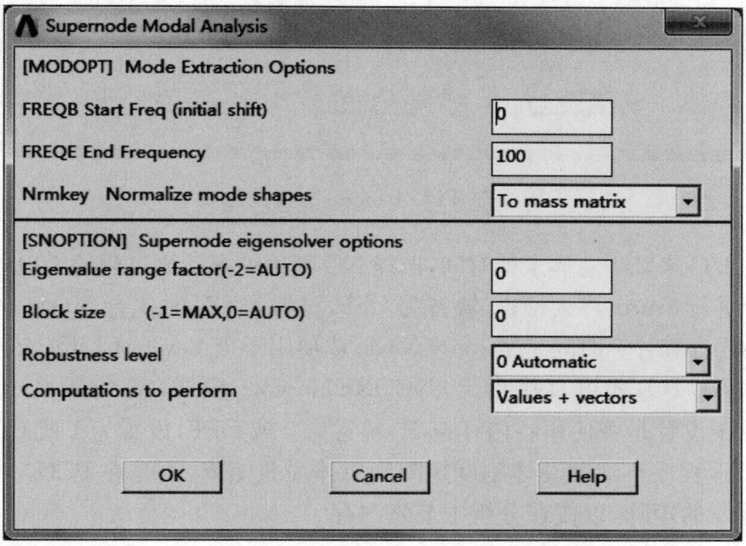

图 2-6　Supernode 方法的选项

上述设置框中，FRQB、FREQE、Normalize mode shapes 这几个选项的意义同前。对于 Supernode 方法，FREQE 值缺省为 100 Hz，为了保持求解效率，通常不建议把 FREQE 设置得过高，对一般的工程问题不要高于 5 000 Hz。因为 FREQE 设置得越高，将会用更多的计算时间以提取更多的特征值。如果像其他方法一样设置为缺省的 1e8，则可能占用过多的计算时间去计算大量的高频模态而无法较快得到所需要的结果。

③PCG Lanczos 方法的选项

如果在 Modal Analysis 设置框中选择 PCG Lanczos 模态计算方法，当按 OK 关闭 Modal Analysis 设置框后，会接着打开 PCG Lanczos Modal Analysis 设置框，如图 2-7 所示。

在此设置框中，FRQB 及 REQE 选项的意义同前。对于 PCG Lanczos 方法，还需通过 PCGOPT 命令设置 PCG 选项，其中 Level of Difficulty 为问题的复杂水平，缺省为 AUTO 或 0，可根据问题复杂程度（矩阵的病态程度）设置为 1 到 5，水平越高则所需的内存和计算时间也越多。Reduced I/O 选项用于缩减计算过程的 I/O，缺省为 AUTO 程序选择，选择 YES 时，通过

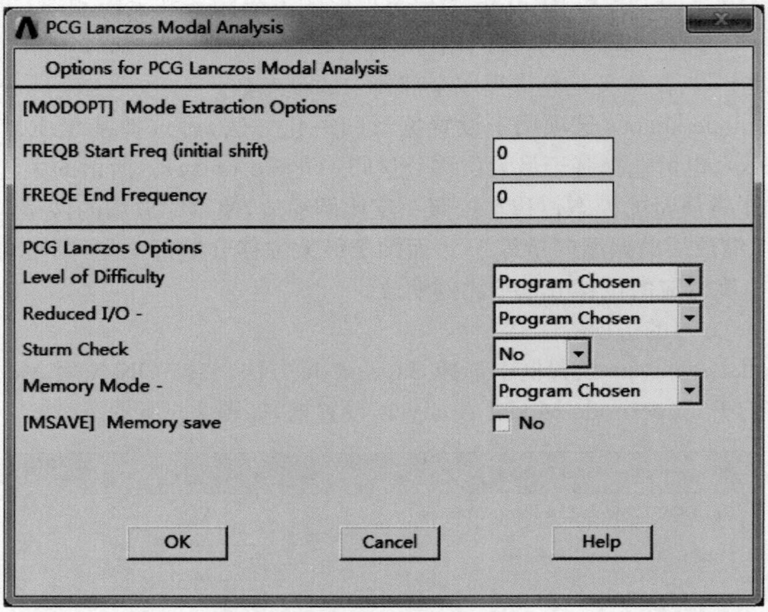

图 2-7 PCG Lanczos 方法的选项

缩减计算过程的 I/O 来减少总体求解时间,选择 NO 则不缩减计算过程的 I/O。Sturm Check 选项用于控制是否进行 Sturm 序列检查,缺省为 OFF,设置为 ON 时执行 Sturm 序列检查,这一检查会耗用大量的内存和计算时间。Memory Mode 选项用于当 Level of Difficulty=5 时控制内存的模式,缺省为 AUTO,还可直接指定 INCORE(in-core 模式)或 OOC(out-of-core 模式)。MSAVE 命令用于设置是否使用省内存选项,缺省为 0 或 OFF,设置为 1 或 ON 时打开省内存开关,这种情况下,程序不组装总体刚度矩阵和总体质量矩阵,而是在 PCG Lanczos 迭代过程中重新形成各单元的矩阵,以便在分析中节省内存。

④Unsymmetric 方法的选项

如果在 Modal Analysis 设置框中选择 Unsymmetric 模态计算方法,当按 OK 关闭 Modal Analysis 设置框后,会接着打开 Unsymmetric Modal Analysis 设置框,如图 2-8 所示。其中各选项的意义同前,这里不再重复介绍。

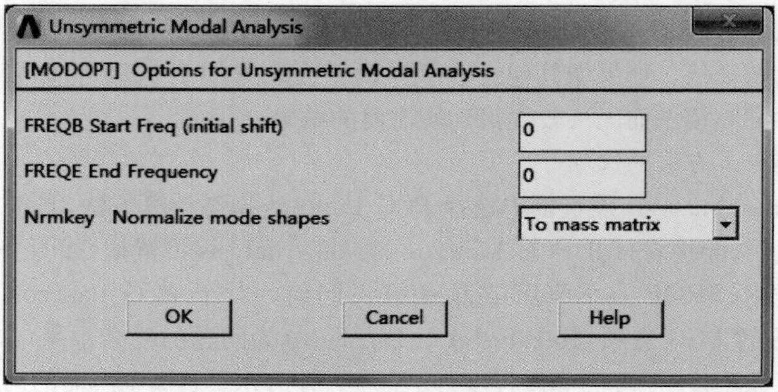

图 2-8 Unsymmetric 方法的选项

第 2 章　ANSYS 结构振动模态计算

⑤Damped 方法的选项

如果在 Modal Analysis 设置框中选择 Damped 模态计算方法,当按 OK 关闭 Modal Analysis 设置框后,会接着打开 Damped Modal Analysis 设置框,如图 2-9 所示。其中各选项的意义同前,这里也不再重复介绍。

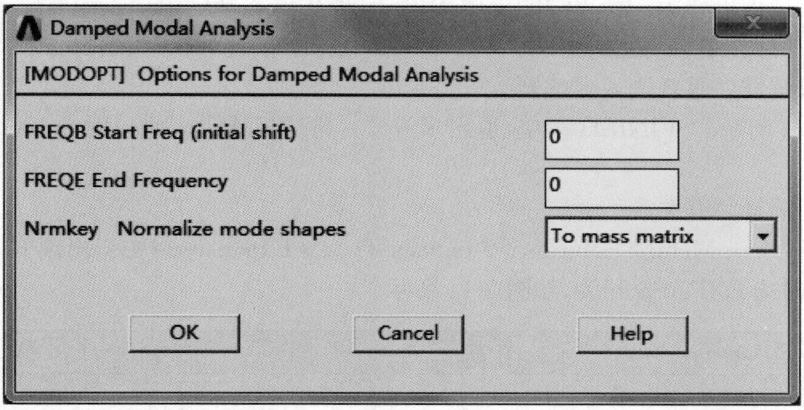

图 2-9　Damped 方法的选项

⑥QR Damped 方法的选项

如果在 Modal Analysis 设置框中选择 QR Damped 模态计算方法,当按 OK 关闭 Modal Analysis 设置框后,会接着打开一个类似于 Block Lanczoc 方法的选项设置框,如图 2-10 所示。其中,FREQB、FREQE、NRMKEY 等选项的意义同前,Calculate Complex Eigenvectors 选项用于设置是否计算复模态振形,缺省为 OFF,选择 ON 时打开此开关。

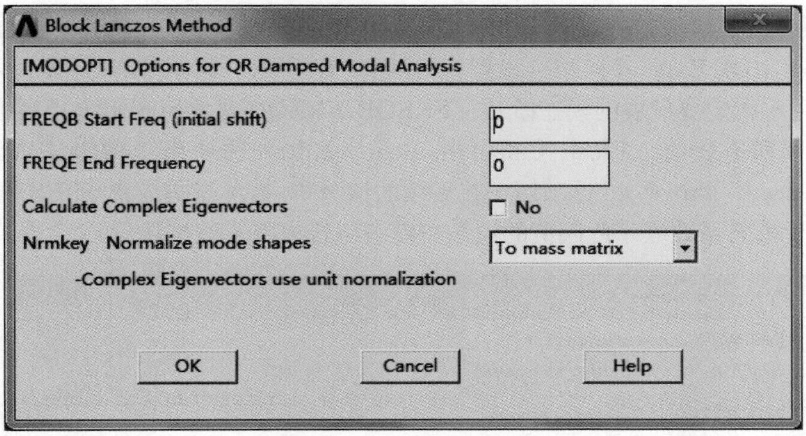

图 2-10　QR Damped 方法的选项

7)阻尼选项

对于考虑阻尼的模态分析方法(QR Damped 方法、Damped 方法),需要定义结构的阻尼。此外,对于无阻尼的普通模态分析,如果后续要进行单点响应谱分析,则在模态分析中也可以指定阻尼,这个阻尼对模态计算无影响,但可基于阻尼进行谱曲线插值,通过模态的有效阻尼比来计算谱响应。

(4) 模态求解

以上选项设置完成后,选择菜单 Main Menu>Solution>Solve>Current LS,开始模态计算。

(5) 模态扩展

对于全模型的模态分析而言,模态扩展可以理解为模态分析的结果被保存到结果文件中以备观察。扩展可以作为一个单独的求解阶段,但是在模态分析中如果包含了 MXPAND 命令,则会在模态计算中自动完成扩展。对于单独的模态扩展过程,典型的操作步骤如下。

1) 退出求解器并重新进入求解器

通过 Main Menu>FINISH 菜单,退出求解器。再通过 Main Menu>Solution 菜单,重新进入求解器。

2) 打开扩展计算开关

通过菜单 Main Menu>Solution>Analysis Type>Expansion Pass,出现 Expansion Pass 选择框,其中勾选 EXPASS 开关,如图 2-11 所示。

图 2-11 打开扩展开关

3) 指定扩展选项

选择菜单 Main Menu>Solution>Load Step Opts>Expansion Pass>Single Expand>Expand Modes,出现 Expand Modes 设置框,如图 2-12 所示。其中,NMODE No. of modes to expand 选项用于指定要扩展的模态阶数。FREQB、FREQE 选项用于指定扩展模态的频率范围,缺省为扩展所有模态。Elcalc Calculate elem results? 选项用于指定是否计算单元解。SIGNIF significant Threshold 选项用于在后续的谱分析(指单点响应谱 SPRS)中指定模态重要性阀值,相对模态系数低于此阀值的模态在模态组合中将不被扩展。

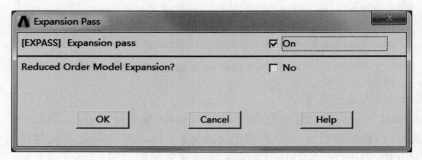

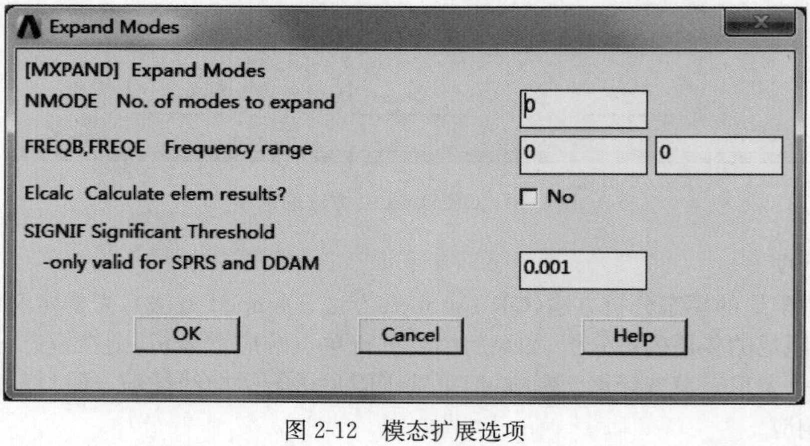

图 2-12 模态扩展选项

4) 指定载荷步输出选项

通过选择菜单 Main Menu＞Solution＞Load Step Opts＞Output Ctrls＞DB/Results File，打开 Controls for Database and Results File Writing 设置框，如图 2-13 所示。

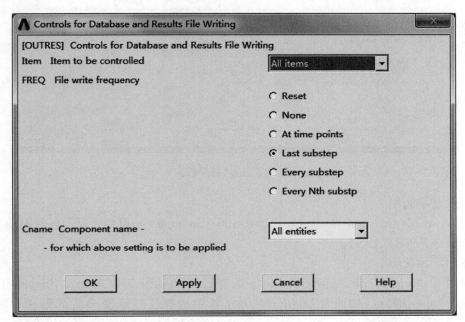

图 2-13 Controls for Database and Results File Writing 设置

其中 Item 选项用于设置输出的结果项目，缺省为 All items。FREQ 选项用于设置输出项目的间隔频率，对模态扩展，缺省为 ALL，即输出所有的模态结果，如设置为 NONE 则不输出任何模态结果。

5) 扩展计算

通过选择菜单 Main Menu＞Solution＞Solve＞Current LS，开始扩展计算。

6) 退出求解器

通过 Main Menu＞FINISH 菜单，退出求解器。

3. 模态分析后处理

模态计算完成后，在 ANSYS 通用后处理器 POST1 中观察分析结果，其具体步骤如下。

(1) 读入结果数据

选择菜单 Main Menu＞General Postproc＞Read Results＞By Load Step，打开 Read Results by Load Step Number 设置框，如图 2-14 所示。在其中指定读取整个模型（Entire model）在指定 LSTEP（载荷步）及指定的 SBSTEP（子步）的结果，然后按 OK。

读取结果数据对应的命令为 SET，其一般格式如下：

SET,Lstep,Sbstep

(2) 查看分析结果

可通过列表显示频率、图形显示变形、等值线图显示、列表显示结果、动画显示振形等方式查看计算结果。

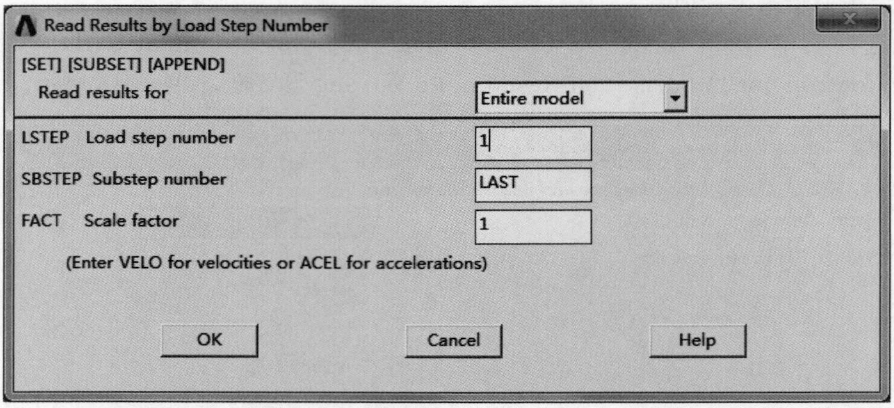

图 2-14 读入结果数据

1) 列表显示频率

通过 Main Menu>General Postproc>Results Summary 菜单列表显示各阶振动频率,对应的操作命令是 SET,LIST。

2) 图形显示变形

通过菜单 Main Menu>General Postproc>Plot Results>Deformed Shape,打开 Plot Deformed Shape 选择框,如图 2-15 所示。可在其中选择仅显示变形后的形状(Def shape only)、显示变形前后形状(Def+undeformed)或显示变形后形状加变形前的轮廓(Def+undef edge)。

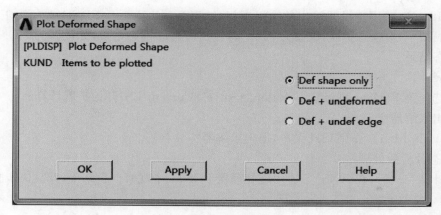

图 2-15 绘制振形图

图形显示变形功能通常用于显示某一阶读入数据库的模态的变形形状结果,也可以通过操作命令 PLDISP 实现。

3) 等值线图显示

选择菜单 Main Menu>General Postproc>Plot Results>Contour Plot>Nodal Solu 或通过菜单 Main Menu>General Postproc>Plot Results>Contour Plot>Element Solu,可以通过等值线图的方式显示各种模态的节点或单元结果数据,如:振形位移、单元的相对应力、应变等。

此操作也可通过操作命令 PLNSOL、PLESOL 来实现。

4) 列表显示数据

选择菜单 Main Menu>General Postproc>List Results>Nodal Solution 或菜单 Main Menu>General Postproc>List Results>Element Solution,可以列表显示读取的模态节点或单元结果数据,如:振形位移、单元的相对应力、应变等。

此操作也可通过操作命令 PRNSOL、PRESOL 来实现。

5) 动画显示振形

通过选择菜单 Utility Menu>Plot Ctrls>Animate>Mode Shape,打开 Animate Mode Shape 设置框,如图 2-16 所示,在其中选择模态振形动画的帧数、延时以及显示结果类型 Display Type,点 OK 即可动画显示振形,此时会打开一个 Animation Control 控制框,可以在其中选择动画播放速度、选择单向播放还是循环播放,也可以停止动画,用 NEXT 和 PREVIOUS 按钮逐帧进行查看。

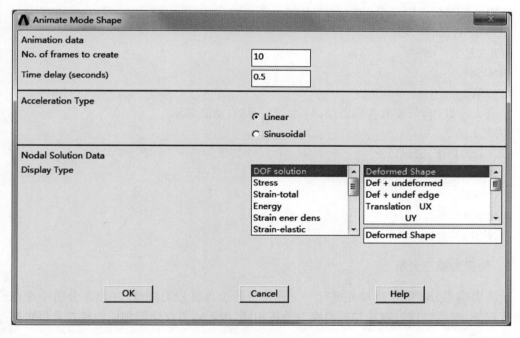

图 2-16　模态振形动画

通过动画显示,可以更加直观地观察到振形变形情况。也可以通过操作命令 ANMODE 实现上述操作。

(3) 退出后处理器

上述后处理操作完成后,通过 Main Menu>FINISH 菜单,退出后处理器。

以上为采用 Mechanical APDL 的图形界面 GUI 实现普通模态分析的过程和步骤。如果采用 APDL 命令流操作方式实现上述过程,其典型的操作命令流可能是下面的形式:

FINISH

/PREP7

! 前处理建模部分,注意定义材料的弹性常数以及密度。

```
MP,DENS,1,…
MP,EX,1,…
MP,NUXY,1,…

FINISH
! 进入求解器
/SOL
! 施加支座约束
D,
! 指定分析类型和求解扩展选项、求解模态
ANTYPE,2
MODOPT,LANB,6
MXPAND,6,,,0
LUMPM,1
SOLVE
FINISH
/POST1
! 进入后处理器,读取各模态结果并列表、图形、动画显示
SET,LIST
SET,LSTEP,SBSTEP
PLNSOL,U,SUM,0,1.0
PRESOL,
ANMODE
FINISH
```

2.1.2 预应力模态分析

预应力模态分析除了需要先进行一个静力分析步计算应力刚度,在模态分析中考虑预应力刚度以外,前后处理过程均与普通模态分析相同,因此本节仅介绍预应力模态分析求解过程的具体步骤。

1. 进行一次静力求解

(1)进入求解器

通过菜单 Main Menu>Solution,进入求解器。

(2)选择分析类型为静力

选择菜单 Main Menu>Solution>Analysis Type>New Analysis,弹出 New Analysis 选择框,在其中[ANTYPE] Type of analysis 中选择分析类型为 Static。

(3)打开预应力效应开关

通过菜单 Main Menu>Solution>Analysis Type>Sol'n Controls,打开 Solution Controls 设置框,在其 Basic 页 Analysis Options 区域中勾选 Calculate prestress effects 复选框,以打开预应力开关,如图 2-17 所示。

第 2 章　ANSYS 结构振动模态计算

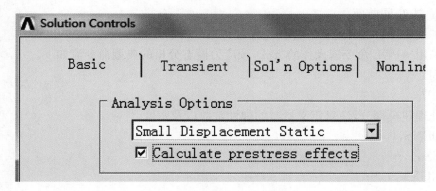

图 2-17　预应力开关

(4) 设置质量矩阵算法选项

通过菜单 Main Menu＞Solution＞Unabridged Menu＞Analysis Options，在打开的 Static Analysis 设置框中找到 LUMPM 命令，设置是否采用集中质量矩阵。

(5) 加载

通过 D、F、SF、BF 等一系列加载命令，施加静力分析的结构支座约束以及荷载，具体方法略。

(6) 求解

通过选择菜单 Main Menu＞Solution＞Solve＞Current LS，开始静力计算。

(7) 退出求解器

求解结束后，通过 Main Menu＞FINISH 菜单，退出求解器。

2. 进行模态求解

(1) 重新进入求解器

通过菜单 Main Menu＞Solution，重新进入求解器。

(2) 选择分析类型为模态

选择菜单 Main Menu＞Solution＞Analysis Type＞New Analysis，弹出 New Analysis 选择框，在其中[ANTYPE] Type of analysis 中选择分析类型为 Modal。

(3) 模态分析选项设置

按照上一节的普通模态分析中介绍的选项进行设置，其中必须打开预应力效应开关，在 Modal Analysis 设置框中勾选 Include prestress effects？选项后面的复选框。

此外，质量矩阵选项 Use lumped mass approx？对预应力模态分析，模态计算中的选项必须与前面的静力分析保持统一设置。

其他模态分析选项与普通模态分析类似，这里不再重复介绍。

(4) 模态求解

通过选择菜单 Main Menu＞Solution＞Solve＞Current LS，计算模态解。

(5) 退出求解器

求解结束后，通过 Main Menu＞FINISH 菜单，退出求解器。

3. 扩展模态

如果在模态求解中没有包含 MXPAND 命令，则需要在后处理之前有一个单独的模态扩展计算过程,方法同前面。

模态扩展后即可像普通模态分析那样进行结果的后处理了。

如果采用 APDL 命令流操作的方式,预应力模态分析的典型命令流如下。

```
FINISH
/PREP7
！前处理建模部分,注意定义材料的弹性常数以及密度。
MP,DENS,1,…
MP,EX,1,…
MP,NUXY,1,…

FINISH
！进入求解器
/SOL
！施加支座约束
D,
！指定分析类型、打开预应力效应、求解静力分析
ANTYPE,0
Pstres,ON
SOLVE
FINISH
！退出求解器后再次进入求解器
/SOL
！指定分析类型为模态、打开预应力效应、设置选项并计算模态解
ANTYPE,2
MODOPT,LANB,6
MXPAND,6,,,0
LUMPM,1
Pstres,ON
SOLVE
FINISH
/POST1
！进入后处理器,读取各模态结果并列表、图形、动画显示
SET,LIST
SET,LSTEP,SBSTEP
PLNSOL,U,SUM,0,1.0
PRESOL,
ANMODE
FINISH
```

2.2 Workbench 中的模态分析方法

本节介绍在 Workbench 环境中的模态分析建模计算实现方法及操作要点。

2.2.1 普通模态分析

在 Workbench 环境中，普通模态分析可以通过预置的 Modal 模板分析系统来完成，此模板系统可通过双击 Workbench 界面左侧 Toolbox＞Analysis Systems＞Modal，随后在 Workbench 的 Project Schematic 区域出现一个模态分析系统 A：Modal，如图 2-18 所示。

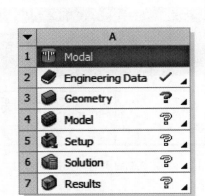

图 2-18　Workbench 中的模态分析系统

此系统的 A1 单元格为标题栏，A2 到 A7 单元格分别代表模态分析的各主要实现环节，每一个单元格都有对应的集成于 Workbench 的 ANSYS 程序组件，依次完成这些单元格，即可完成模态计算过程。各单元格的作用及相关的组件列于表 2-2 中。

表 2-2　模态分析各单元格的作用及集成组件

单元格	作　　用	对应的程序组件
A2 Engineering Data	定义材料数据，包括材料的弹性参数、密度等	Engineering Data
A3 Geometry	用于建立或导入几何模型	DesignModeler（简称 DM）或几何接口
A4 Model	用于前处理形成有限元分析模型	Mechanical
A5 Setup	用于施加约束及指定分析选项	Mechanical
A6 Solution	求解计算	Mechanical
A7 Results	结果的后处理	Mechanical

通过表 2-2 可见，完成一个模态分析需要涉及到 Engineering Data 组件、几何建模组件 DM 以及 Workbench 中的结构分析组件 Mechanical 三个界面，包含 Engineering Data、Geometry、Model、Setup、Solution 以及 Results 共 6 个操作环节。

下面对 Workbench 中模态各环节的具体操作步骤进行介绍。由于后续各章的动力学分析前后处理与模态分析大同小异，因此本节对模态分析的前后处理过程将进行较为详细的介绍，而在后面的各章中，前后处理方面的操作方面就不再详细介绍了。

1. 通过 Engineering Data 定义材料数据

双击模态分析系统的 A2 Engineering Data 单元格，进入 Engineering Data 材料定义界面。有两种方式用于向当前项目中添加材料：使用材料库中的材料、采用用户自定义的材料。在动力分析中，一般情况下较多采用用户自定义材料的方式，其基本步骤如下。

（1）输入新材料名称

在 Engineering Data 界面的 Outline 面板中，单击 Click here to add a new material 位置，输入准备定义的新材料名称，比如：my material，即可创建一个名为 my material 的新定义的材料，如图 2-19 所示。

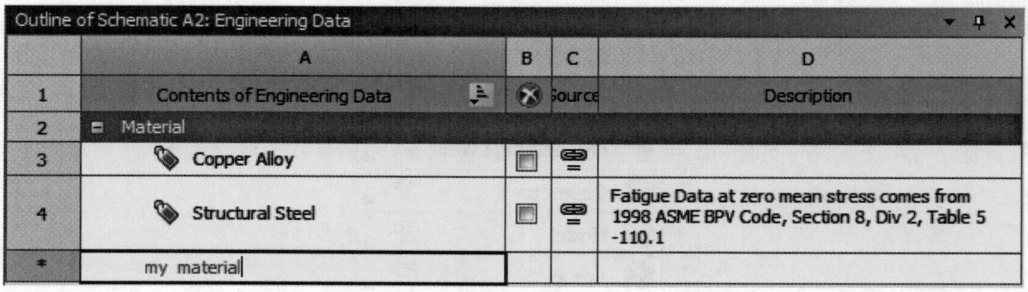

图 2-19　定义新材料名称 my material

（2）为新材料指定属性

在 Engineering Data 左侧的 Toolbox 中双击 Density、Constant Damping Coefficient、Isotropic Elasticity 等项目（按需添加），此时 Properties 面板中列出了上述几项材料属性，黄色区域表示参数欠输入，如图 2-20 所示。

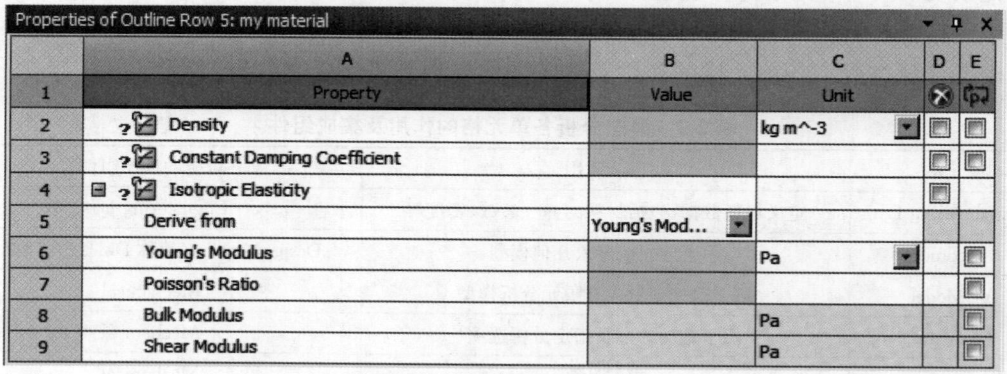

图 2-20　缺少参数定义的 Properties 面板

另一种添加材料属性的方式是，从 Toolbox 中选择相关属性，比如选择密度 Density，按下鼠标左键，将其拖放至刚才定义的新材料名称上或拖放到 Properties 面板的 A1 Property 单元格中释放，这时可以看到此材料属性出现在 Properties 面板。

（3）定义材料参数

在上述材料属性 Properties 面板的黄色区域内，输入材料的各属性值，完成材料属性定义，如图 2-21 所示。

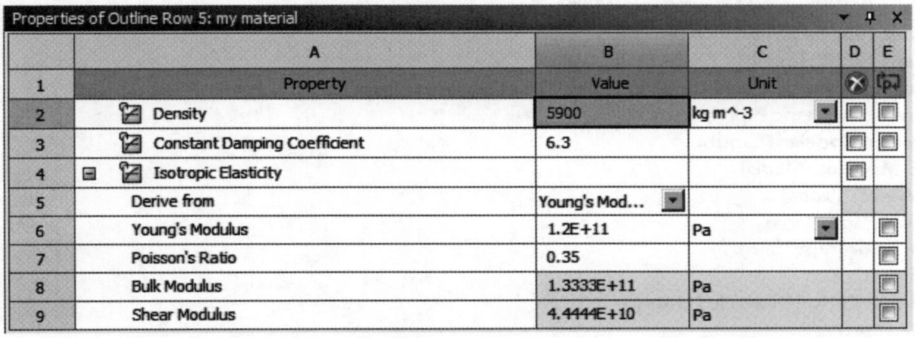

图 2-21 完成定义后的 Properties 面板

输入材料特性参数时，一定要注意输入物理量单位的统一和正确性。当材料属性栏显示参数的单位不合适或不正确时，可以单击 Units 列中■按钮在下拉列表中选择修改，也可通过主菜单中的 Units 进行单位修改。

2. 创建或导入几何模型

几何模型可以在 Workbench 中的 DM 组件中创建，也可以导入外部存在的几何文件。

（1）利用 DM 创建几何模型

选择单元格 A3，按下右键在右键菜单中选择 New DesignModeler Geometry，即启动 DM 组件，在其中进行几何建模工作，目前在 DM 中支持 line body（线体）、Surface body（面体）、Solid body（实体）三种类型几何对象的创建。线体和面体的创建属于其中的概念建模（Concept Modeling）功能，通常线体需要指定截面（section）信息，面体则需要指定厚度。实体创建时通常是基于草图（sketch）以及 3D 建模功能完成。DM 建模完成后，关闭 DM 界面，返回 Workbench 界面下即可。具体的 DM 建模操作方法，可参照后续计算例题的建模部分。

（2）导入外部几何模型

也可以不通过 DM 建模，而直接导入外部已有的几何模型。

要导入已有的外部几何模型时，选择单元格 A3 Geometry，按下鼠标右键，在弹出的菜单中选择 Import Geometry＞Browse…，在打开的对话框中浏览文件夹找出要导入的文件并打开，即可实现几何模型的导入，这时 A3 单元格右侧出现一个绿色的√标识。

Workbench 中可能被导入的常见几何格式如图 2-22 所示。

3. 进入 Mechanical 完成模态分析的后续过程

几何模型单元格 A3 完成后，接下来的全部工作都在 Mechanical 组件界面下完成，具体操作步骤如下。

（1）启动 Mechanical 组件界面

双击 A4 Model 单元格，即可启动 Mechanical 组件，其操作环境如图 2-23 所示。此界面包含菜单栏、工具条、Outline Tree、Details、图形显示区域、Graph 及 Tabular Data 图表区域等几部分。

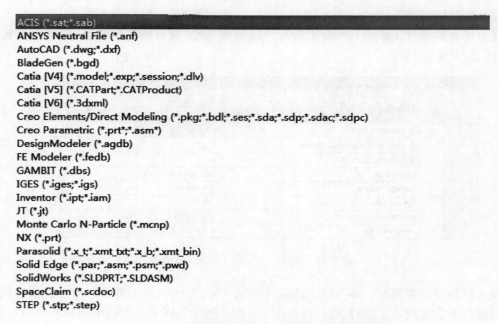

图 2-22　可能被导入 Workbench 的几何格式类型

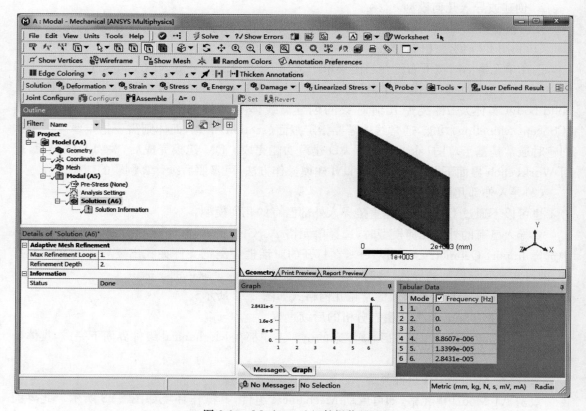

图 2-23　Mechanical 组件操作界面

Mechanical 组件左侧的 Outline 区域中为树状的模型和分析分支,通常称为项目树(Project tree),这个项目树是整个 Mechanical 操作界面的核心,Mechanical 界面下的所有操作过程都是围绕这个项目树进行。在操作过程中,用户依次选择项目树的各个分支,在界面的左侧下方的 Details 中为所选择项目分支设置相关的选项或数据,即可完成前处理、模态求解以及模态结果后处理的整个过程。在指定各分支的 Details 属性的过程中,常需要在界面中间的图形显示区域中选择各种对象,可通过选择过滤工具栏的按钮进行过滤以便实现高效率的对象选择。操作结果在右侧的图形显示区域、Graph 区域以及 Tabular Data 区域会分别以图形、曲线或表格等数据呈现形式加以反馈。

(2) Geometry 分支

Geometry 分支包含了全部的几何模型信息,模型中所有的几何体都在 Geometry 分支下以子分支的形式列出。选择每一个几何体子分支,在 Details View 中可以为其指定显示颜色、透明度、刚柔特性(刚体不变形、柔性体能发生变形)、材料类型、参考温度等。此外,还给出了此几何体的统计信息,如:体积、质量、质心坐标位置、各方向的转动惯量。如果进行了网格划分,还能显示出这个体包含的单元数量、节点数量、网格质量指标等。这里所指定的材料类型属性是在 Engineering Data 中定义的,如果需要指定新的材料类型,可在材料属性中选择"New Material",如图 2-24 所示,然后再次进入 Engineering Data 界面进行新材料及参数的定义。如果需要对现在的材料模型(图中为 Structural Steel)参数进行修改,可选择"Edit Structural Steel",即进入 Engineering Data 界面进行参数修改。修改完毕后返回 Workbench 环境。

图 2-24 选择新材料或编辑材料参数

此外,对于在 DM 中没有指定厚度的面体,还需要在 Mechanical 中指定其厚度或截面及参数,Mechanical 中支持多层壳截面,即 Layered Section 定义。如果为一个面体同时指定了厚度和 Layered Section,则起作用的是 Layered Section。在 Geometry 分支的右键菜单中还可以选项 Insert>Point Mass,在模型中加入集中的质量点,以模拟一些没有进行实体建模的部件的配重。

(3) Coordinate Systems 分支

这个分支是坐标系分支,缺省情况下包括一个 Global Coordinate System 总体坐标系。如果在后续施加约束时涉及到一些非总体直角坐标方向的,可在此分支下用鼠标右键菜单插入新的坐标系并指定其 Details 属性。

(4) Connection 分支

如果几何分支下包含多个体(部件)时,需要在 Connection 分支下指定模型各个部件之间的连接关系,最常见的连接关系是接触关系。在模态分析中,通常仅支持绑定接触。

除了接触外,各部件之间还可以通过 Spot Weld(焊点)、Joint(铰链)、Spring(弹簧)、Beam

(梁)等方式进行连接。

在 Mechanical 中可以进行接触连接关系的自动识别,也可进行手工的接触对指定。自动识别是在模型导入过程中自动完成的,Connection 分支下能够列出识别中的接触对分支。一个接触对包含 Contact(接触面)以及 Target(目标面)两个表面,即接触界面两侧的表面。在 Project 树中选择了某个接触对分支时,接触面和目标面会分别以红色和蓝色显示,而那些与所选择的接触对无关的体(部件)则采用半透明的方式显示。还可以按下工具栏上的 Body Views 按钮,打开 Body View 视图,以便更清楚地观察接触面两侧部件的相对位置及建立接触的部位,如图 2-25 所示。

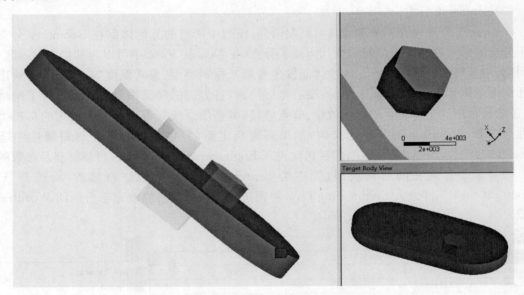

图 2-25 接触对的显示与观察

如果选择部分或全部手工指定接触关系(接触对),可选择 Connection 分支,弹出右键菜单,鼠标停放在 Insert 邮件菜单上,此时会弹出二级菜单,如图 2-26 所示,这些菜单项目可用于部件之间的接触关系的指定。

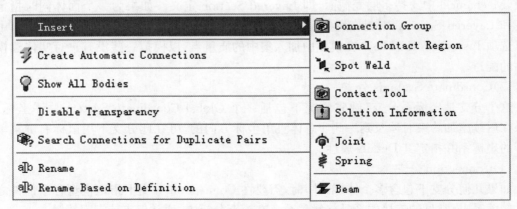

图 2-26 Connection 分支右键菜单

如果在模型导入过程中没有自动识别接触对，或需要选择一部分体之后自动形成接触对，则可在以上右键菜单中选择“Create Automatic Connections”，这时也还是可以自动识别接触关系并形成接触对分支，这些接触对分支列表会出现在 Connection 分支下，用户在每一个接触的 Details 中确认或修改接触的算法及属性即可。如果需要手工方式定义连接，则选择上述右键菜单中的“Insert>Manual Contact Region”项，在 Connection 分支下即可加入新的接触对子分支，但此时用户需要在 Details 中为每一个新加入的接触对手工选择接触面和目标面，然后再指定其算法及属性。对于其他连接关系的指定，如 Spot Weld、Joint、Spring、Beam 等，则通常采用手工方式指定。

(5)Mesh 分支

Mesh 分支的作用是进行网格划分形成有限元网格。在 Mesh 分支下不加入任何控制或方法选项，直接右键菜单中选择“Update”或“Generate Mesh”，可以自动生成计算网格。如需要进行划分网格的控制，可通过总体及局部控制措施来实现。

网格的总体控制一般通过 Mesh 分支的 Details 的参数设置，如图 2-27 所示。对于结构动力学分析的网格划分而言，主要的控制选项组包括 Defaults、Sizing、Advanced、Defeaturing 等，其中 Sizing 是最常用的控制选项。

Details of "Mesh"	
Defaults	
Physics Preference	Mechanical
Relevance	0
Sizing	
Use Advanced Size Function	Off
Relevance Center	Coarse
Element Size	Default
Initial Size Seed	Active Assembly
Smoothing	Medium
Transition	Fast
Span Angle Center	Coarse
Minimum Edge Length	7.74780 mm
Inflation	
Patch Conforming Options	
Advanced	
Shape Checking	Standard Mechanical
Element Midside Nodes	Program Controlled
Straight Sided Elements	No
Number of Retries	Default (4)
Extra Retries For Assembly	Yes
Rigid Body Behavior	Dimensionally Reduced
Mesh Morphing	Disabled
Defeaturing	
Pinch Tolerance	Please Define
Generate Pinch on Refresh	No
Automatic Mesh Based Defeaturing	On
Defeaturing Tolerance	Default
Statistics	

图 2-27　Mesh 分支的 Details

除了网格总体体控制外，还可在 Mesh 分支下通过鼠标右键菜单插入局部控制子分支。当鼠标停放在 Mesh 分支的右键菜单 Insert 上时会弹出下一级的子菜单，如图 2-28 所示。通过这些右键菜单及其子菜单，可在 Mesh 分支下加入各种划分方法和控制选项，对于每一个方法或选项,在其 Details 视图中分别进行属性的设置。属性设置完成后,右键菜单中选择 "Update"或"Generate Mesh"即可根据用户的设定形成网格。

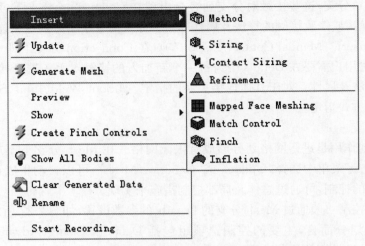

图 2-28　Mesh 分支右键菜单

ANSYS Mesh 提供多种网格划分方法,在上述右键菜单中选择 Insert>Method,在 Mesh 分支下出现一个网格划分方法的分支,此分支的名称缺省为网格划分方法,而网格划分的缺省方法是"Automatic",即:自动网格划分。在网格划分方法分支的属性中,首先选择要指定网格划分方法的几何体(部件),然后在 Method 一栏下拉列表中选择网格划分方法,如图 2-29 所示。在 Mechanical 中提供了五种网格划分方式。此外,还提供了表面映射网格划分方法 Mapped Face Meshing。前面五种方法均通过 Insert>Method 加入,表面映射网格通过 Insert>Mapped Face Meshing 加入。

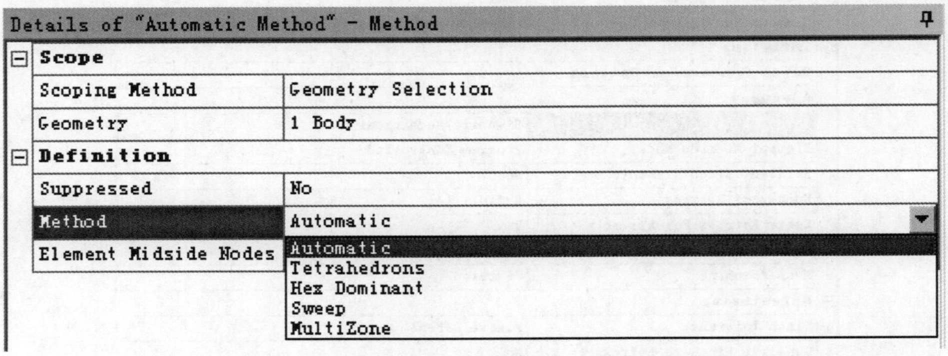

图 2-29　网格划分的方法选项

五种网格划分方法及其特点列于表 2-3 中。

表 2-3　五种 Mesh 方法及其特点说明

网格划分方法	划分方法说明
Automatic	缺省网格划分方法,对可以扫略划分的体进行 Sweep 方式划分,对其他的部件采用四面体划分
Tetrahedrons	四面体网格划分,可选择 Patch Conforming(表面特征片相关方法,会考虑表面的细节或印记)或 Patch Independent(表面特征片无关方法)两种划分方法

续上表

网格划分方法	划分方法说明
Hex Dominant	六面体为主的网格划分,此方法形成的单元大部分为六面体,因此单元个数一般较少
Sweep	扫略网格划分,需选择源面以及目标面,选项有 Automatic(自动选择)、Manual Source(手工选择源面)、Manual Source and Target(手工选择源面目标面)、Automatic Thin(自动薄壁扫略)、Manual Thin(手工薄壁扫略);Sweep Num Divs 选项用于设置扫略方向单元的等分数;薄壁 Sweep 单元类型 Element Option 可选 Solid 或 Solid Shell
MultiZone	多区域网格划分,会自动切分复杂几何体为较简单的几部分,然后对各部分划分网格,可指定 Src/Trg Selection 方法为 Manual Source,即手动选择映射划分的源面。单元形状可以为六面体、三棱柱以及四面体等

在网格局部控制的尺寸控制方面,用户可在 Mesh 分支右键菜单中选择 Insert＞Sizing,这时 Mesh 分支下会出现 Sizing 子分支,通过其 Details 选项,可以选择需要指定网格尺寸的几何对象(点、线、面、体),指定了作用对象后的 Sizing 子分支可改变名称,如:Vertex Sizing、Edge Sizing、Face Sizing、Body Sizing。对各种 Sizing 控制,可在 Details 中直接指定 Element Size;也可以指定一个 Sphere of Influence(影响球)及其半径,再指定影响球范围内的 Element Size。如图 2-30(a)所示为一个设置了 Body Sizing 为 0.25 的边长为 10 的立方体的网格,图 2-30(b)为仅在其中一个顶点为中心的影响球范围内设置了 Body Sizing 为 0.25 情况下的网格,划分方法均为 Tetra。

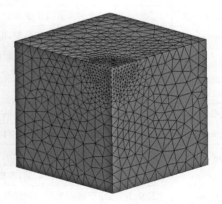

(a) 设置了总体Body Sizing的网格　　　　(b) 影响球范围内设置Sizing的网格

图 2-30　Sizing 设置效果对比

网格划分完成后,与 Mechanical APDL 操作方式相对应的前处理阶段工作就完成了,后面继续进行加载及求解的工作。

(6)施加支座约束

由于模态分析与外部激励无关,因此不允许施加外荷载,但是必须为结构施加必要的支座约束。施加约束时,选择项目树的 Modal 分支,用鼠标右键菜单选择 Insert,然后可加入所需的约束类型,如图 2-31 所示。

可施加的约束类型包括 Fixed Support、Displacement、Remote Displacement、Frictionless Support、Cylindrical Support、Simply Supported、Fix Rotation、Elastic Support 以及 Constraint Equation、Nodal Displacement、Nodal Rotation 等。这些位移约束的简单说明列于表 2-4 中。

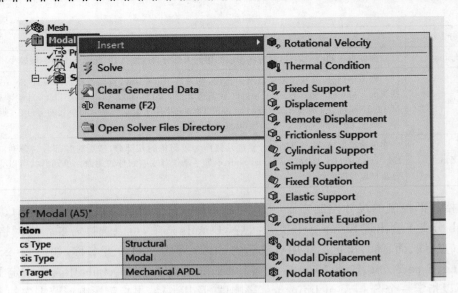

图 2-31 模态分析约束施加

表 2-4 模态分析中可施加的约束类型说明

约束类型	说　　明
Fixed Support	固定约束，节点的所有自由度均为 0
Displacement	给定位移约束，可选择位移分量，但模态分析中不支持非零约束
Remote Displacement	远端点位移约束，约束位置可在结构上或结构外，约束远端点与受约束的对象包含节点之间建立约束方程
Frictionless Support	法向光滑约束
Cylindrical Support	圆柱面约束，可选择约束圆柱面的径向、周向、轴向
Simply Supported	简支约束，仅约束线位移，不约束转角
Fix Rotation	固定转动约束，不约束线位移分量
Elastic Support	弹性支座，用于模拟弹性地基，需指定单位面积的地基刚度
Constraint Equation	约束方程，用于把模型的不同部分通过自由度约束方程连接起来
Nodal Displacement	直接施加于节点集合的线位移约束
Nodal Rotation	直接施加于节点集合的转角位移约束

施加上述约束时，要注意与结构的实际约束状态相一致。每施加一个约束都会在 Modal 分支下增加一个对应约束的子分支，在 Details 指定约束的相关参数，即可完成约束的施加。

(7) Pre-Stress 分支

Pre-Stress 分支在 Modal 分支下，用于定义哪一个结构分析系统的结果用于当前的模态分析，主要用于预应力模态分析，请参照下面一节中的介绍，在普通模态分析中忽略此分支。

(8) Analysis Settings 分支

Analysis Settings 分支在 Modal 分支下，其 Details 选项用于设置模态分析的相关选项，如图 2-32 所示。

第 2 章　ANSYS 结构振动模态计算

Details of "Analysis Settings"	
Options	
Max Modes to Find	6
Limit Search to Range	Yes
Range Minimum	0. Hz
Range Maximum	1.e+008 Hz
Solver Controls	
Damped	No
Solver Type	Program Controlled
Rotordynamics Controls	
Output Controls	
Stress	No
Strain	No
Nodal Forces	No
Calculate Reactions	No
General Miscellaneous	No
Analysis Data Management	
Solver Files Directory	D:\modal_test_files\dp0\SYS\MECH\
Future Analysis	None
Scratch Solver Files Directory	
Save MAPDL db	No
Delete Unneeded Files	Yes
Solver Units	Active System
Solver Unit System	nmm

图 2-32　模态分析的 Analysis Settings

下面简单介绍一下 Analysis Settings 的 Details 设置中的常用选项。

1）提取模态数

Max Modes to Find 选项用于指定所需的 Number of Modes，缺省为提取前 6 个自然频率。提取频率数可以通过如下两种方式来指定：

①前 N 阶模态（N>0）。

②在选定的频率范围的前 N 阶模态。

选择这种指定方式时，需要设置 Limit Search to Range 为 Yes，然后再指定频率范围的上下限 Range minimum 以及 Range Maximum。

2）阻尼

Damped 选项缺省为 No，即在模态分析中不考虑阻尼。如果模态分析中需要考虑阻尼，则设置 Damped 选项为 Yes。如果模态分析包含了阻尼，则频率和振形将成为复数。对于有阻尼的模态分析，在 Details of "Analysis Settings" 选项列表中出现一个 Damping Controls 选项用于定义阻尼参数。质量阻尼系数 Mass Coefficient 可以直接在列表中指定，而对于刚度阻尼，则提供了如下的两种不同指定方式：

①Stiffness Coefficient Defined By Direct Input

选择此选项时，定义阻尼的区域如图 2-33 所示。

②Stiffness Coefficient Defined By Damping vs Frequency

选择此选项时，定义阻尼的区域如图 2-34 所示。

3）选择 Solver Type

通常可以通过缺省选项 Program Controlled 来确定合适的求解算法，也可通过 Solver Type 选项右侧的下拉列表选择算法。对无阻尼的模态分析以及有阻尼的模态分析，可选择的算法分别如图 2-35（a）、（b）所示。

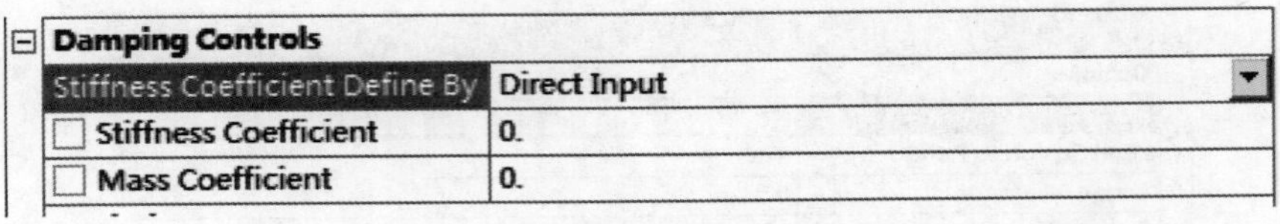

图 2-33 刚度阻尼系数直接输入

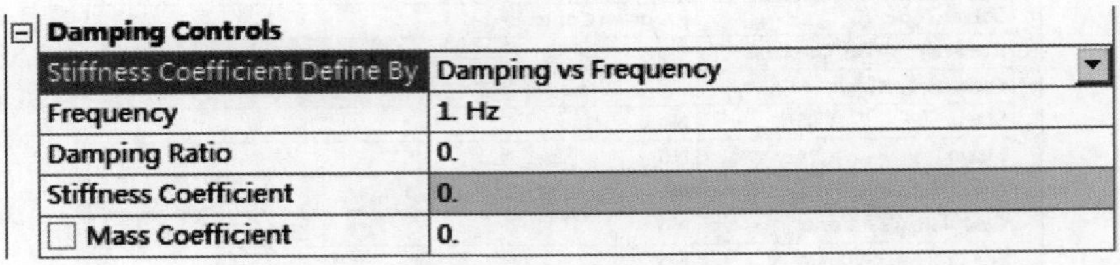

图 2-34 刚度阻尼系数通过阻尼-频率来指定

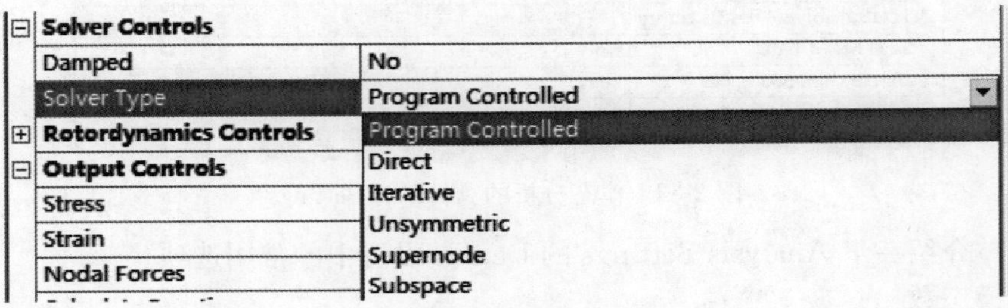

(a) 无阻尼模态分析

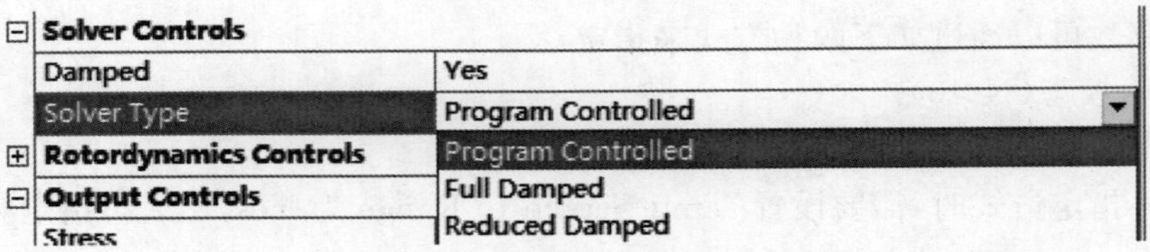

(b) 有阻尼模态分析

图 2-35 算法的选择

4) Output Controls 选项设置

缺省情况下,模态分析仅计算模态频率及振形,可以在 Analysis Settings 分支 Details 列表的 Output Controls 选项中指定计算 Stress、Strain 等相对分布结果项目为 Yes。如果打开了某个计算结果项目的开关后,还可以选择保存这些结果,以便能加快后续使用模态结果的分析类型。

5) Analysis Data Management 设置

Analysis Data Management 选项用于分析数据管理设置。其中,如果在后续的模态叠加法瞬态分析、谐响应分析、PSD 分析、响应谱分析中应用模态结果,则 Future Analysis 选项可以选择 MSUP Analyses。如果在 Workbench 的 Project Schematic 中已经预先把此模态分析系统与其他后续分析系统联系起来,则 Future Analysis 选项会直接被设置为 MSUP Analyses。Save MAPDL db 选项用于设置是否保存 Mechanical APDL 环境格式的数据库文件。

(9) 求解

上述设置完成后,按下 Mechanical 界面工具栏上的"Solve"按钮,程序即调用 Mechanical

Solver 进行求解计算。计算过程中会弹出一个如图 2-36 所示的计算进度条。用户可以通过其中的 Stop Solution 按钮来停止求解过程。

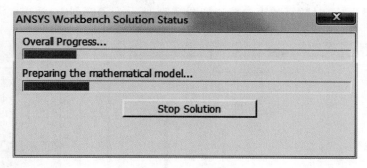

图 2-36　求解进度条

(10) Solution 分支

Solution 分支用于查看求解信息和结果。

Solution Information 是 Solution 分支下的第一个子分支,可用于在求解过程中或求解完成后,查看求解器的计算输出信息,如:模型总质量、提取到的频率列表、振形参与系数及各方向的有效质量等。如图 2-37 所示为计算过程中输出的 X、Y、Z 三个方向的振形参与系数及有效质量。

```
***** PARTICIPATION FACTOR CALCULATION *****  X  DIRECTION
                                                      CUMULATIVE      RATIO EFF.MASS
MODE   FREQUENCY      PERIOD    PARTIC.FACTOR    RATIO    EFFECTIVE MASS   MASS FRACTION   TO TOTAL MASS
  1    0.769537E-01   12.995    -0.32400E-13     0.868177   0.104977E-26    0.233359        0.176683E-25
  2    0.252388       3.9622    -0.62703E-14     0.168016   0.393166E-28    0.242099        0.661726E-27
  3    0.489172       2.0443    -0.34426E-13     0.922455   0.118513E-26    0.505550        0.199466E-25
  4    0.871114       1.1480     0.27267E-13     0.730627   0.743478E-27    0.670822        0.125132E-25
  5    1.15152        0.86842    0.37320E-13     1.000000   0.139276E-26    0.980428        0.234411E-25
  6    1.46231        0.68385    0.93833E-14     0.251431   0.880467E-28    1.00000         0.148189E-26
sum                                                         0.449850E-26                    0.757128E-25

***** PARTICIPATION FACTOR CALCULATION *****  Y  DIRECTION
                                                      CUMULATIVE      RATIO EFF.MASS
MODE   FREQUENCY      PERIOD    PARTIC.FACTOR    RATIO    EFFECTIVE MASS   MASS FRACTION   TO TOTAL MASS
  1    0.769537E-01   12.995     0.61989E-13     0.850278   0.384259E-26    0.220651        0.646734E-25
  2    0.252388       3.9622     0.13519E-13     0.185436   0.182764E-27    0.231145        0.307605E-26
  3    0.489172       2.0443     0.67372E-13     0.924121   0.453900E-26    0.491785        0.763944E-25
  4    0.871114       1.1480    -0.55278E-13     0.758230   0.305571E-26    0.667251        0.514296E-25
  5    1.15152        0.86842   -0.72904E-13     1.000000   0.531499E-26    0.972449        0.894549E-25
  6    1.46231        0.68385   -0.21904E-13     0.300451   0.479789E-27    1.00000         0.807517E-26
sum                                                         0.174148E-25                    0.293104E-24

***** PARTICIPATION FACTOR CALCULATION *****  Z  DIRECTION
                                                      CUMULATIVE      RATIO EFF.MASS
MODE   FREQUENCY      PERIOD    PARTIC.FACTOR    RATIO    EFFECTIVE MASS   MASS FRACTION   TO TOTAL MASS
  1    0.769537E-01   12.995     0.19070         1.000000   0.363672E-01    0.704863        0.612084
  2    0.252388       3.9622     0.10610E-05     0.000006   0.112581E-11    0.704863        0.189481E-10
  3    0.489172       2.0443    -0.10605         0.556108   0.112468E-01    0.922846        0.189291
  4    0.871114       1.1480     0.55919E-05     0.000029   0.312694E-10    0.922846        0.526286E-09
  5    1.15152        0.86842   -0.19149E-01     0.100412   0.366673E-03    0.929953        0.617135E-02
  6    1.46231        0.68385    0.60117E-01     0.315242   0.361407E-02    1.00000         0.608272E-01
sum                                                         0.515947E-01                    0.868373
```

图 2-37　振形参与系数及有效质量输出结果

计算完成后，在图形显示区域下方的 Graph 及 Tabular Data 区域，会通过柱状图以及表格的形式显示各阶自振频率，除频率外，对于有阻尼的模态分析，Tabular Data 中还会列表显示稳定性、模态阻尼比、对数衰减等参数。如图 2-38 所示为频率列表，共提取了六阶模态。

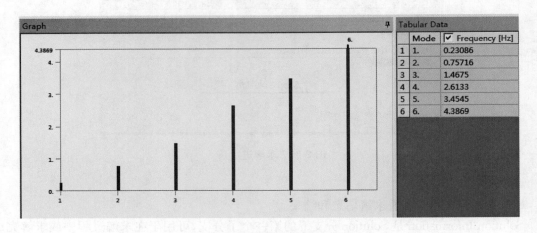

图 2-38　频率计算结果

此时，可以在 Graph 选择某一阶频率的条柱，或在 Tabular Data 中选择某一阶频率的单元格，按下鼠标右键，选择 Create Mode Shape Results，随后在项目树的 Solution 分支下增加一个 Total Deformation 子分支。也可以在 Tabular Data 中用 shift 键或 Ctrl 键选择多个或全部的模态，然后用鼠标右键菜单来创建模态振形结果。待评估的各阶模态振形分支 Total Deformation 加入 Solution 分支后，在 Solution 的右键菜单中选择 Evaluate All Results，如图 2-39 所示，即可获得所需的振形结果。

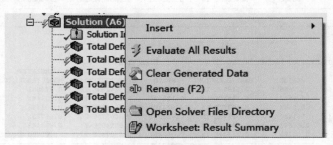

图 2-39　评估振形结果

选择每一个评估完成的振形变形结果分支，在图形显示区域即显示此模态的振形变形等值线图，如图 2-40 所示为一个悬臂板的一阶弯曲振形。

此时，在 Graph 区域出现动画播放控制条 Animation，如图 2-41 所示。可以选择动画播放观察振形，或输出振形动画文件。

如果在计算之前的 Output Controls 中选择了输出应力、应变等量，在计算之后可在 Solution 分支下加入相应的结果分支，然后在这些分支的 Details 中设置属于哪一阶模态。如图 2-42 所示为一个模态应力结果分支的 Details。

在上述 Details 中选择 Mode 1，则第 1 阶模态（悬臂板的一阶弯曲模态）的应力相对分布显示如图 2-43 所示。

图 2-40 悬臂板的一阶弯曲振形

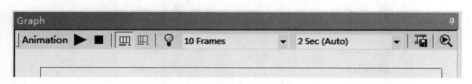

图 2-41 动画播放振形

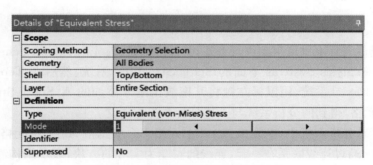

图 2-42 模态应力结果分支的 Details

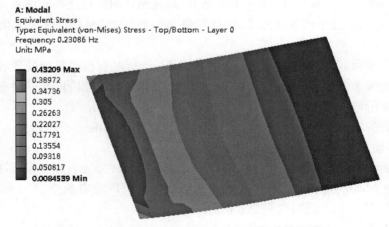

图 2-43 悬臂板的一阶模态应力相对分布等值线图

2.2.2 预应力模态分析

Workbench 环境下的预应力模态分析，可以通过预置的分析系统模板来完成。预应力模态分析系统模板可通过双击 Workbench 界面左侧 Toolbox＞Custom Systems＞Pre-Stress Modal，添加到 Workbench 的 Project Schematic 区域，如图 2-44 所示。

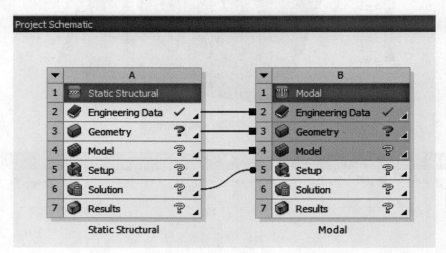

图 2-44 Workbench 环境中的预应力模态分析流程

上述系统模板实际上也可手工进行搭建，具体方法是：首先向 Project Schematic 区域添加一个 Toolbox＞Analysis Systems 下面的 Static Structural 系统，然后在 Toolbox＞Analysis Systems 下选择 Modal 系统，用鼠标左键将其拖放至刚才添加的 A：Static Structural 系统的 A6 Solution 单元格，得到的分析系统与上述分析系统相同。

在预应力模态分析系统中，单元格 A2 和单元格 B2、单元格 A3 和单元格 B3、单元格 A4 和单元格 B4 之间通过连线联系在一起，连线的右端为实心的方块，表示结构静力分析系统 A 和结构模态分析系统 B 之间共享 Engineering Data（工程材料数据）、Geometry（几何模型）以及 Model（有限元模型）。单元格 A6 和单元格 B5 单元格之间通过连线相联系，而连线的右端为一个实心的圆点，这表示数据的传递，即单元格 A6 计算的结果传递到单元格 B5 作为设置条件。

上述系统创建后，即可开始进行预应力模态分析，分析过程也经过前处理、求解以及后处理三个阶段。与模态分析相比，预应力模态分析的前处理、后处理阶段几何没有什么区别，不同之处在于求解阶段。下面对预应力模态分析的求解过程进行介绍。

预应力模态的求解过程包括两个阶段，即：静力分析阶段和模态分析阶段。双击 A4 或 B4 单元格，均可启动 Mechanical 界面，如图 2-45 所示。

在上述界面的项目树（Project Tree）中，可以看到 Model 分支右侧显示（A4，B4），表示共享模型，表现为 Mesh 分支以上的各分支为共享。而分析环境有两个，即：Static Structural （A5）以及 Modal（B5）。下面对这两个分析阶段进行介绍。

1. 静力分析阶段

按照如下步骤完成静力求解阶段。

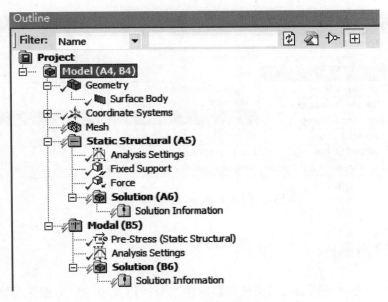

图 2-45 预应力模态分析的项目树

(1) 加载

前处理阶段的工作完成后,在项目树中选择 Static Structural(A5)分支,在其右键菜单中选择插入约束及荷载。可选的约束及荷载类型很多。

(2) Analysis Settings 分支

在 Analysis Settings 分支的 Details 中进行分析设置,包括载荷步设置、大变形分析开关、非线性选项设置、求解器设置、重启动控制、输出选项设置、分析数据管理等,这里不再逐个展开介绍。

(3) 求解

加载完成后,选择 Static Structural 分支,按工具栏上的 Solve 按钮求解静力分析。

2. 模态分析阶段

按照如下步骤完成模态分析阶段。

(1) Pre-Stress 分支

对于上述预应力模态分析系统而言,Pre-Stress 分支右边显示有(Static Structural),表示是基于静力分析的应力结果。

如果与模态分析相联系的静力分析有多个子步的结果(多个重启动点),则可以选择由任何一个可用的重启动点开始模态分析,缺省选项为由最后一个子步开始,可以选择通过 Time 或 Load Step 来定义分析中采用哪一步的 Pre-Stress 结果,如图 2-46 所示。

(2) Analysis Settings 分支

在 Analysis Settings 分支的 Details 中进行分析设置,具体内容与普通预应力模态相同。

(3) 求解

需要指出的是,预应力模态分析中将保持之前静力分析中使用的结构约束,因此不允许在模态部分增加新的约束。在上述设置完成后,选择项目树中的 Modal 分支,按工具栏上的 Solve 按钮求解模态分析。计算完成后,可按上一节介绍的方法查看模态分析的结果。

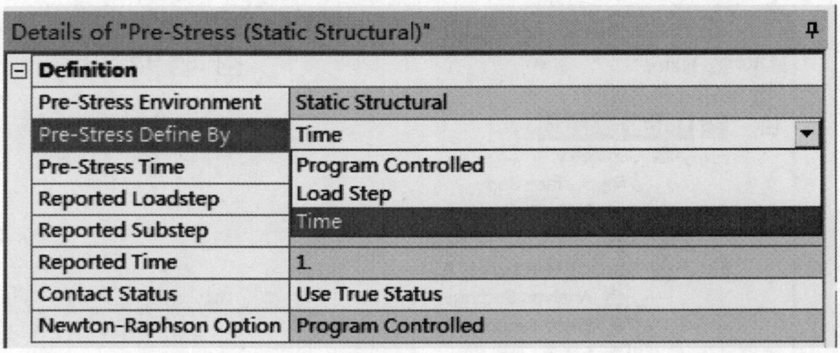

图 2-46 Pre-Stress 的 Details 选项

2.3 模态分析例题

本节以一个带有一系列圆孔的机械转盘的模态分析以及考虑应力刚化的模态分析为例，介绍在 ANSYS Workbench 中模态分析过程和操作要点。

2.3.1 带孔圆盘的普通模态分析

1. 问题描述

如图 2-47 所示的某动力工程机械上的一个带孔圆转盘，该圆盘的材料为铝合金，在 ANSYS Workbench 中对此圆转盘进行模态分析并提取前 6 阶自然频率和振型。

图 2-47 机械转盘示意图

2. 建模计算过程

建模计算的过程包含创建项目文件、建立模态分析系统、创建几何模型、Engineering Data 设置、前处理、求解、结果查看等环节。

(1)创建项目文件

首先启动 ANSYS Workbench,进入 Workbench 之后,单击 Save As 按钮,选择存储路径并将文件另存为 Modal-圆盘,如图 2-48 所示。

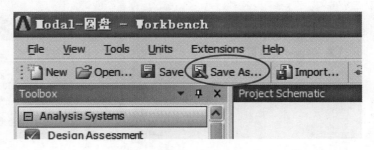

图 2-48　创建分析项目文件

(2)建立分析系统

在 Workbench 左侧工具箱中选择 Geometry 组件,用鼠标拖放到 Project Schematic 区域内(或者直接双击 Geometry),在 Project Schematic 内会出现名为 A 的 Geometry 组件,如图 2-49 所示。

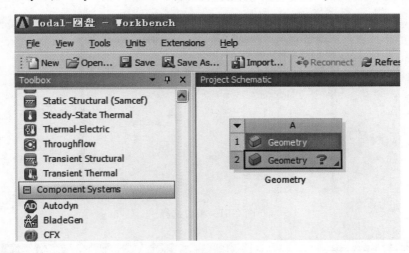

图 2-49　创建几何组件

在 Workbench 左侧工具箱中继续选择 Modal 分析系统,用鼠标左键将其拖至 A2:Geometry 单元格,创建模态分析系统,如图 2-50 所示。

(3)创建几何模型

按照如下步骤在 DM 中创建圆盘的几何模型。

1)启动 DM 并选择建模单位

用鼠标选中 A2:Geometry 单元格并通过其右键菜单打开 DM。在进入 DM 界面后,弹出选择建模长度单位的设置框,在此例中选择 mm 单位,单击 OK 按钮,如图 2-51 所示。

2)在 XY 平面创建第一个草图

在 Geometry 树中单击 XYPlane,选择 XY 平面为草图平面,接着选择草图按钮 进入草图,为了便于操作,单击正视于按钮 ,选择正视自己的视角,如图 2-52 所示。

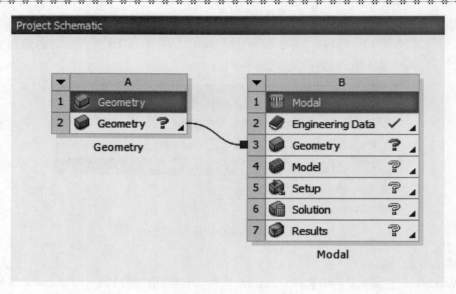

图 2-50　创建模态分析系统

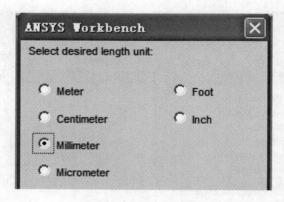

图 2-51　单位选择

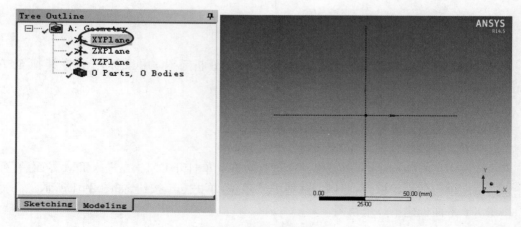

图 2-52　选择草图平面

选择 Sketching 标签切换至草绘模式下,在工具箱中选择 Circle 画圆,然后在右边的图形界面上出现一个画笔,拖动画笔放到原点上时会出现一个"P"字的标志,表示圆心与原点重合,此时单击鼠标并拖动画一个圆,如图 2-53(a)、(b)所示。

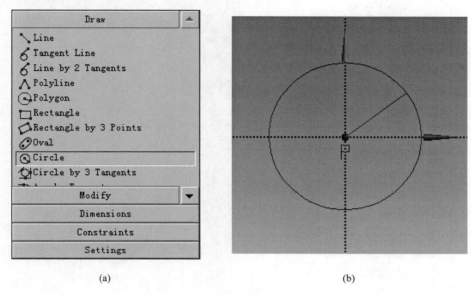

图 2-53 绘制一个圆形

选中 Sketch 工具面板的 Dimensions(尺寸)项中的 Diameter 圆直径标注,单击圆形,并将小圆直径设为 500 mm,如图 2-54 所示。

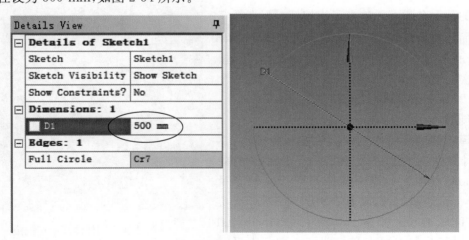

图 2-54 设置圆形尺寸

3)创建圆盘体

在屏幕左侧 Tree Outline 面板下方,选择建模标签 Modeling,切换至 3D 建模模式。选择菜单 Create>Extrude,向 Tree Outline 添加一个 Extrude 对象分支。在新添加的 Extrude 分支的 Details View 中,选择 Geometry 是 Sketch1,选择 Operation 为 Add Material,表示生成材料,设置拉伸距离 FD1 Depth 为 10 mm。设置完成后,单击工具栏上的 Generate 按钮完成

圆盘体的生成,如图 2-55 所示。

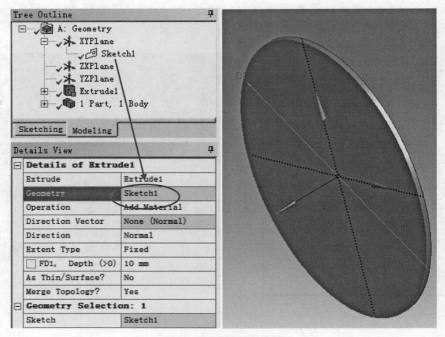

图 2-55 圆柱体的生成

4) 改变工作平面为圆盘的底面

在工具栏中选择面选择过滤模式按钮,选中圆柱体的某一个圆面并单击正视按钮,选择正视底圆面的视角,如图 2-56 所示。再次选择 Tree Outline 面板下方的 Sketching 标签切换至草绘模式下,这时在 Tree Outline 中自动出现一个 Plane4,即基于底圆面的工作平面。

5) 创建周边小孔 sketch

选择草绘工具箱中的 Circle 按钮画圆,在 X 轴上选择圆心并画一个小圆,接着在左侧的 Dimensions 标注工具箱中选择 Diameter 圆直径标注,单击刚绘制的圆,将其直径设为 50 mm,接着选择 Dimensions 标注工具箱中的 Horizontal 水平尺寸标注,单击原点和小圆圆心进行水平距离标注,并将标注值改为 150 mm,如图 2-57 所示。

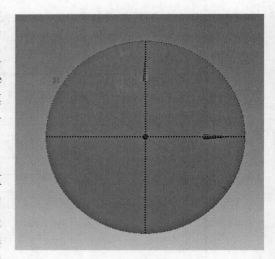

图 2-56 圆柱体圆面正视图

6) 进行开孔操作

返回 3D 建模模式下,通过 Create>Extrude 菜单向 Tree Outline 添加一个 Extrude 对象分支。在新添加的 Extrude 分支的 Details 中,选择 Geometry 是 Sketch2,即上述绘制的小圆;选择 Operation 为 Cut Material,即去除材料;选择 Extent Type 为 Through all。设置完成后单击 Generate 按钮完成圆孔的生成,如图 2-58 所示。

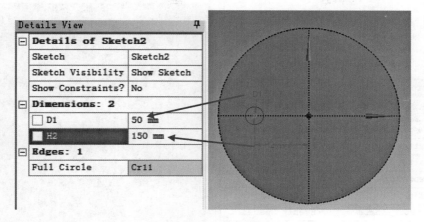

图 2-57 绘制小圆

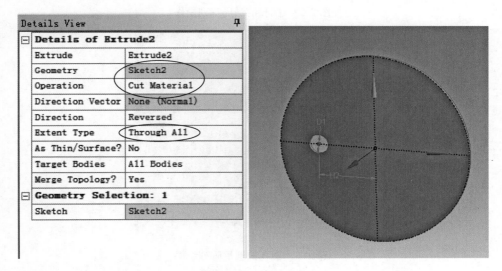

图 2-58 圆孔的切除生成

7) 圆孔阵列

选择菜单 Create>pattern,在模型树中加入一个 Pattern1 分支,在此分支的 Details View 中选择 Pattern Type 为 Circular,即圆周阵列,基准轴选择 Z 轴;Geometry 选择上述绘制的小圆孔的内表面,点 Apply;阵列总数= Copies +1,将 FD3 Copies 值设置为 5,如图 2-59 所示。设置完成后单击 Generate 按钮完成圆孔的阵列,如图 2-60 所示。

8) 添加中心圆孔草绘

在 Geometry 树中单击 XYPlane,选择 XY 平面为草图平面,接着选择草图按钮 创建一个新的草图,为了便于操作,单击正视于按钮 ,选择正视自己的视角。再一次切换到草绘模式,选择 Draw 工具箱的 Circle 工具画圆,然后在右边的图形界面上出现一个画笔,拖动画笔放到原点上时会出现一个"P"字的标志,表示圆心与原点重合,此时单击鼠标并拖动画一个圆,接着选中左侧的 Dimensions 中的 Diameter 圆直径标注,单击圆形,并将圆的直径设为 100 mm,如图 2-61 所示。

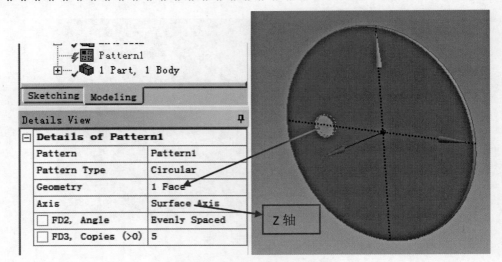

图 2-59 圆孔的圆周阵列操作

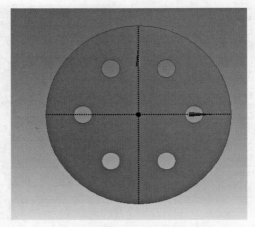

图 2-60 圆孔的圆周阵列结果

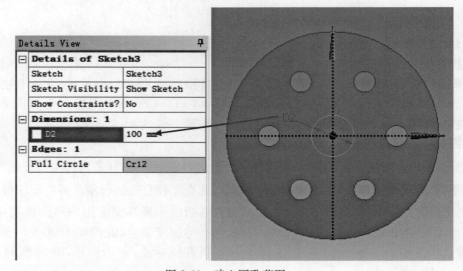

图 2-61 建立圆孔草图

第 2 章 ANSYS 结构振动模态计算

9) 创建中心孔

在 Tree Outline 面板下方选择 Modeling 标签切换至 3D 建模模式，在模型中再次加入 Extrude 分支。在此 Extrude 的 Details View 中选择 Geometry 为 Sketch3，即上述绘制的中心圆；选择 Operation 为 Cut Material；选择 Extent Type 为 Through all。设置完成后单击工具栏上的 Generate 按钮形成中心圆孔，如图 2-62 所示。

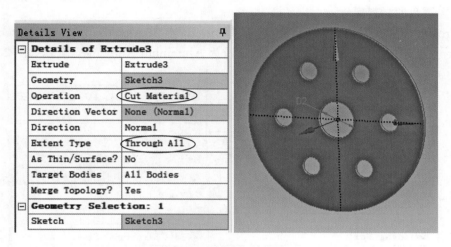

图 2-62 圆孔切除生成

至此，圆盘几何体建模已完成。关闭 DesignModeler 界面返回 Workbench 界面。

（4）Engineering Data 中添加材料

在 Project Schematic 中双击 B2：Engineering Data，按下 Engineering Data Sources 按钮，在 Engineering Data Sources 区域选择 General Materials 下的 Aluminum Alloy（铝合金），单击后面的 ➕ 项，此时出现 ● 的标志，表示铝合金材料添加成功。如图 2-63 所示。

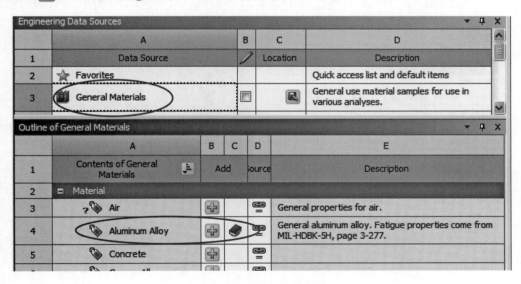

图 2-63 材料属性添加

(5)前处理

按照如下步骤在 Mechanical 界面下进行前处理操作。

1)启动 Mechanical 并设置单位制

双击 B4:Modal 单元格,启动 Mechanical 界面。首先选择 Units＞Metric(mm,kg,N,s,mV,mA),设置工作单位。

2)设置圆盘的材料属性

在 Project 树的 Geometry 分支下选择 Solid,在其 Details 列表中 Material 下的 Assignment 分支中将圆盘的默认材料属性修改为 Aluminum Alloy(铝合金),如图 2-64 所示。

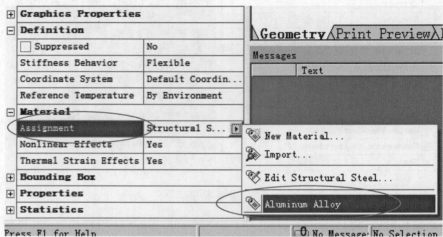

图 2-64　修改圆盘几何体材料属性

3)划分网格

选择 Project 树的 Mesh 分支,在其 Details 列表中按照图 2-65(a)所示进行设置,然后用鼠标右键选择 Generate Mesh,对圆盘的几何体进行网格划分,得到网格如图 2-65(b)所示。

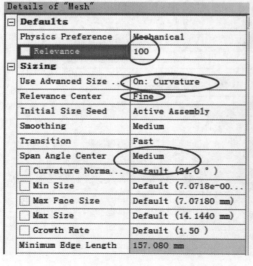

(a)

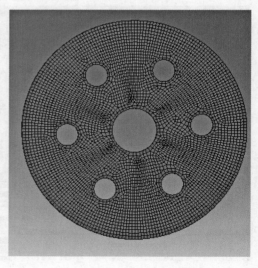

(b)

图 2-65　划分网格

(6) 求解及后处理

按照如下操作步骤进行约束的施加、求解以及结果的后处理。

1) 添加约束

选择 Modal 分支,在其右键菜单中选择 Insert>Fixed Support,在 Modal 分支下增加一个 Fixed Support 分支。在工具条上选择面选择过滤模式按钮 ![icon],选择圆盘的的中心孔圆面,在 Fixed Support 分支 Details 选项的 Geometry 区域中按 Apply 按钮,即可完成固定约束的添加,如图 2-66 所示。

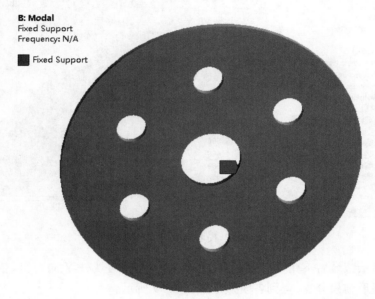

图 2-66 添加固定约束

2) 求解

选择 Solution 分支,单击 Solve 按钮,进行模态分析求解。

3) 后处理

程序缺省情况下提取前 6 阶固有频率结果,在 Graph 区域以条形图表示,如图 2-67 所示。

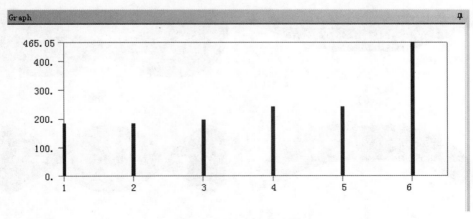

图 2-67 前 6 阶固有频率

在 Mechanical 界面右下角的 Tabular 区域中也列表显示了各阶固有频率,在此区域中的右键菜单选择 Select All,然后再次在右键菜单中选择 Create Mode Shape Results 提取前 6 阶振形,此时在左侧 Solution 分支下出现一系列 Total Deformation 分支,即振形变形分支。单击 Solve 按钮计算各阶振形,计算完成后可以看到各阶振形分支的状态图标均显示为绿色的 √,如图 2-68 所示。

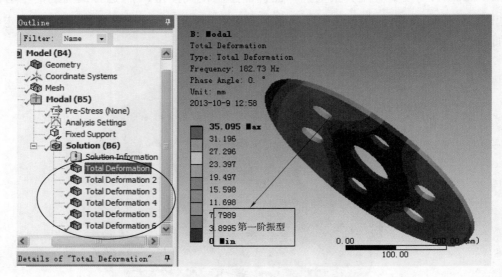

图 2-68　提取前 6 阶固有振型

单击图形显示区域右下角坐标系的 Y 轴,改变视图角度为+Y 向观察,依次选择项目树中的各阶模态振形结果分支,得到各阶振形如图 2-69 所示。

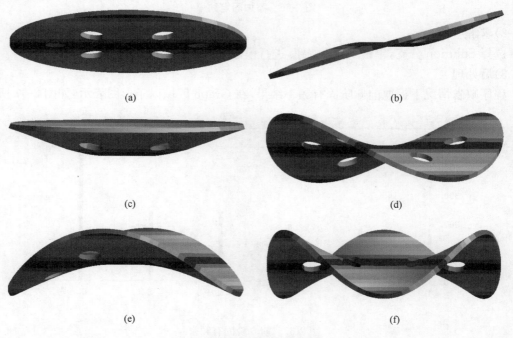

图 2-69　各阶模态振形图

2.3.2 带孔圆盘的预应力模态分析

上一节中动力机械上的铝合金圆盘,该圆盘的材料为铝合金,如果此圆盘以 1 000 rad/s 匀速转动,计算考虑应力刚化的振动频率和振形。

圆盘的预应力模态分析包括建立分析项目和流程、建立分析模型、求解及后处理等阶段,以下为具体的分析过程。

1. 建立分析项目和流程

首先启动 ANSYS Workbench,进入 Workbench 之后,单击 Save As 按钮,选择存储路径并将文件另存为 Prestress Modal,如图 2-70 所示。

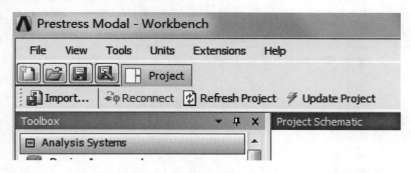

图 2-70 保存项目文件

在 Workbench 左侧工具箱中选择 Geometry 组件,用鼠标拖放到 Project Schematic 区域内,创建几何组件 A。在左侧工具箱中选择 Static Structural 分析系统,用鼠标拖放至 A2:Geometry 中,建立结构静力分析系统 B,如图 2-71 所示。

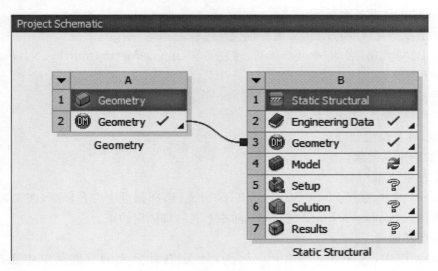

图 2-71 建立静力结构分析

在 Workbench 左侧工具栏中选择 Modal,用鼠标拖至 B6:Solution 单元格,创建模态分析系统 C,如图 2-72 所示。在此分析流程中,B6:Solution 和 C5:Setup 之间连线表示应力刚度数据的传递。

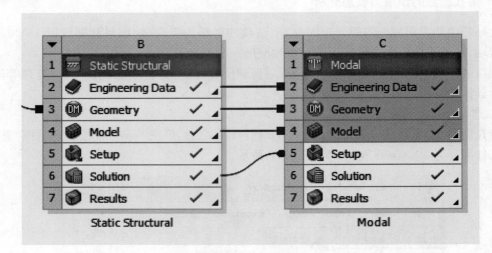

图 2-72　建立模态分析模块

2. 建立分析模型

（1）导入几何模型

在 A2：Geometry 中右键 Import Geometry，选择上一节已经创建的几何模型文件，导入几何模型。

（2）Engineering Data 材料设置

按照上一节的做法，在 Engineering Data 中添加通用材料库的 Aluminum Alloy 材料类型。

（3）Mechanical 前处理

按照如下步骤完成 Mechanical 前处理操作过程。

1）双击 B4 单元格，启动 Mechanical。通过菜单 Units＞Metric(mm,kg,N,s,mV,mA)设置工作单位系统。

2）设置几何体的材料属性，操作方法同上一节。

3）划分网格，操作方法同上一节。

3. 加载、计算及后处理

（1）施加约束及荷载

1）固定约束施加

在 Project 树中，选择 Static Structural(B5)分支，选择圆盘中心孔环面，在工具栏或右键菜单中选择插入 Support＞Fixed Support，对中心孔施加固定约束。

2）添加旋转速度

在 Project 树中，选择 Static Structural(B5)分支，在此分支的右键菜单中选择 Insert＞Rotational Velocity，在 Static Structural(B5)分支下增加一个 Rotational Velocity 分支。在 Rotational Velocity 分支的 Details 中，选择 Axis 域，在工具栏按下面选择模式按钮 ，选择圆盘的中心孔面，出现红色箭头表示旋转速度的转轴；在转速的 Magnitude 中输入 1 000 rad/s，如图 2-73 所示，完成转动速度的施加。

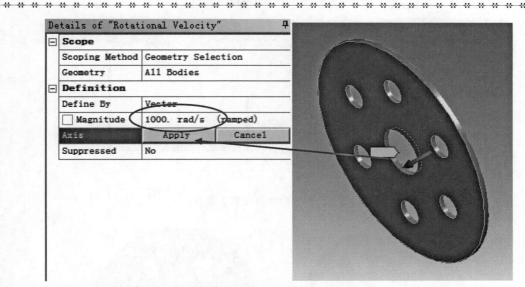

图 2-73 添加旋转速度荷载

在 Project 树中选择 Static Structural 分支,施加了约束及荷载的模型如图 2-74 所示。

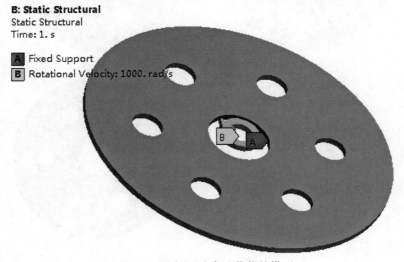

图 2-74 施加了约束及荷载的模型

(2)求解

在 Project 树中选择模态分析的 Solution(C6)分支,并单击 Solve 按钮进行预应力模态分析求解。

(3)后处理

按照上一节相同的方法进行后处理操作。

提取的前 6 阶固有频率结果条形图如图 2-75 所示。

由频率列表可知,考虑了预应力刚度的频率值与前面的普通模态分析相比,有较大幅度的提高。选择图形显示区域右下角坐标系的 Z 轴,改变视图角度为+Z 向观察,依次选择项目树中的各阶模态振形结果分支,观察各阶振形如图 2-76 所示。

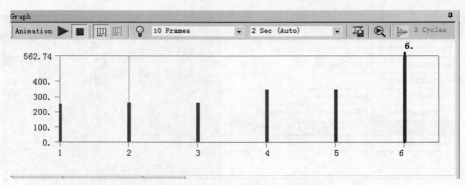

图 2-75 前 6 阶固有频率条形图

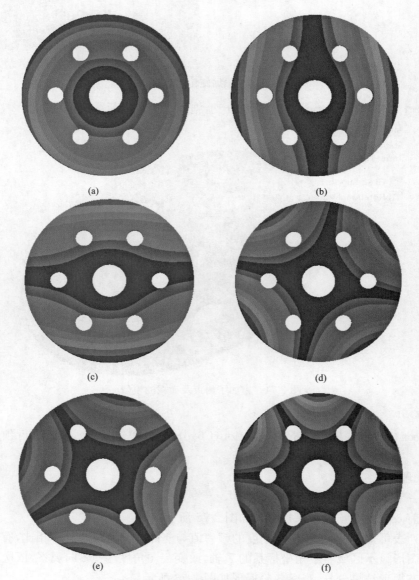

图 2-76 预应力模态分析的各阶振形

2.3.3 两自由度系统的振形正交性验证

本节以一个两自由度弹簧-质量系统为例,介绍 Mechanical APDL 中的模态分析方法,并对模态的正交性进行验证。

1. 问题描述

弹簧质量系统,如图 2-77 所示。其中的弹簧刚度 $K=2\ 000$ N/m,质量 $M=10$ kg。质量仅在水平方向有自由度,分析此系统的振动模态,并验证各阶振形的正交性。

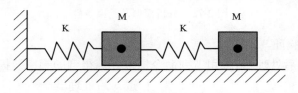

图 2-77 弹簧质量系统示意图

2. 建模与分析

采用 APDL 命令方式完成建模和分析过程,具体采用的命令流及说明如下。

```
/prep7                          ! 进入前处理器
ET,1,COMBIN14                   ! 定义弹簧单元类型
KEYOPT,1,3,2                    ! 指定 XY 平面内的弹簧
ET,2,MASS21                     ! 定义质量单元类型
KEYOPT,2,3,4                    ! 指定 XY 平面内的质点且无转动惯量
R,1,2000                        ! K=2 000 N/m
R,2,10                          ! M=10 kg
N,1                             ! 定义节点
N,3,1
FILL                            ! 节点填充
E,1,2                           ! 定义弹簧单元
E,2,3
TYPE,2                          ! 质量单元类型声明
REAL,2                          ! 质量单元实常数声明
E,2                             ! 定义质量单元
E,3
d,1,all                         ! 约束节点 1 的全部位移自由度
d,2,uy                          ! 约束节点 2 的 UY 位移自由度
d,3,uy                          ! 约束节点 3 的 UY 位移自由度
FINISH                          ! 退出前处理器
/SOL                            ! 进入求解器
ANTYPE,2                        ! 模态分析类型
LUMPM,1                         ! 集中质量矩阵
MODOPT,LANB,2,0,0,,OFF          ! 模态提取选项
```

```
MXPAND,2                    ! 模态扩展选项
SOLVE                       ! 求解
FINISH                      ! 退出求解器
```
施加了约束条件后的分析模型如图 2-78 所示。

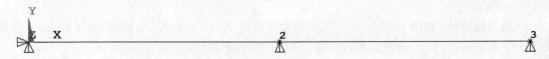

图 2-78 分析模型及约束条件

3. 结果后处理与验证

求解结束后,进入后处理器,采用下列命令提取计算得到的频率及振形结果。

```
/POST1                      ! 进入后处理器
SET,LIST                    ! 列出各阶频率
SET,FIRST                   ! 读取结构的 1 阶模态结果
PRNSOL,U,X                  ! 列出 X 方向位移
SET,NEXT                    ! 读取结构的 2 阶模态结果
PRNSOL,U,X                  ! 列出 X 方向位移
```

执行 SET,LIST 命令后,列出弹簧-质量系统的自振频率如图 2-79 所示。

```
***** INDEX OF DATA SETS ON RESULTS FILE *****

  SET    TIME/FREQ    LOAD STEP    SUBSTEP    CUMULATIVE
   1     1.3911           1           1           1
   2     3.6419           1           2           2
```

图 2-79 弹簧-质量系统的自振频率结果列表

读入系统的 1 阶模态计算结果后,PRNSOL 命令列出各节点的 X 方向位移信息如下:
THE FOLLOWING DEGREE OF FREEDOM RESULTS ARE IN THE GLOBAL COORDINATE SYSTEM

```
  NODE      UX
    1     0.0000
    2     0.16625
    3     0.26900
```

读入系统的 2 阶模态计算结果后,PRNSOL 命令列出各节点的 X 方向位移信息如下:
THE FOLLOWING DEGREE OF FREEDOM RESULTS ARE IN THE GLOBAL COORDINATE SYSTEM

```
  NODE      UX
    1     0.0000
```

| 2 | 0.26900 |
| 3 | −0.16625 |

由上述信息可知,系统的振形向量为:

$$\{\phi\}_1 = \begin{pmatrix} 0.16625 \\ 0.26900 \end{pmatrix}, \{\phi\}_2 = \begin{pmatrix} 0.26900 \\ -0.16625 \end{pmatrix}$$

下面对振形的正交性及归一化进行验证:

$$\{\phi\}_1^T[M]\{\phi\}_1 = (0.16625 \quad 0.26900)\begin{bmatrix} 10 & \\ & 10 \end{bmatrix}\begin{pmatrix} 0.16625 \\ 0.26900 \end{pmatrix} = 1.000\,000\,625$$

$$\{\phi\}_2^T[M]\{\phi\}_2 = (0.26900 \quad -0.16625)\begin{bmatrix} 10 & \\ & 10 \end{bmatrix}\begin{pmatrix} 0.26900 \\ -0.16625 \end{pmatrix} = 1.000\,000\,625$$

$$\{\phi\}_1^T[M]\{\phi\}_2 = (0.16625 \quad 0.26900)\begin{bmatrix} 10 & \\ & 10 \end{bmatrix}\begin{pmatrix} 0.26900 \\ -0.16625 \end{pmatrix} = 0$$

由以上的计算可知,振形向量$\{\phi\}_1$及$\{\phi\}_2$均满足振形向量关于质量矩阵的正交性以及归一化条件,验证了模态分析结果的正确性。

第 3 章 ANSYS 谐响应计算

本章介绍在 ANSYS 中进行谐响应分析的具体实现过程和操作要点。第 1 节介绍在 Mechanical APDL 中的谐响应分析方法，第 2 节介绍在 Workbench 中的谐响应分析方法，第 3 节为谐响应分析的计算例题，对各种不同谐响应分析方法的计算结果进行了讨论。

3.1 Mechanical APDL 中的谐响应分析实现过程

本节介绍 Mechanical APDL 中的谐响应分析方法，包括 Full 法及 MSUP 法。

3.1.1 使用 Full 法进行谐响应分析

在 Mechanical APDL 中，谐响应分析的实现过程与其他分析类型一样，也同样包括前处理、求解以及后处理三个环节，各环节中又包含有若干个具体的实现步骤，下面对采用完全法（Full）进行谐响应分析的三个环节和具体的实现步骤进行介绍。

1. 前处理

前处理阶段的任务是建立分析模型，与上一章模态分析的前处理建模过程基本相同，因此这里不再重复介绍。谐响应分析作为一种动力学分析，需要质量矩阵，因此对于分布质量系统，必须定义密度参数。

2. 谐响应分析求解

模态求解阶段的工作内容包括选择分析类型、选择谐响应分析方法、设置分析选项、设置载荷步选项、加载以及求解等。

(1)进入求解器

通过菜单 Main Menu>Solution，或命令/SOLU 进入求解器。

(2)选择分析类型

选择菜单 Main Menu>Solution>Analysis Type>New Analysis，弹出 New Analysis 选择框，如图 3-1 所示，在 Type of analysis 中选择分析类型为 Harmonic。对应命令为 ANTYPE,3。

(3)选择谐响应分析方法及选项

选择了谐响应分析后，通过选择菜单 Main Menu>Solution>Analysis Type>Analysis Options，打开 Harmonic Analysis 设置框。

1)选择谐响应分析方法

在 Harmonic Analysis 设置框中，[HROPT]Solution method 选项用于设置谐响应分析的方法，在下拉列表中选择谐响应分析方法为 Full（完全法），如图 3-2 所示。

2)输出文件格式选项设置

[HROUT]DOF printout format 选项用于设置求解器输出的谐响应复位移的形式，可以选择"Real ＋ imaginary(实部与虚部)"形式(默认)，或选择"Amplitud ＋ phase(幅值与相位角)"的形式。

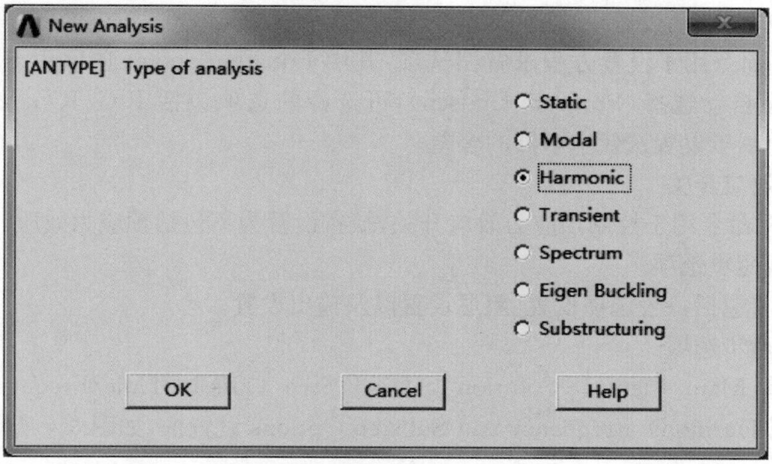

图 3-1 选择分析类型为 Harmonic

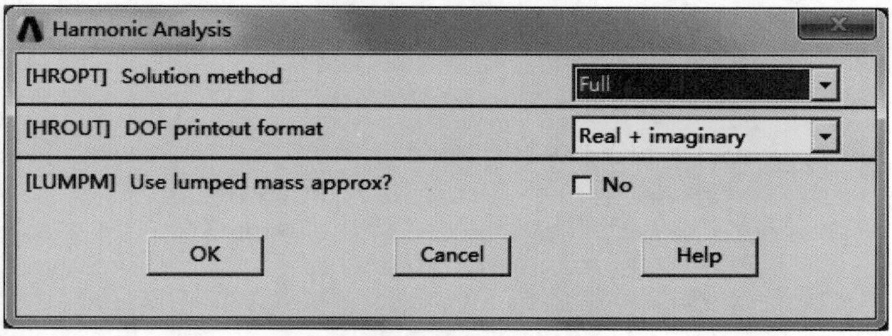

图 3-2 谐响应分析选项

3）设置质量矩阵的选项

[LUMPM]Use lumped mass approx? 选项用于设置计算中采用的质量矩阵的形式，缺省为采用一致质量矩阵，如采用集中质量阵则打开此开关。

（4）设置求解选项

上述设置完成后，按 OK 关闭 Harmonic Analysis 设置框，打开 Full Harmonic Analysis 设置，如图 3-3 所示，此设置框用于设置 Full 法的以下分析选项。

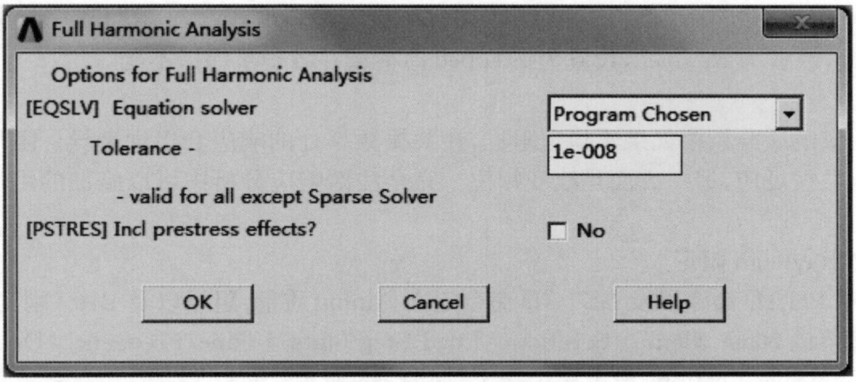

图 3-3 完全法分析设置

1) 方程求解器选项设置

[EQSLV]命令用于设置方程求解器选项,其中 Equation solver 选项用于设置求解器类型,缺省为程序自动选择(Program Chosen),可选择的选项包括 JCG、ICG 及 Sparse 三种。Tolerance 选项用于设置迭代求解器的容差。

2) 预应力效应开关

[PSTRES]命令用于控制预应力效应开关,缺省设置为不包括预应力效应。

(5) 设置载荷步选项

载荷步选项包括一般选项设置、阻尼设置以及输出设置。

1) 一般载荷步选项

选择菜单 Main Menu > Solution > Load Step Opts > Time/Frequency > Freq & Substeps,出现 Harmonic Frequency and Substep Options 设置框,如图 3-4 所示。

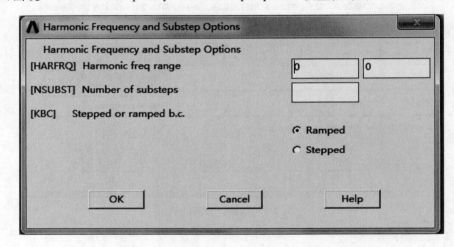

图 3-4 Harmonic Frequency and Substep Options 设置框

在此设置框中,[HARFRQ]命令用于指定谐响应分析荷载的频率范围,即 Harmonic Freq range 的下限以及上限值;[NSUBST]命令用于指定 HARFRQ 所设置的频率范围内细分为多少个频率点。[HARFRQ]命令以及[NSUBST]命令是结合起作用的,比如说,在 0 Hz 到 1 Hz 频率范围内,NSUBST=5,则谐响应分析计算 0.2 Hz、0.4 Hz、0.6 Hz、0.8 Hz 以及 1.0 Hz 的响应;[KBC]命令用于设置荷载在载荷步内是斜坡式增加(Ramped)还是跳跃式增加(Stepped),缺省为 Ramped,设置为 Stepped 时荷载在各子步保持不变。

2) 阻尼

完全法谐响应分析中如果不指定阻尼,在共振频率处的响应会出现奇异。阻尼的作用一方面是影响共振反应,另一方面是改变相位。完全法谐响应分析中可以施加的阻尼形式有如下几种。

① 总体 Rayleigh 阻尼

通过 ALPHAD 命令以及 BETAD 命令定义 Alpha(质量)阻尼以及 Beta(刚度)阻尼。可以通过选择菜单 Main Menu>Solution>Load Step Opts>Time/Frequenc>Damping,在弹出的 Damping Specifications 设置框中指定,如图 3-5 所示。

② 常数结构阻尼系数 Constant Structural Damping Coefficient

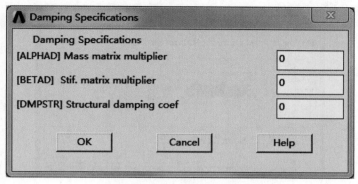

图 3-5 指定总体阻尼

通过 DMPSTR 命令定义的常数结构阻尼系数,也可以通过选择 Main Menu＞Solution＞Load Step Opts＞Time/Frequenc＞Damping,在如图 3-5 所示的设置框中定义[DMPSTR]。

③依赖于材料的 Rayleigh 阻尼

返回前处理器 PREP7,通过 MP,BETD 命令以及 MP,ALPD 命令定义的质量及刚度阻尼。也可以选择菜单 Main Menu＞Preprocessor＞Material Props＞Material Models,打开 Define Material Model Behavior 对话框,如图 3-6(a)所示,分别选择 Damping 下面的 Mass Multiplier 以及 Stiffness Multiplier 项目,在打开的设置框中输入 ALPD 及 BETD,如图 3-6(b)、(c)所示。对应命令为 MP,ALPD 以及 MP,BETD。

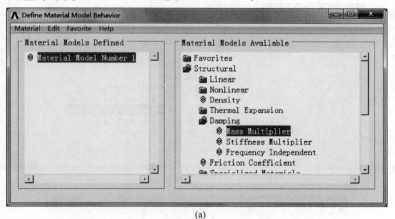

(a)

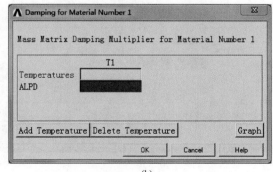

(b)

图 3-6

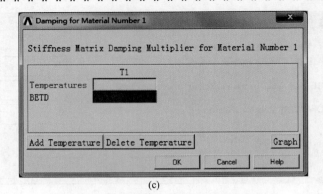

(c)

图 3-6 定义与材料有关的瑞利阻尼系数

④材料黏滞阻尼系数

通过 MP,DMPR 命令定义材料阻尼系数。

也可选择菜单 Main Menu＞Preprocessor＞Material Props＞Material Models，打开 Define Material Model Behavior 对话框，在其中选择 Damping 下面的 Frequency Independent 项目，如图 3-7(a)所示，打开如图 3-7(b)所示设置框，在其中输入 DMPR。对应命令为 MP,DMPR。

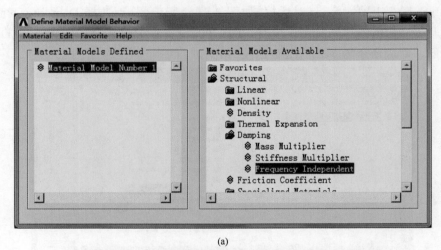

(a)

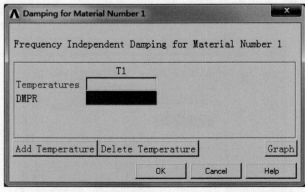

(b)

图 3-7 材料黏滞阻尼系数

⑤单元阻尼

单元阻尼是指通过COMBIN14、COMBIN40、MATRIX27等单元指定的实常数阻尼。这些单元的详细介绍请参照本书附录部分的有关内容。

3)输出设置选项

输出设置选项包括打印输出信息选项、结果文件选项以及积分点应力结果外插或复制选项等。

①打印输出信息选项设置

选择菜单 Main Menu>Solution>Load Step Opts>Output Ctrls>Solu Printout,打开 Solution Printout Controls 设置框,选择打印输出的项目、频率以及包含结构信息的对象范围,如图3-8所示。也可通过相应的命令 OUTPR 设置。

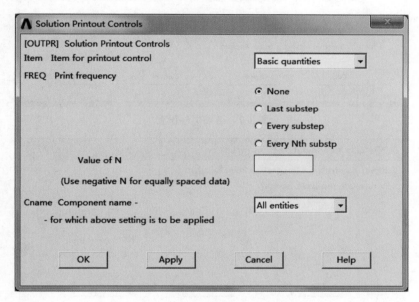

图3-8　打印输出信息设置

②结果文件选项

选择菜单 Main Menu>Solution>Load Step Opts>Output Ctrls>DB/Results File,打开 Controls for Database and Results File Writing 设置框,如图3-9所示。

在此设置框中选择写入到数据库以及结果文件的结果项目(Item)、频率(FREQ)以及包含结果项目的对象范围(Cname,缺省为 All entities,即全体对象)。也可以通过对应的命令 OUTRES 直接进行设置。

③积分点结果设置

选择菜单 Main Menu>Solution>Load Step Opts>Output Ctrls>Integration Pt,打开 Controls for Integration Point Results 设置框,设置积分点结果处理选项,如图3-10所示。缺省选项为单元处于完全弹性状态时积分点结果外插到节点,单元处于部分弹性状态时积分点结果拷贝到节点;选择 YES 时,外插弹性部分的积分点结果到节点,拷贝非弹性部分积分点结果到节点;选择 NO 时,总是拷贝积分点结果到节点。也可以通过对应的命令 ERESX 直接进行设置。

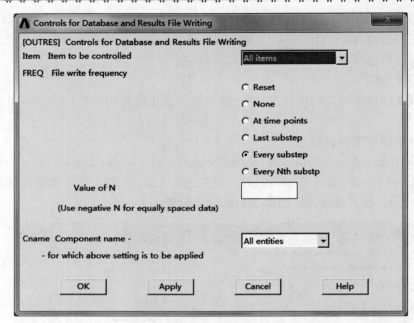

图 3-9 结果文件设置

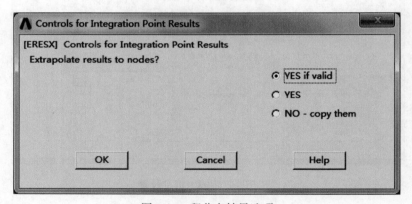

图 3-10 积分点结果选项

(6)施加约束及载荷

谐响应分析中的结构自由度约束与其他分析类型一样,要能够反映结构的实际约束和受力状态。需要注意的是,谐响应分析中仅支持零约束,对于非零位移约束会被作为简谐变化的位移施加于结构上。

谐响应分析中可施加的荷载类型可以是非零位移、集中力(集中力矩)、压力(表面力)、体积力、惯性力等等。由于分析类型的原因,所有载荷随时间都是按简谐规律(正弦或余弦)变化,且频率一致。

(7)求解

分析选项设置及加载完成后,选择菜单 Main Menu>Solution>Solve>Current LS,开始谐响应分析计算。

(8)退出求解器

求解完成后,通过选择菜单 Main Menu>FINISH 退出求解器。

第3章 ANSYS 谐响应计算

3. 查看谐响应分析结果

谐响应分析结束后,计算结果保存到结果文件 *.rst 中,可使用 ANSYS 的通用后处理器 POST1 以及时间历程后处理器 POST26 观察计算结果。

(1)通用后处理器操作

POST1 用于观察在指定子步上整个模型的结果,首先将指定子步结果读入数据库,然后可以对各种节点、单元结果进行列表、等值线图显示、动画显示等等。POST1 的操作方法可以参照前一章模态分析后处理部分的介绍。

(2)时间历程后处理器操作

时间历程后处理器 POST26 用于绘制模型中指定点的结果数据项目随频率变化的曲线。使用 POST26 时,首先需要定义时间历程变量,然后对所选择的变量进行曲线显示或列表显示,还可对变量进行各种运算和后处理操作。对于谐响应分析而言,POST26 后处理器的变量为对应于频率的各种结果数据,即:基本变量是频率而不是时间。每一个谐响应结果变量都有一个变量编号,频率为编号为 1 号的变量,其他变量的编号均大于 1。时间历程后处理操作的具体方法如下。

1)定义变量

可以通过如下方法指定三类变量。

① 节点结果变量

通过选择菜单 Main Menu>TimeHist Postpro>Define Variables,打开 Defined Time-History Variables 列表框,如图 3-11(a)所示。在其中选择 Add... 按钮,打开 Add Time-History Variable 选择框,如图 3-11(b)所示,选择 Nodal DOF result,选择 OK 按钮,打开 Define Nodal Data 拾取框,选择节点或直接输入节点号,按 OK 按钮,打开 Define Nodal Data 设置框,在其中指定变量编号(大于 1),变量 Label,选择节点数据项目,如节点的 UX 位移,按 OK 按钮完成节点结果变量指定,如图 3-11(c)所示。

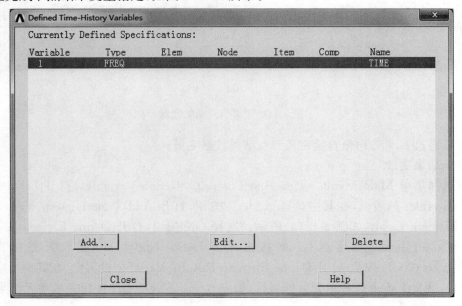

(a)

图 3-11

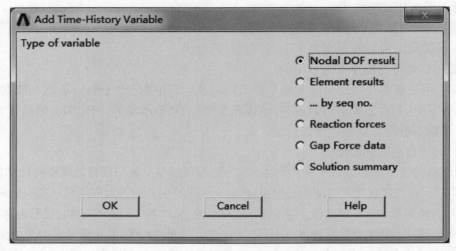

(b)

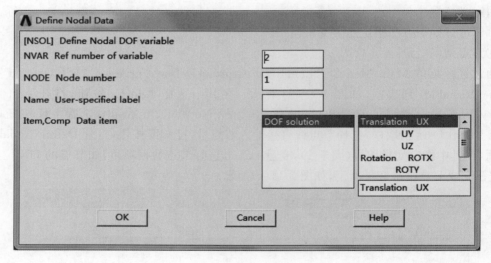

(c)

图 3-11 定义节点结果变量

也可以通过 NSOL 命令直接定义节点结果数据变量。

②单元结果变量

通过选择菜单 Main Menu>TimeHist Postpro>Define Variables，打开 Defined Time-History Variables 列表框，在其中选择 Add... 按钮，打开 Add Time-History Variable 选择框，选择 Element result，如图 3-12(a)所示。选择 OK 按钮，打开 Define Element Data 拾取框，选择单元或直接输入单元号，按 OK 按钮，打开 Define Nodal Data 拾取框，选择节点或直接输入节点号，按 OK 按钮，打开 Define Element Results Variable 设置框，在其中指定变量编号(大于 1)，变量 Label，选择单元数据项目，如应力分量 SX，按 OK 按钮完成单元结果变量指定，如图 3-12(b)所示。

也可以通过 ESOL 命令直接指定单元结果变量。

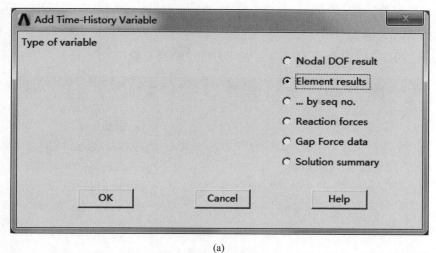

(a)

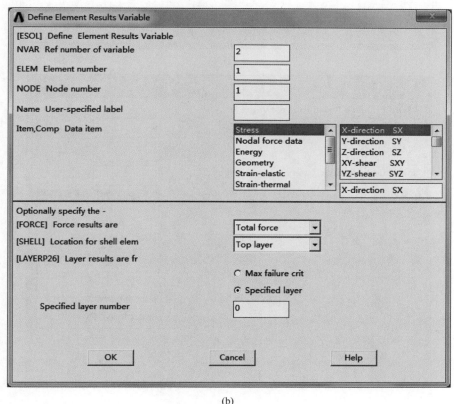

(b)

图 3-12 指定单元结果变量

③支反力结果变量

通过选择菜单 Main Menu>TimeHist Postpro>Define Variables，打开 Defined Time-History Variables 列表框，在其中选择 Add... 按钮，打开 Add Time-History Variable 选择框，如图 3-13(a)所示，选择 Reaction forces，选择 OK 按钮，打开 Define Reaction Force 拾取框，选择节点或直接输入节点号，按 OK 按钮，打开 Define Reaction Force Variable 设置框，在

其中指定变量编号(大于1),变量Label,选择节点反力(矩)分量,按OK按钮完成节点结果变量指定,如图3-13(b)所示。

也可以通过RFORCE命令直接定义支反力(矩)结果变量。

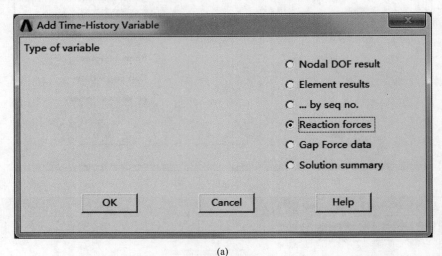

图 3-13　指定支反力变量

2)绘制变量-频率曲线

①曲线绘制设置

通过选择菜单Main Menu>TimeHist Postpro>Settings>Graph,打开Graph Settings设置框,在其中设置与变量曲线绘制相关的选项,如频率范围、横轴变量、纵轴变量等,在此设置框的最下方,通过PLCPLX命令来指定复数结果的曲线绘制类型,缺省为幅值,如图3-14所示。

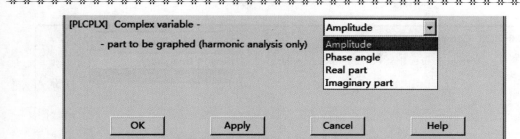

图 3-14 选择复数变量绘制类型

② 绘制变量曲线

可以通过菜单 Main Menu>TimeHist Postpro>Graph Variable,选择绘制之前定义的变量随频率变化的关系曲线,可以同时绘制多个变量,如图 3-15 所示。也可通过对应的命令 PLVAR 绘制曲线。

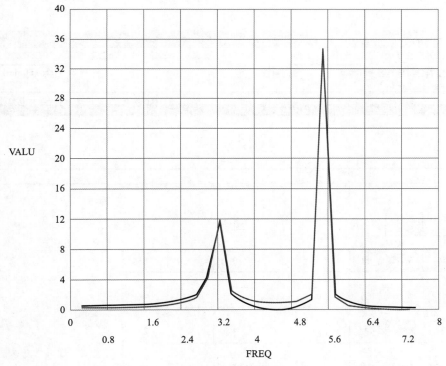

图 3-15 谐响应曲线

3) 变量数据列表

① 数据列表设置

通过选择菜单 Main Menu>TimeHist Postpro>Settings>List,打开 List Settings 设置框,在其中设置与变量列表相关的选项,如频率范围、列表变量号等,在此设置框的最下方,通过 PRCPLX 命令来指定采用幅值-相位角方式或实部-虚部方式显示结果数据,如图 3-16 所示。

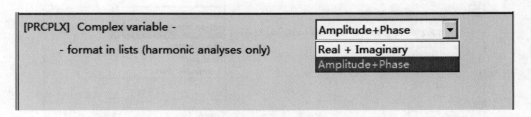

图 3-16 设置列表复数变量数据方式

②通过菜单 Main Menu>TimeHist Postpro>List Variables 对之前已经定义的变量数据进行列表。与之相对应的命令是 PRVAR。

③也可通过菜单 Main Menu>TimeHist Postpro>List Extremes 列出变量的极值,可用 EXTREM 命令。与之相对应的命令为 EXTREM。

除了上述操作方式以外,还可以通过时间历程变量 Viewer 进行时间历程后处理操作。进入时间历程后处理器时会自动打开一个 Time History Variables 变量 Viewer,如图 3-17 所示。

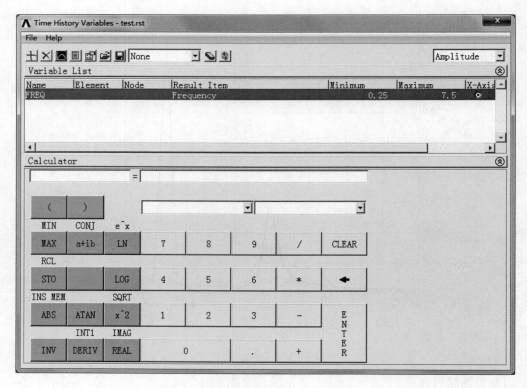

图 3-17 变量 Viewer

在这个变量 Viewer 中,实际可以完成前述 POST26 全部的操作。其 File>Open Results... 菜单可用于打开结果文件。Viewer 主要包括工具条、Variable List 和 Calculator 三部分。

通过工具条按钮可以实现大部分的 POST26 后处理功能(变量定义、删除、绘制曲线、列表显示等),当鼠标移动至这些工具按钮上会有提示信息显示按钮功能。工具条各按钮的作用列于表 3-1 中。

表 3-1 POST26 Viewer 工具按钮简介

工具按钮	光标提示信息	功　能
	Add Data	添加时间历程变量对话框
	Delete Data	在变量列表中删除变量
	Graph Data	绘制变量曲线
	List Data	变量数据列表显示
	Data Properties	选择变量进行列表或曲线绘制的设置
	Import Data	导入外部数据
	Export Data	导出数据信息
None	Overlay Data	在下拉列表中选择用于图形覆盖的数据
Real	Results to View	在下拉列表中选择复数变量的绘制类型
	Clear Time-History Data	清除时间-历程变量
	Refresh Time-History Data(F5)	更新时间-历程变量

变量列表栏列出所有历程变量及其取值范围,用户可在列表中选择变量进行各种分析和操作。可单击 Variable List 标题栏,以隐藏时间-历程变量列表。

计算器是一个变量运算的辅助工具,可使用键盘上的数学运算符、常用函数、APDL 变量以及已有的时间历程变量定义新的时间历程变量。在计算器的最上面是新变量及其表达式输入区域,如图 3-18 所示,指定一个新的名称为 New 的变量为 UX_2 复数变量的实部。

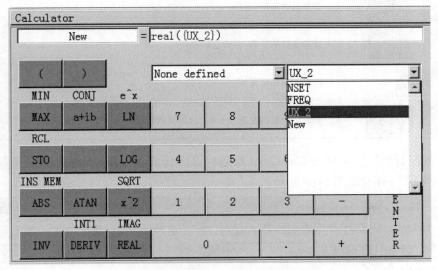

图 3-18 变量名及变量表达式输入区域

在定义新变量时,用到的 APDL 变量列表以及 POST26 变量列表位于计算器键盘的右上角,在图 3-18 中可以看到已经定义的全部时间历程变量。计算器的键盘区分为两部分。左边深色按钮为常用函数及括号等工具按钮,右边浅色按钮是一个数字计算键盘,包括阿拉伯数字、小数点、算术运算符以及清除、退格、ENTER 等工具按钮。变量表达式输入完成后,按键盘上的 ENTER 按钮,则确认此变量定义完成,此变量即出现在变量列表中。

表 3-2 中列出了计算器键盘区的按钮及其功能的简单说明。一个按钮处同时有两个函数的按钮在表中列入同一行中,在一个按钮上的两个函数间可以通过 INV 按钮进行切换。

表 3-2 计算器键盘按钮功能说明

计算器键盘按钮	按钮功能说明
( )	圆括号,用于改变表达式的运算顺序。调用函数时也需要为自变量括上圆括号
INV	切换按钮上的函数
MAX MIN	变量中的最大值/最小值
LN e^x	计算一个变量的自然对数或 e 指数
STO RCL	将表达式存到内存中/从内存中调用表达式
LOG	计算一个变量的常用对数(10 为底)
ABS INS MEM	计算变量的绝对值或复数的模/将内存中的内容插入到表达式中
x^2 SQRT	计算变量的平方/计算变量的平方根
REAL IMAG	取复数的实部/虚部
DERIV INT1	计算变量的导数/对变量积分
ATAN	计算变量的反正切
a+ib CONJ	形成一个复数变量(a+ib)/计算复数共轭

如无需使用计算器,可单击 Caculator 标题栏隐藏计算器区域,同时隐藏了变量列表以及计算器面板的 Viewer,如图 3-19 所示。

图 3-19 隐藏变量列表及计算器面板的 Viewer

以上为采用 Mechanical APDL 的图形界面 GUI 实现普通模态分析的过程和步骤，本节在介绍界面操作的同时也都列出了每一个典型步骤的操作命令。如果采用 APDL 命令流操作方式实现 Full 法的谐响应过程，则一段典型的操作命令流可能是如下形式。

```
FINISH
/PREP7
! 前处理建模部分,注意定义材料的弹性常数以及密度。
MP,DENS,1,…
MP,EX,1,…
MP,NUXY,1,…
! 建模操作……
FINISH
! 进入求解器
/SOLU
! 施加支座约束
D,
! 指定分析类型和分析选项
ANTYPE,HARMIC
HROPT,FULL                    ! 完全法谐响应分析
HROUT,
NSUBST,                       ! 子步数
HARFRQ,                       ! 频率范围
KBC,1
F,                            ! 施加简谐荷载
SOLVE
FINISH
! 计算结束后,进入时间历程后处理器,提取频响变量
/POST26
NSOL,
PLVAR,
FINISH
```

3.1.2 使用 MSUP 法（模态叠加法）进行谐响应分析

在 Mechanical APDL 环境中，当使用模态叠加法进行谐响应分析时，其前后处理过程与完全法谐响应分析完全一致，区别仅在于求解过程，MSUP 法的求解过程分为两阶段，即：模态分析阶段及模态叠加谐响应分析阶段。

下面对模态叠加法谐响应分析的求解过程进行介绍。

1. 模态分析阶段

模态分析阶段的操作过程可按照标准模态分析进行，但需要注意几点：

（1）提取模态的阶数要足够，以便能够达到模态叠加计算的精度。

（2）后续谐响应分析中，如需施加载荷到单元（如：表面力、温度作用和惯性力等），在模态分析中也要施加。模态分析与施加的载荷无关，但是程序会计算等效载荷向量并写入相关文件中，在后续谐响应分析求解时就可以使用这些载荷向量了。

（3）模态叠加法不需要扩展模态，然而，为了在后续的谐响应结果进行扩展节省时间，就必须要扩展结果以及计算单元应力了。

（4）在模态分析阶段与谐响应分析阶段之间，不能改变任何模型数据。

（5）如果要考虑高频模态的贡献的话，在模态分析中添加残余矢量[RESVEC,ON]。

2. 模态叠加法谐响应分析阶段

按照如下步骤进行谐响应阶段的操作。

（1）进入求解器

通过命令/SOLU 或菜单 GUI：Main Menu>Solution，进入求解器。

（2）指定分析类型

选择菜单 Main Menu>Solution>Analysis Type>New Analysis，弹出 New Analysis 选择框，在其中[ANTYPE] Type of analysis 中选择分析类型为 Harmonic，按 OK 按钮关闭。

（3）选择谐响应分析方法及选项

选择了谐响应分析后，通过选择菜单 Main Menu>Solution>Analysis Type>Analysis Options，打开 Harmonic Analysis 设置框，其中[HROPT]Solution method 选项的下拉列表中选择谐响应分析方法为 Mode Superpos'n（模态叠加法），如图 3-20 所示。

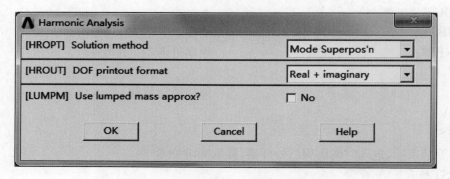

图 3-20　谐响应分析方法及选项设置

Harmonic Analysis 设置框中的[HROUT]以及[LUMPM]选项的意义同前，不再重复介绍。

（4）设置求解选项

上述设置完成后，按 OK 关闭 Harmonic Analysis 设置框，打开 Mode Sup Harmonic Analysis 设置，如图 3-21 所示，此设置框用于设置 MSUP 法的分析选项。

1）使用模态数

Maximum mode number 是模态叠加谐响应分析中使用的最大模态个数，缺省为之前模态分析中提取的全部模态数。Minimum mode number 是模态叠加谐响应分析中使用的最少模态个数，缺省为 1。这两个选项也可以通过 HROPT 命令直接指定。使用的模态数会影响谐响应分析解的精度。

2）模态坐标输出选项设置

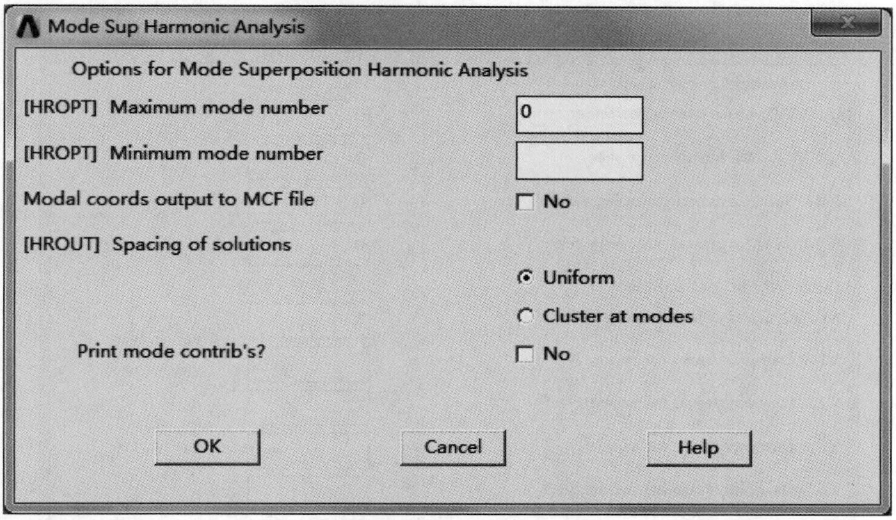

图 3-21 模态叠加法分析设置

Modal cords output to MCF file 选项用于指定是否输出模态坐标,缺省为不输出(No),设为 Yes 时模态坐标被输出到 MCF 文件。此选项也可通过 HROPT 命令直接设置。

3)[HROUT]输出选项设置

①结果聚集选项

Spacing of Solutions 选项用于设置结果聚集选项,缺省为 Uniform,即均匀分布;如选择 Cluster at modes,则在自然频率附近会加密计算结果以捕捉共振响应。

②模态贡献输出选项

缺省为 No,不在频率点输出各阶模态对总响应的贡献,设为 Yes 则在频率计算点输出各阶模态对总响应的贡献。

上述两个选项也可通过[HROUT]命令直接进行指定。

(5)设置载荷步选项

载荷步选项包括一般选项设置、阻尼设置以及输出设置。

1)一般载荷步选项

选择菜单 Main Menu＞Solution＞Load Step Opts＞Time/Frequency＞Freq & Substeps,出现 Harmonic Frequency and Substep Options 设置框。在此设置框中,[HARFRQ]、[NSUBST]、[KBC]等命令的意义与前面的完全法相同,不再重复介绍。

2)阻尼

模态叠加法谐响应分析中如果不指定阻尼,在共振频率处的响应会出现奇异。模态叠加法谐响应分析中可以施加的阻尼形式有如下几种。

①总体 Rayleigh 阻尼

通过 ALPHAD 命令以及 BETAD 命令定义 Alpha(质量)阻尼以及 Beta(刚度)阻尼。可以通过选择菜单 Main Menu＞Solution＞Load Step Opts＞Time/Frequenc＞Damping,在弹出的 Damping Specifications 设置框中指定,如图 3-22 所示。

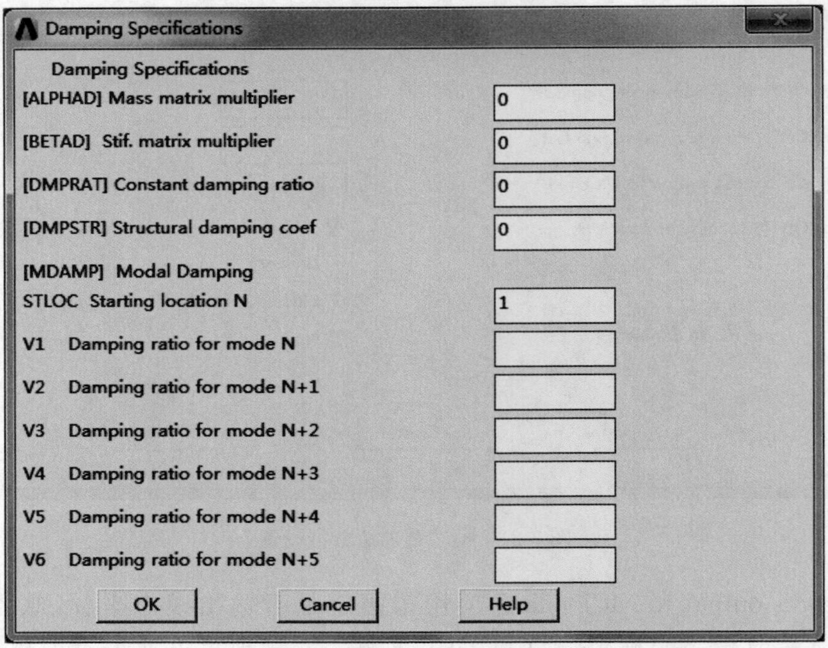

图 3-22 指定总体阻尼

② 常数阻尼比 Constant damping ratio

通过 DMPRAT 命令定义常数阻尼比，也可通过选择 Main Menu＞Solution＞Load Step Opts＞Time/Frequenc＞Damping，在如图 3-22 所示设置框中定义[DMPRAT]。

③ 常数结构阻尼系数 Constant Structural Damping Coefficient

通过 DMPSTR 命令定义的常数结构阻尼系数，也可以通过选择 Main Menu＞Solution＞Load Step Opts＞Time/Frequenc＞Damping，在如图 3-22 所示设置框中定义[DMPSTR]。

④ 模态相关阻尼比

通过 MDAMP 命令定义模态相关阻尼比，或通过选择 Main Menu＞Solution＞Load Step Opts＞Time/Frequenc＞Damping，在如图 3-22 所示设置框中定义[MDAMP]。

⑤ 材料黏滞阻尼系数

通过 MP，DMPR 命令定义材料阻尼系数。

也可选择菜单 Main Menu＞Preprocessor＞Material Props＞Material Models，打开 Define Material Model Behavior 对话框，在其中选择 Damping 下面的 Frequency Independent 项目，在其中输入 DMPR，可参照前面完全法的设置对话框。

注意在模态分析中就要指定此材料属性，此阻尼与模态相关阻尼比不能同时定义。

3）输出设置选项

输出设置选项包括打印输出信息选项、结果文件选项以及积分点结果外插复制选项等，涉及到的主要命令包括 OUTPR、OUTRES、ERESX，与完全法中的意义相同不再重复介绍。

（6）施加约束及载荷

模态叠加法谐响应分析中只可施加力、加速度和模态分析中生成的载荷向量。可用

LVSCALE 命令来施加在模态分析中生成的载荷向量。为了避免重复加载,需删除在模态分析中施加的所有载荷。

如果要考虑高频模态的贡献的话,在谐响应分析中考虑添加残余矢量,命令为[RESVEC,ON]。

(7)模态叠加法谐响应求解

上述设置和加载完成后,发出 SOLVE 命令求解模态叠加法谐响应分析。或通过菜单 Main Menu>Solution>-Solve-Current LS。

(8)退出求解器

求解完成后,通过 FINISH 命令退出求解器。

(9)模态扩展

模态叠加法谐响应分析的解被保存到缩减位移文件 Jobname.RFRQ 中。模态扩展基于 Jobname.RFRQ 及 DB 等文件计算位移、应力和反力的结果。这些计算只是在特定的频率和相位角进行。在模态扩展进行之前,用 Post26 查看谐响应结果,确定临界频率和相位角。如果只是关心位移结果,则无需进行扩展;如果还关注应力或力的结果,则必须进行扩展处理。具体扩展计算过程可参照后面的典型命令。

(10)后处理

模态叠加法谐响应分析的后处理操作方式及注意事项与完全法谐响应分析相同,这里不再重复介绍。

如果采用 APDL 命令流来实现模态叠加法谐响应过程,下面列举了一段典型的命令流。

```
FINISH
/PREP7
! 前处理建模部分,注意定义材料的弹性常数以及密度。
MP,DENS,1,…
MP,EX,1,…
MP,NUXY,1,…

FINISH
! 进入求解器
/SOL
ANTYPE,MODAL
! 模态分析求解设置及加载
D,
! 施加于单元的荷载,必须在模态分析中施加,这些荷载会被写入振形文件
SF,
! 求解模态分析并退出求解器
SOLVE
FINISH
! 重新进入求解器,开始模态叠加谐响应分析
/SOL
```

```
ANTYPE,HARMIC
HROPT,MSUP,
! 缩放模态荷载向量,施加集中力或加速度荷载
LVSCALE,
F,...
! 模态叠加谐响应分析选项设置
HROUT,
HARFRQ,
DMPRAT,
MDAMP,
NSUBST,
KBC,
! 求解模态叠加法谐响应分析并退出求解器
SOLVE
FINISH
! 查看模态叠加法谐响应分析结果
/POST26
FILE,,RFRQ
NSOL,
PLCPLX,
PLVAR,
FINISH
! 重新进入求解器,进行模态扩展计算
/SOLU
! 打开扩展计算开关,指定扩展解的子步(或频率)及相位角,进行扩展计算
EXPASS,ON
EXPSOL,
HREXP,
SOLVE
FINISH
! 查看扩展的结果
/POST1
! 在POST1中读入结果并查看
SET,
PLDISP,
PLNSOL,
...
FINISH
```

3.2 Workbench 中的谐响应分析实现过程

本节介绍在 Workbench 环境中的谐响应分析实现过程和操作要点,首先介绍 Full 方法,再介绍 MSUP 方法。

3.2.1 使用 Full 法进行谐响应分析

在 Workbench 环境中,完全法谐响应分析可以通过预置的 Harmonic Response 模板分析系统来完成,此模板系统可双击 Workbench 界面左侧 Toolbox > Analysis Systems > Harmonic Response,随后在 Workbench 的 Project Schematic 区域出现一个模态分析系统 A:Harmonic Response,如图 3-23 所示。

上述系统的各组件中,Engineering Data、Geometry 等的操作在上一章的模态分析中已经进行了介绍,本节重点介绍与谐响应分析求解相关的操作。在几何模型创建完成后,双击 Harmonic Response 分析系统的 A4 Model 单元格启动 Mechanical,进入 Mechanical 后按照前面一章介绍的方法对 Project Tree 的 Geometry 分支进行相关的指定,随后通过 Mesh 分支完成网格划分。这些谐响应分析的前处理部分完成后,即进入到如下的求解阶段。

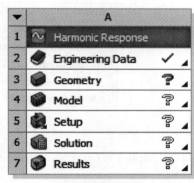

图 3-23 Harmonic Response 分析系统

1. 分析设置

在 Mechanical 的 Project 树中选择 Harmonic Response 分析环境下的 Analysis Settings 分支,在其 Details 中进行如下的设置,如图 3-24 所示。

对于 Full 法 Harmonic 分析,具体的设置选项主要包括:

1)Options 设置

Details of "Analysis Settings" 的 Options 中需要设置频率范围及间隔、选择计算方法。其中 Range Minimum、Range Maximum 为简谐荷载的频率范围下限及上限;Solution Intervals 为求解频率间隔;Solution Method 用于选择求解方法,完全法谐响应分析选择 Full。

2)Output 设置

Output 设置计算输出选项,可选择计算输出应力、应变、节点力、支反力等。

3)Damping 设置

对于 Full 法 Harmonic 分析,Constant Damping Ratio 不起作用。可指定瑞利阻尼的刚度阻尼系数(Stiffness Coefficient)及质量阻尼系数(Mass Coefficient)。瑞利阻尼的指定也可以通过在 Engineering Data 中指定材料阻尼系数的形式,如图 3-25 所示。其中,Constant Damping Coefficient 为频率无关阻尼系数,Damping Factor(α)、Damping Factor(β)分别为质量矩阵阻尼乘子(Mass-Matrix Damping Multiplier)以及刚度矩阵阻尼乘子(k-Matrix

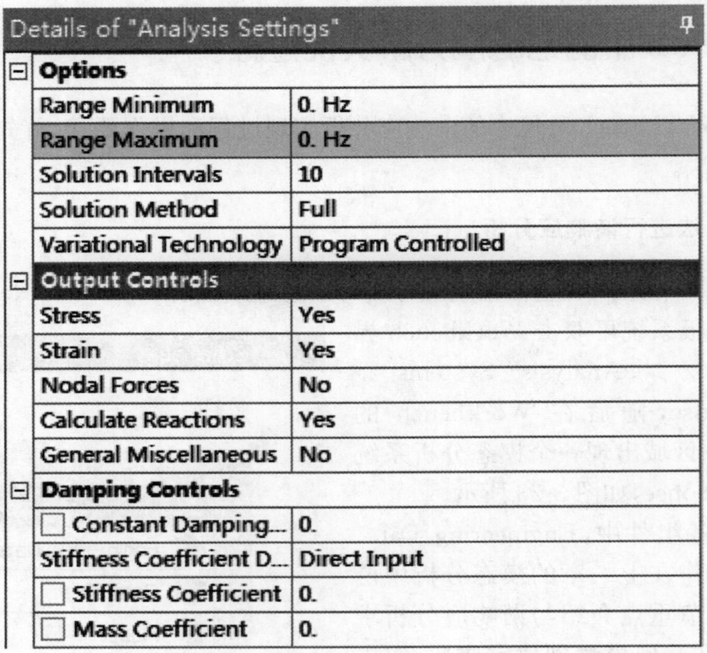

Details of "Analysis Settings"	
Options	
Range Minimum	0. Hz
Range Maximum	0. Hz
Solution Intervals	10
Solution Method	Full
Variational Technology	Program Controlled
Output Controls	
Stress	Yes
Strain	Yes
Nodal Forces	No
Calculate Reactions	Yes
General Miscellaneous	No
Damping Controls	
☐ Constant Damping...	0.
Stiffness Coefficient D...	Direct Input
☐ Stiffness Coefficient	0.
☐ Mass Coefficient	0.

图 3-24 Analysis Settings 设置

Damping Multiplier),Constant Damping Coefficient 为基于材料的阻尼系数(对应于 MP, DMPR)。

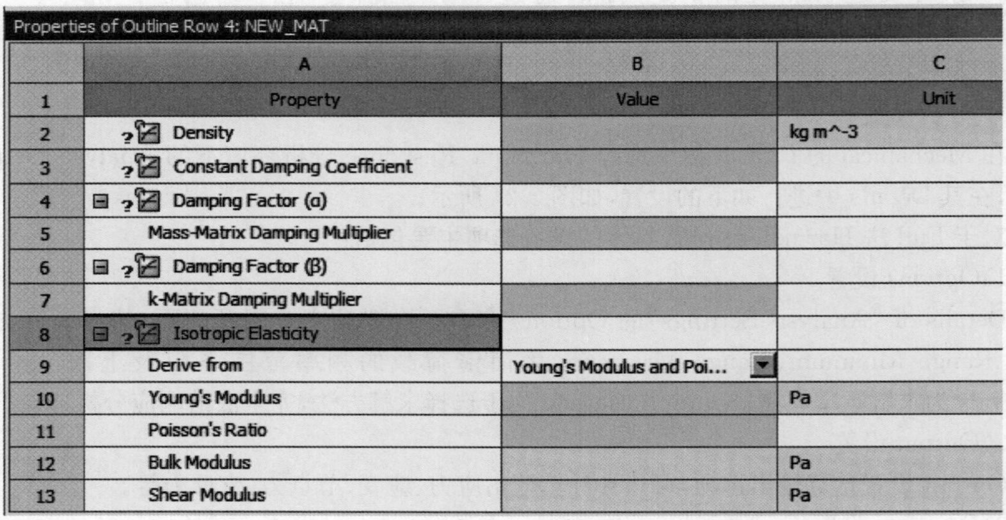

Properties of Outline Row 4: NEW_MAT			
	A	B	C
1	Property	Value	Unit
2	Density		kg m^-3
3	Constant Damping Coefficient		
4	☐ Damping Factor (α)		
5	Mass-Matrix Damping Multiplier		
6	☐ Damping Factor (β)		
7	k-Matrix Damping Multiplier		
8	☐ Isotropic Elasticity		
9	Derive from	Young's Modulus and Poi...	
10	Young's Modulus		Pa
11	Poisson's Ratio		
12	Bulk Modulus		Pa
13	Shear Modulus		Pa

图 3-25 基于材料的阻尼系数

2. 施加约束及载荷

约束以及荷载可以通过 Harmonic Response 分支右键菜单加入,如图 3-26 所示。完全法谐响应分析的约束如果是非 0 的,也会按简谐规律变化。此外,由于谐响应分析是线性的,所以不能施加 Compression Only support 等非线性约束类型。

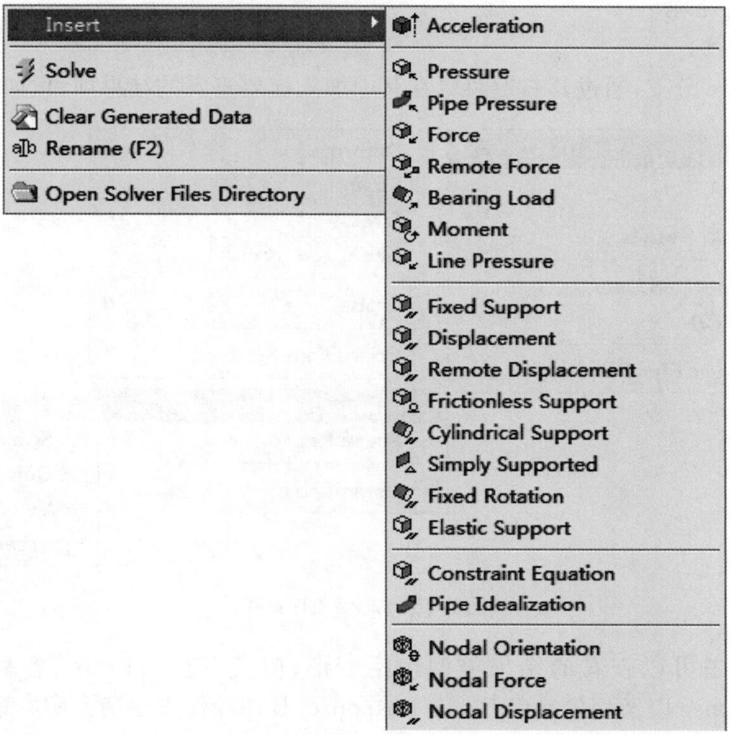

第 3 章 ANSYS 谐响应计算

图 3-26 完全法谐响应分析可施加的荷载及约束

在上述荷载中,Acceleration、Bearing Load、Nodal Orientation 类型的加载不允许输入相位角;Pipe Pressure 仅用于线体的加载且不能用于模态叠加法谐响应分析;Force 可作用于面、边或点。

以施加于点的 Force 为例,其 Details 如图 3-27 所示。需要选择 Geometry(图 3-27 中是作用于 1 Vertex 上),选择 Vector 或 Components 方式,指定简谐荷载的数值以及相位(Phase Angle)。其中,Phase Angle 用于施加不同相位的简谐荷载。

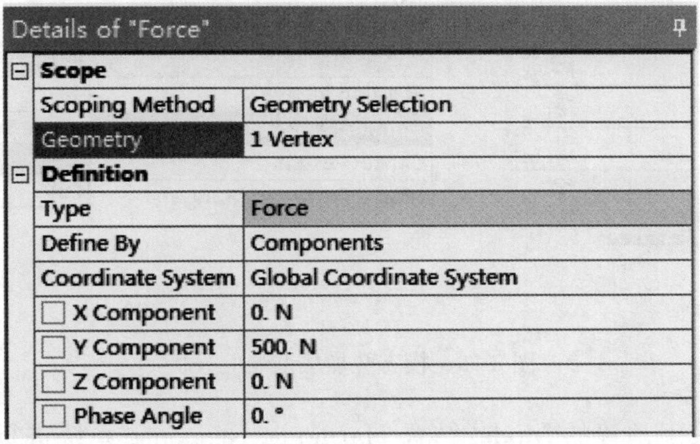

图 3-27 指定 Force 简谐力

3. 求解及后处理

加入结果项目：

选择 Solution 分支，通过其右键菜单在其中加入需要查看的结果项目，如图 3-28 所示。

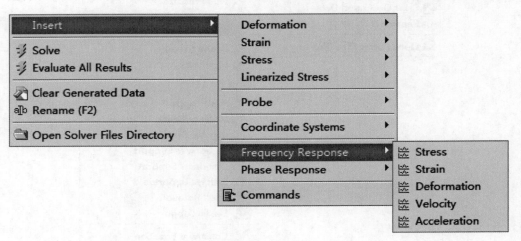

图 3-28　加入结果项目

谐响应分析中可以查看的结果类型包括变形、应变、应力、Probe、各种量的频率响应 Frequency Response 以及相位响应 Phase Response，具体操作方法请参照本章后面的例题。

3.2.2　使用 MSUP 法（模态叠加法）进行谐响应分析

在 Workbench 环境下进行模态叠加法谐响应分析时，可以采用以下两种方式之一：

一种方法是采用预置的 Harmonic Response 分析模板系统来完成，启动 Mechanical 后指定分析方法为 Mode Superposition，如图 3-29(a)、(b)所示。

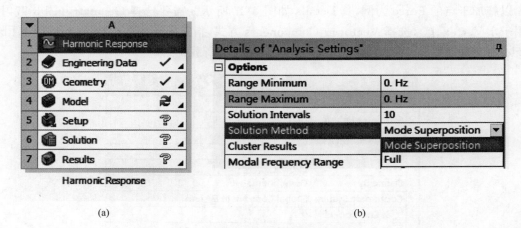

图 3-29　模态叠加法谐响应分析

另一种方法是采用预置的 Modal 结合 Harmonic Response 系统进行分析。首先创建一个 Modal 分析系统，随后将一个 Harmonic Response 系统从 Workbench 工具箱拖放至 Modal 分析系统的 Solution 单元格，如图 3-30 所示。

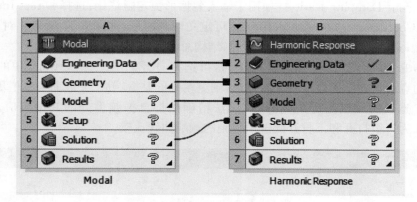

图 3-30　模态叠加法谐响应分析流程

采用前一种方法时，模态分析在内部进行，每一次分析 Harmonic 时都需进行一次模态计算。采用后一种方法时，模态分析是单独的求解阶段，可以在其他的模态叠加 Harmonic 分析中直接使用模态分析的结果，而无需每次都重新计算模态。

无论采用哪种方式，模态叠加谐响应分析的选项设置都是在 Analysis Settings 的 Details 中进行，如图 3-31 所示。

Details of "Analysis Settings"	
Options	
Range Minimum	0. Hz
Range Maximum	500. Hz
Solution Intervals	50
Solution Method	Mode Superposition
Cluster Results	No
Modal Frequency Range	Program Controlled
Store Results At All Frequencies	Yes
Output Controls	
Stress	Yes
Strain	Yes
Nodal Forces	No
Calculate Reactions	Yes
General Miscellaneous	No
Damping Controls	
Constant Damping Ratio	2.e-002
Stiffness Coefficient Define By	Direct Input
Stiffness Coefficient	0.
Mass Coefficient	0.
Analysis Data Management	

图 3-31　谐响应分析设置

以上大部分的选项与 FULL 方法的相同，但需要注意以下的几个区别：
(1)Solution Method 选择 Mode Superposition，主要是针对以上第一种方式。

（2）Constant Damping Ratio 选项用于输入各振形恒定阻尼比；选择 Direct Input 方式，通过 Stiffness Coefficient 和 Mass Coefficient 可定义瑞利阻尼，如图 3-31 所示。对于 Constant Damping Ratio 和瑞利阻尼都有定义的情况，结构总的阻尼是两部分的叠加。

（3）Cluster 选项。当采用模态叠加法时，可选择打开 Analysis Settings 中的 Cluster 选项，使更多的点聚集在结构自振频率附近，得到更精确的共振响应（一般而言幅值更大些）。不使用 Cluster 选项的解则是等距离分布，无法精确捕捉自振频率处的共振响应。如图 3-32 (a)、(b)所示为一组打开和不打开此选项得到的频响曲线比较。

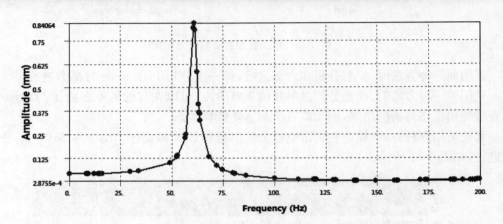

(a) 模态叠加法Cluster=YES

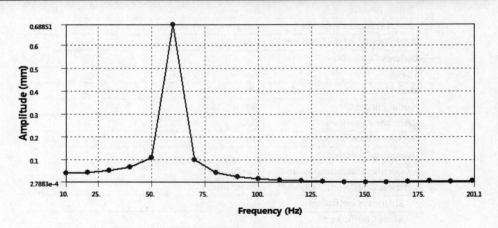

(b) 模态叠加法Cluster=NO

图 3-32　Cluster 选项打开关闭的频响曲线比较

模态叠加法的加载、求解及后处理与完全法类同，具体操作可参照本章后面的例题，这里不再展开介绍。

3.3 谐响应分析例题

本节提供 Mechanical APDL 及 Workbench 中的谐响应分析例题各一个,介绍在 Mechanical APDL 及 Workbench 环境中的谐响应分析操作过程要点,读者可参照练习。

3.3.1 Mechanical APDL 谐响应分析例题:弹簧质量系统

1. 问题描述

两自由度的弹簧-质量体系,如图 3-33 所示。其中的弹簧刚度 K=2 000 N/m,质量 M= 10 kg。质量仅在水平方向有自由度,右端质量块上作用简谐荷载 F,其幅值为 10 N,频率范围在 0~5 Hz 之间,具体分析要求如下:

(1) 如果不计阻尼,用 FULL 以及 MSUP 两种方法分别计算质量块的位移-频率响应。
(2) 如果各弹簧所在位置添加阻尼器,阻尼系数为 C=10 kg/s,用 FULL 方法计算各质量块的位移-频率响应。
(3) 如果结构具有常量阻尼比 5%,用 MSUP 方法计算各质量块的位移-频率响应。

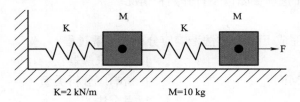

图 3-33 受简谐荷载作用的弹簧-质量系统

本节全部的建模、求解以及后处理操作均通过 Mechanical APDL 的命令流实现。下面给出上述各种情况的计算过程命令流以及对相关命令的注释说明。

2. 无阻尼系统的建模过程

采用直接建模方法创建弹簧质量系统的计算模型,具体操作的命令流如下:

```
/prep7                          ! 进入前处理器
ET,1,COMBIN14                   ! 定义弹簧单元类型
KEYOPT,1,3,2                    ! 指定 XY 平面内的弹簧
ET,2,MASS21                     ! 定义质量单元类型
KEYOPT,2,3,4                    ! 指定 XY 平面内的质点且无转动惯量
R,1,2000                        ! k=2 000 N/m
R,2,10                          ! m=10 kg
N,1                             ! 定义节点 1
N,3,1                           ! 定义节点 3
FILL                            ! 填充节点 2
E,1,2                           ! 定义弹簧单元
E,2,3
TYPE,2                          ! 质量单元类型声明
```

REAL,2	！质量单元实常数声明
E,2	！定义质量单元
E,3	
/ESHAPE,1.0	！打开形状显示
/REPLOT	！重新绘图
FINISH	！退出前处理器

上述命令流中的/ESHAPE命令用于打开单元形状显示,可以看到弹簧和质量块的形状,建立的分析模型如图3-34所示。

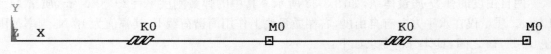

图3-34 无阻尼系统的结构分析模型

3. 无阻尼结构谐响应分析

下面对无阻尼结构进行谐响应分析,分别采用FULL方法及MSUP方法,在MSUP方法计算中又比较了Clust选项关闭以及打开两种情况。

(1)FULL方法

按照下列命令流完成FULL方法谐响应分析的求解过程:

/SOLU	！进入求解器
ANTYPE,HARMIC	！谐响应分析类型
HROPT,FULL	！完全法
HROUT,OFF	！幅值与相位角
OUTPR,BASIC,1	！输出设置
NSUBST,50	！子步数为50
HARFRQ,,5	！频率范围0到5Hz
KBC,1	！Step加载
d,1,all	！节点1的约束
d,2,uy	！节点2的约束
d,3,uy	！节点3的约束
F,3,FX,10	！节点3的简谐荷载
SOLVE	！求解
FINISH	！退出求解器

在执行以上求解命令过程中,施加了支座约束及简谐荷载的结构如图3-35所示。

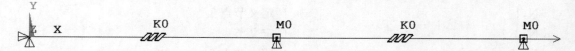

图3-35 施加了约束及简谐荷载的结构

计算完成后在POST26中进行后处理,绘制频率响应曲线,命令流如下:

/POST26　　　　　　　　　　　！退出求解器

```
NSOL,2,2,U,X,UX_node2          ! 存储质点 1 的 UX 变量
NSOL,3,3,U,X,UX_node3          ! 存储质点 2 的 UX 变量
/GRID,1                        ! 打开 GRID 显示
/AXLAB,Y,DISP                  ! Y-axis 的标识 disp
PLVAR,2,3                      ! 绘制变量 2、变量 3 曲线
FINISH                         ! 退出后处理器
```

执行上述命令流后,得到 FULL 方法计算的质量块 1 和质量块 2 的 UX-频率曲线,如图 3-36 所示。

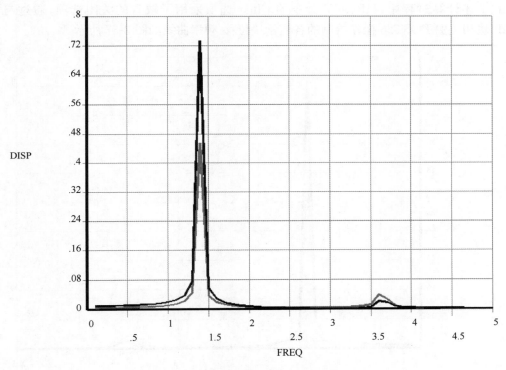

图 3-36　FULL 法计算的质量块-频率曲线,无阻尼

最大位移响应出现在 1.4 Hz 附近,各质量块的位移幅值分别为 0.73 m 和 0.45 m 左右。在 3.6 Hz 处也有一个局部响应峰值。这是由于采用了 0.1 Hz 的计算步长,而 1.4 Hz 和 3.6 Hz 分别与系统的固有频率 1.391 1 Hz 和 3.641 9 Hz 最接近。

(2)MSUP 方法(Clust=OFF)

如果采用模态叠加法进行计算,则求解部分采用如下的命令流:

```
/SOLU                          ! 进入求解器
ANTYPE,HARMIC                  ! 谐响应分析类型
HROPT,FULL                     ! 完全法
HROUT,OFF                      ! 幅值与相位角
OUTPR,BASIC,1                  ! 输出设置
NSUBST,50                      ! 子步数为 50
```

```
HARFRQ,,5                    ! 频率范围 0 到 5Hz
KBC,1                        ! Step 加载
d,1,all                      ! 节点 1 的约束
d,2,uy                       ! 节点 2 的约束
d,3,uy                       ! 节点 3 的约束
F,3,FX,10                    ! 节点 3 的简谐荷载
SOLVE                        ! 求解
FINISH                       ! 退出求解器
```

在上述计算过程中，HROUT 命令的 Clust 选项采用了缺省的关闭选项，通过与前面 FULL 法相关的 POST26 操作绘制的各质量块位移-频率曲线如图 3-37 所示。

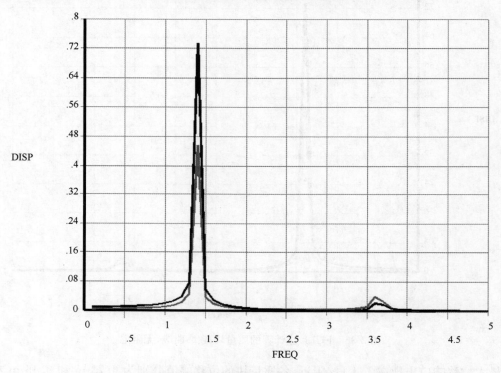

图 3-37 MSUP 法计算的质量块位移-频率曲线(Clust=OFF)

(3) MSUP 方法(Clust=ON)

还是采用上述 MSUP 方法计算，其他命令参数不变，HROUT 命令修改为：
```
HROUT,OFF,ON                 ! 幅值与相位角、打开 Clust
```

修改参数后重新计算，计算结束后，通过与前面 FULL 法相关的 POST26 操作绘制的各质量块位移-频率曲线，如图 3-38 所示。

由于打开了 Clust 后得到更加靠近固有频率位置的响应，因此在固有频率 1.391 1 Hz 及 3.641 9 Hz 处出现了奇异现象，1.391 1 Hz 处的质量块位移幅值达到 190 m 以及 117 m 左右。之前关闭 Clust 计算和 Full 方法计算的无阻尼幅值未出现奇异，是因为在固有频率处没有结果。

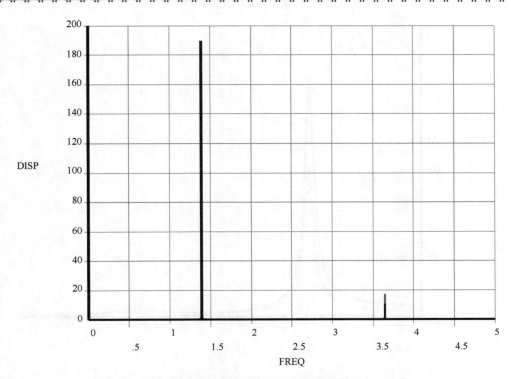

图 3-38　MSUP 法计算的质量块位移-频率曲线(Clust=ON)

4. 带阻尼器系统的 FULL 法分析

上面无阻尼系统分析中出现了奇异现象,而实际系统都是有阻尼的,因此其位移响应是有限的值。对于带有阻尼器的结构,仅需要修改 COMBIN14 单元的实常数,即 R 命令的参数修改为如下的即可。

R,1,2000,10　　　　　　　　　　　　! k=2 000 N/m,c=10 kg/s

修改参数后采用之前无阻尼 FULL 方法求解部分及后处理部分的命令流重新计算,得到各质量块位移-频率曲线如图 3-39 所示。

由图 3-39 中的计算结果可见,带有阻尼器的结构的频率响应比无阻尼的结构明显降低。

5. 恒定阻尼比系统的 MSUP 法分析

对具有恒定阻尼的结构,采用 MSUP 方法计算,分别考虑 Clust=OFF/ON 选项。

(1)Clust=OFF 情况

按照如下命令流进行计算并绘制各质量块的位移-频率响应曲线,如图 3-40 所示。

```
/SOLU                    ! 进入求解器
ANTYPE,HARMIC            ! 谐响应分析类型
HROPT,FULL               ! 完全法
HROUT,OFF                ! 幅值与相位角
OUTPR,BASIC,1            ! 输出设置
NSUBST,50                ! 子步数为 50
HARFRQ,,5                ! 频率范围 0 到 5 Hz
```

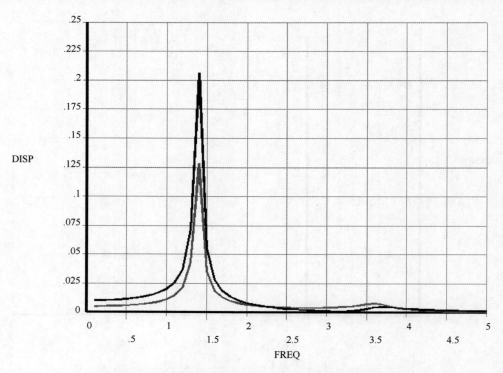

图 3-39　质量点的谐响应位移频率曲线,带有阻尼器的结构

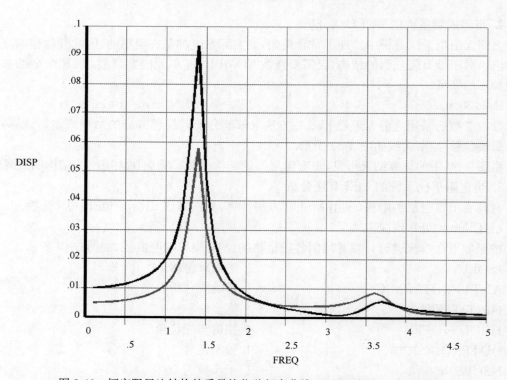

图 3-40　恒定阻尼比结构的质量块位移频率曲线,MSUP 方法,Clust=OFF

DMPRAT,0.05	！阻尼比 0.05
KBC,1	！Step 加载
d,1,all	！节点 1 的约束
d,2,uy	！节点 2 的约束
d,3,uy	！节点 3 的约束
F,3,FX,10	！节点 3 的简谐荷载
SOLVE	！求解
FINISH	！退出求解器
/POST26	！退出求解器
NSOL,2,2,U,X,UX_node2	！存储质点 1 的 UX 变量
NSOL,3,3,U,X,UX_node3	！存储质点 2 的 UX 变量
/GRID,1	！打开 GRID 显示
/AXLAB,Y,DISP	！Y-axis 的标识 disp
PLVAR,2,3	！绘制变量 2、变量 3 曲线
FINISH	！退出后处理器

上述计算结果在第 1 阶固有频率附近（1.4 Hz）两个质量块的最大频响值分别为 0.057 787 2 以及 0.093 305 8，这个结果将和后面打开 Clust 后的结果进行比较。

(2) Clust＝ON 情况

修改上述 Clust＝OFF 命令流中的 HROUT 命令如下：

HROUT,OFF,ON　　　　　　　　！幅值与相位角

求解过程和后处理过程的其他命令保持不变，得到各质量块的位移-频率响应曲线如图 3-41 所示。

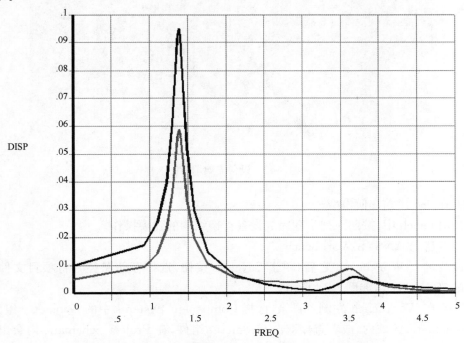

图 3-41　恒定阻尼比结构的质量块位移频率曲线，MSUP 方法，Clust＝ON

经过列表相关结果,第一阶固有频率 1.391 1 Hz 处各质量块的共振响应分别为 0.058 504 9 以及 0.094 751 0,略大于 Clust=OFF 时的结果。

3.3.2 Workbench 谐响应分析:小型设备支架

1. 问题描述

如图 3-42 所示为某工业设备的支架,顶面为厚度 25 mm 的钢板,其正中位置放置设备,设备对顶板的作用可简化为大小相同垂直方向及水平方向的简谐激振力,力大小 F=500 N,两简谐力相位差为 90 度。顶板边长为 1.0 m,支架柱高为 2.0 m,在顶面位置及柱高的中点处设置周边支架梁。支架梁、柱构件的截面尺寸均为 50 mm×50 mm×5 mm×5 mm,支架顶板及框架材料均为结构钢,假设结构阻尼比为 0.02,对此设备支架进行谐响应分析,计算设备转速变化时结构的响应,转速变化的简谐激振力频率范围是 0 Hz 到 500 Hz。

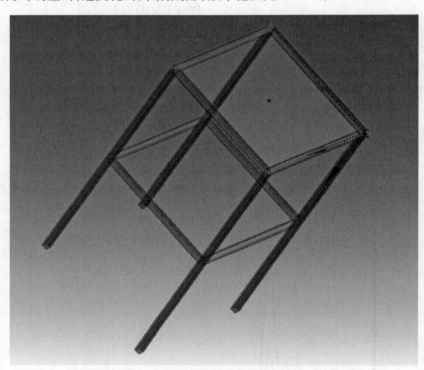

图 3-42 设备支架示意图

2. 基于 DM 建立几何模型

在 Workbench 中,按照下列步骤完成设备支架结构的建模操作。

第 1 步:启动 ANSYS Workbench。

第 2 步:进入 Workbench 之后,单击 Save As 按钮,选择存储路径并将项目文件另存为 "Harmonic Response",如图 3-43 所示。

第 3 步:在 Workbench 左侧工具箱,选择 Component Systems 中的 Geometry 组件,拖到 Project Schematic 区域内,或者直接双击 Geometry 组件,在 Project Schematic 内会出现名为 A 的 Geometry 组件,如图 3-44 所示。

第 3 章 ANSYS 谐响应计算

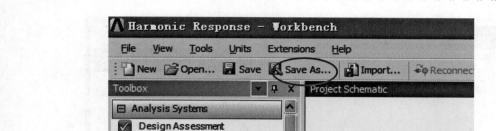

图 3-43 保存项目文件

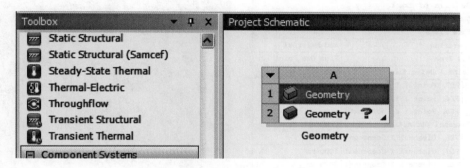

图 3-44 添加 Geometry 组件

第 4 步：进入 DesignModeler 界面后，选择建模单位，在此例中选择 mm 单位，单击 OK 按钮确定，如图 3-45 所示。

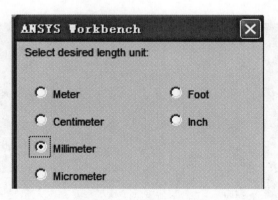

图 3-45 单位选择

第 5 步：在 DM 的菜单中选择 Creat＞Primitives＞Box，快速创建一个长方体，并在左下角的详细列表中设置长方体的尺寸大小，最后单击 Generate 按钮形成长方体，如图 3-46 所示。

第 6 步：由几何边生成线体。在主菜单中选择 Concept＞Lines From Edge 创建线体分支 Line1。在图形窗口中按下 Ctrl 键选择如图 3-47 所示的长方体的 8 条边，在左下角的详细列表中的 Edges 中单击 Apply 按钮，最后单击 Generate 按钮完成线体的创建。

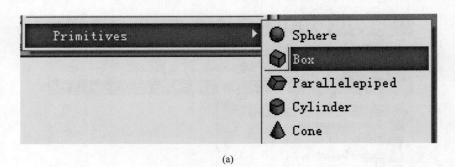

图 3-46 快速创建几何体

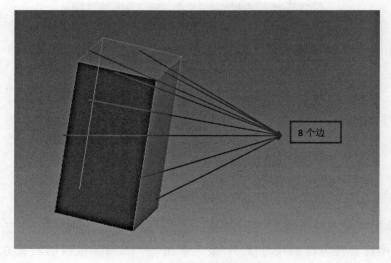

图 3-47 由几何边生成线体

第 7 步：创建草图工作平面。在工具栏栏中按下过滤选择面按钮 , 单击选中长方体的顶面, 单击工具栏中的新建工作平面按钮 , 创建一个新的工作平面, 在新平面的详细列表中的 Transform 项中选择 Offset Z,并输入偏移值-1 000 mm 将工作平面平移至长方体的高度中间点位置,最后单击 Generate 按钮完成新工作平面的创建,如图 3-48 所示。

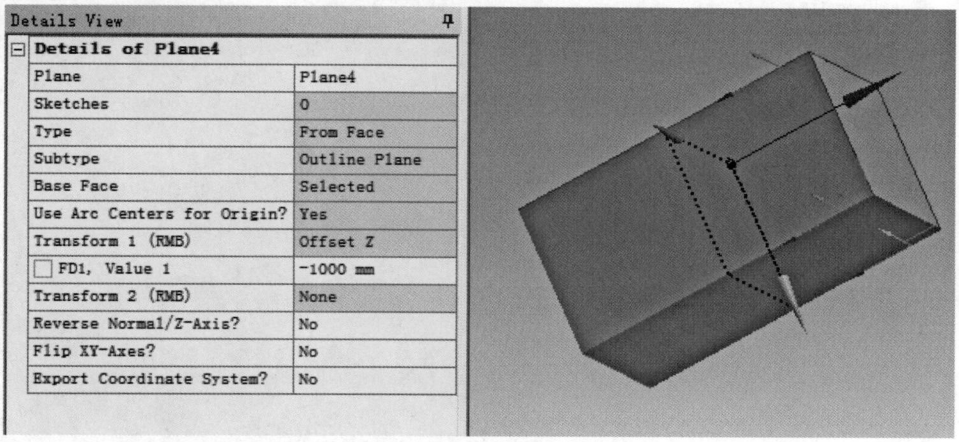

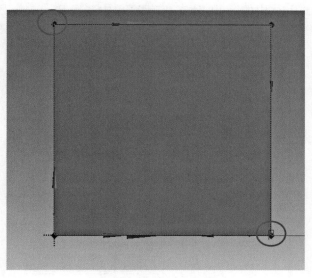

图 3-48　创建新的工作平面

第 8 步:创建草图。

在 Tree Outline 中单击选中上步新建的工作平面 Plane4。并单击正视于按钮 正视工作平面,选择 Sketching 标签,切换至草图模式。选择 Draw 工具箱的 Rectangle 绘制一个矩形,在右边的图形界面上出现一个画笔,拖动画笔放到左上角上出现一个"P"字的标志时,单击选中并拖动画笔到右下角,待再次出现"P"字标志时单击生成一矩形,此时矩形与原长方体的轮廓是重合的。如图 3-49 所示。

图 3-49　绘制一矩形草图

第 9 步:由草图生成线体。

选择 Modeling 标签,切换至 3D 建模模式。选择菜单 Concept>Lines From Sketches,创建线体 Line2 分支,在其 Details 中选择 Base Objects 为上述绘制的矩形草图,然后点 Apply。

随后单击 Generate 按钮完成线体的生成,如图 3-50 所示。

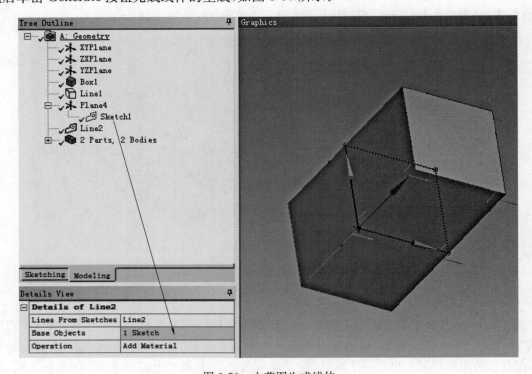

图 3-50 由草图生成线体

第 10 步:抑制长方体。

右击选中 Tree Outline 中的 Solid 分支,右键菜单中选择 Suppress Body,抑制此长方体,如图 3-51 所示。

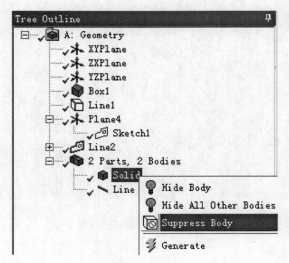

图 3-51 抑制长方体

第 11 步:添加线体横截面。

选择菜单 Concept>Cross Section>Rectangular Tube,创建方钢管横截面,并在左下角

的详细列表中修改横截面的尺寸,在图形区域右键菜单选择 Move Dimensions 调整标注至合适的位置,如图 3-52 所示。

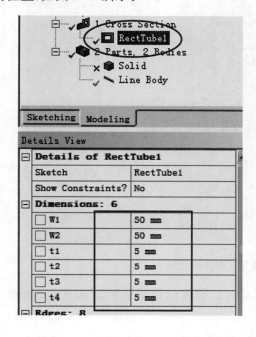

(a) 横截面尺寸

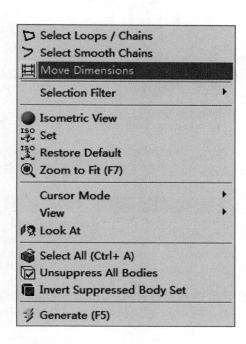

(b) 移动截面的尺寸标注

(c) 横截面示意图

图 3-52　钢管横截面定义

第 12 步:对线体赋予横截面属性。

选择 Tree Outline 中的 Line Body,在其详细列表中单击黄色 Cross Section 选项,在下拉菜单中选择已添加的方钢管横截面,单击 Generate 按钮完成截面指定,如图 3-53 所示。

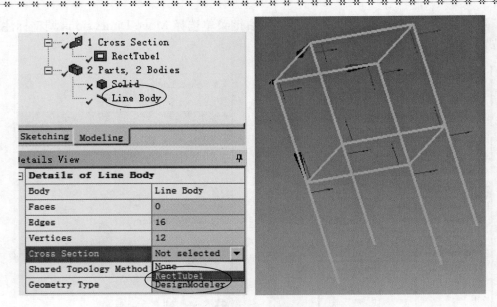

图 3-53 对线体赋予方钢管横截面

在菜单中选择 View>Cross Section Solids，可以观察到横截面的实际形状，如图 3-54 所示。

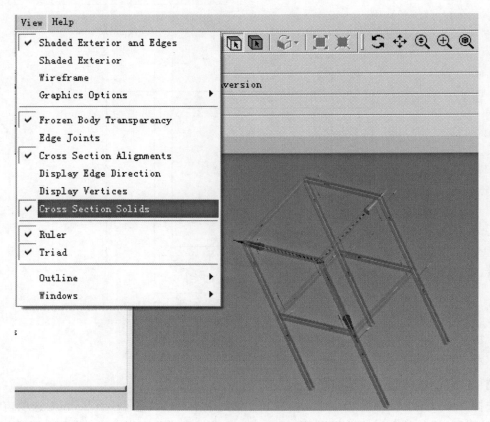

图 3-54 带有横截面属性的线体

第 13 步：创建表面体。

在主菜单中选择 Concept>Surface From Edges 创建一个面 Surf1，在其 Details 中的 Edges 区域中指定如图 3-55 所示的 4 条边然后点 Apply 按钮，然后单击 Generate 按钮完成面体的创建。

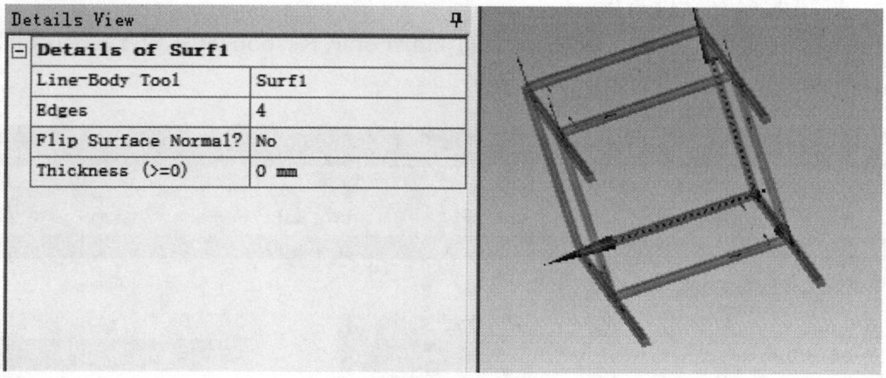

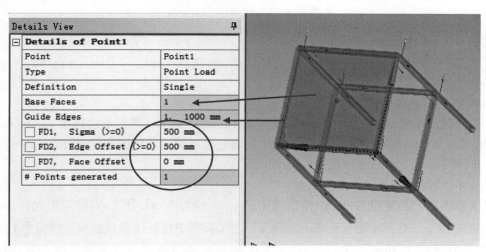

图 3-55　选择创建面的 Edges

第 14 步：在面体上创建一个点。

选择 Creat>Point 菜单创建一个 Point1 分支，在其详细列表中进行选项设置，其中 Type 选择 Point Load，Definition 选择 Single，Base Faces 选择创建的表面，Guide Edges 选择面体的某一个边；FD1、FD2、FD7 分别设置为 500 mm、500 mm、0 mm，如图 3-56 所示。

图 3-56　在面体上创建一个点

第 15 步：创建多体部件。

选中树形窗分支的 3 parts，3 Bodies 下的面体和线体（Line Body 及 Surface Body），然后通过菜单 Tools>Form New Part，创建多体零件，这时可以看到 Line Body 和 Surface Body 被至于一个 Part 下面，如图 3-57 所示。

至此，设备支架几何体建模已完成，关闭 DM，回到

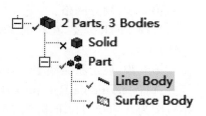

图 3-57　创建多体部件

ANSYS Workbench 界面。

3. 在 Mechanical 中完成计算和后处理

按照以下步骤进行谐响应分析并查看计算结果。

第1步：创建谐响应分析系统。

在 Workbench 左侧工具栏 Toolbox 中的 Harmonic Response(ANSYS)用鼠标直接拖至 A2(Geometry)单元格中即可，如图 3-58 所示。

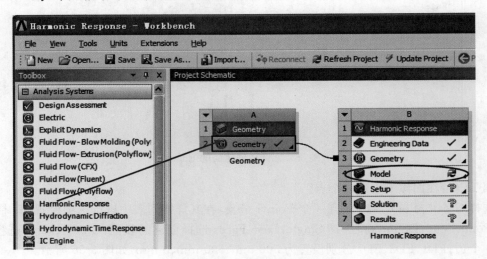

图 3-58 建立谐响应分析模块

第2步：设置工作单位。

双击 B4 单元格(Modal)，进入 Mechanical 界面，选择 Units＞Metric(mm,kg,N,s,mV,mA)设置工作单位制。

第3步：Geometry 设置。

确认设备支架的材料为默认的材料属性：Structural Steel。然后单击选中 Geometry 分支下的 Surface Body 分支，在其 Details 列表中的黄色区域输入面体的厚度 Thickness＝25 mm，如图 3-59 所示。

第4步：指定线的单元尺寸。

设置线体单元长度为 30 mm。单击选中 Project 树的 Mesh 分支，右键菜单选择 Insert＞Sizing，在 Mesh 分支下增加一个 Sizing 分支。在工具栏中选择边选过滤模式按钮 ，在右边图形界面中右键菜单中选择 Select All 选中所有线体，在 Sizing 分支的详细列表中 Geometry 区域点 Apply，在 Element Size 中输入单元尺寸为 30 mm，如图 3-60 所示。

第5步：划分网格。

选择 Mesh 分支，在右键菜单中选择 Generate Mesh，进行结构网格划分，得到网格如图 3-61 所示。

第6步：设定激振频率。

选择 Harmonic Response 下的 Analysis Setting 分支，在其 Details 中设置简谐荷载的频率范围为 0～500 Hz，间隔为 50 Hz，Solution Method 选择 Mode Superposition，整体模型阻尼比 Constant Damping Ratio 设为 0.02，如图 3-62 所示。

第 3 章 ANSYS 谐响应计算

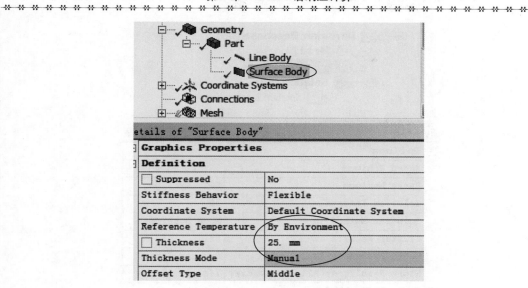

图 3-59 Surface Body 的厚度指定

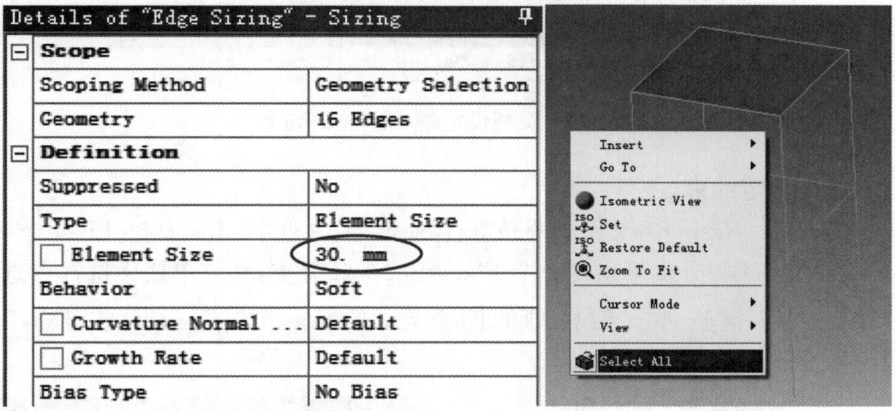

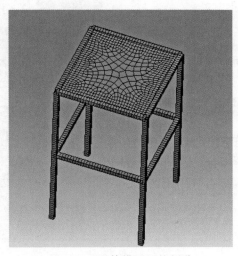

图 3-60 梁单元划分尺寸指定

图 3-61 整体模型网格划分

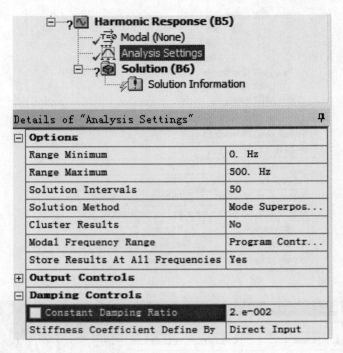

图 3-62 分析设定(Analysis Setting)

第 7 步：施加固定约束。

选择 Harmonic Response(B5)分支，右键菜单中选择 Insert＞Fixed Support，在 Harmonic Response(B5)分支下出现一个 Fixed Support 分支，在菜单栏中选择点选过滤模式按钮 ，按住 Ctrl 键选择支架柱脚的四个点，在 Fixed Support 分支 Details 列表的 Geometry 区域点 Apply，如图 3-63 所示。

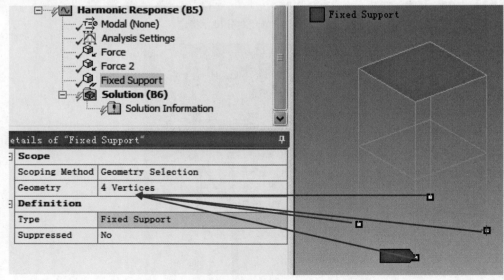

图 3-63 施加固定约束

第8步:施加简谐荷载。

选择 Harmonic Response(B5)分支,在右键菜单中选择 Insert>Force,在 Harmonic Response(B5)分支下出现一个 Force 分支,选择点选过滤模式按钮 ,选中面体中间的点,在 Force 分支的 Details 列表的 Geometry 区域点 Apply,Defined by 选择 Components,Y Components 设置为−500 N,X、Z 方向为 0 N,相位角为 0°,如图 3-64 所示。

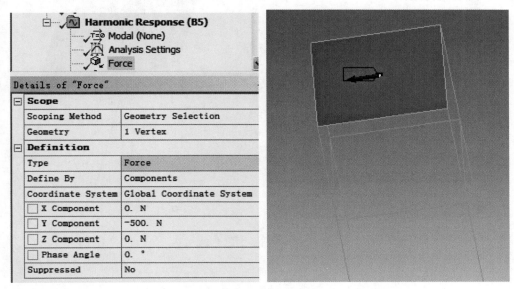

图 3-64　施加水平荷载

按照同样的方式在同一点上施加另一竖向载荷 Force2,力大小采用 Components 定义,其中 Z 方向设置为−100 N,X、Y 方向为 0 N,相位角为−90°,如图 3-65 所示。

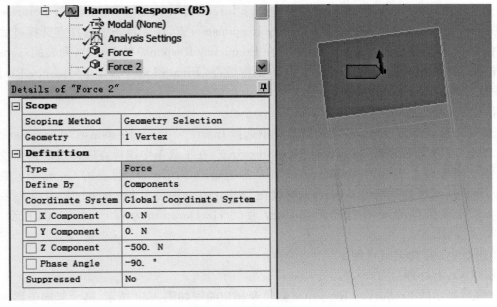

图 3-65　施加垂直荷载

鼠标再次选中 Harmonic Response(B5)分支,显示模型中施加的所有载荷及约束如图 3-66 所示。

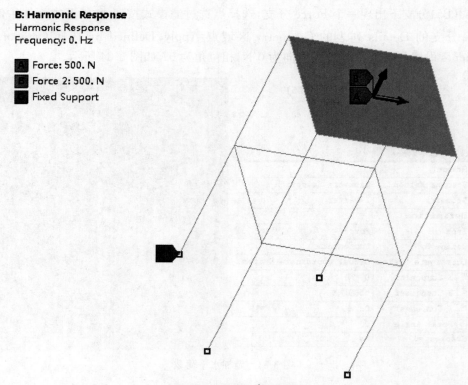

图 3-66 所有载荷和约束

第 9 步:插入频率响应结果 Frequency Response。

选择 Solution(B6)分支,在右键菜单中选择 Insert>Frequency Response>Deformation,此时在 Solution 分支下出现一个 Frequency Response 分支,在工具条中选择点选择过滤选择模式按钮,选择支架平台上表面的中心点,在 Frequency Response 的 Details 列表的 Geometry 栏单击 Apply,显示所选择的几何为 1 Vertex;继续在 Orientation 中设定 Frequency Response 的位移方向为 ZAxis。如图 3-67 所示。

第 10 步:插入相位响应结果 Phase Response。

选择 Solution(B6)分支,在其右键菜单中选择 Insert> Phase Response>Deformation,此时在 Solution 分支下出现一个 Phase Response 分支,在工具条中选择点选择过滤选择模式按钮,选择支架平台上表面的中心点,在 Phase Response 的 Details 列表的 Geometry 栏单击 Apply,显示所选择的几何为 1 Vertex;继续在 Orientation 中设定 Frequency Response 的位移方向为 ZAxis;在 Options 中选择 Frequency 为 60 Hz,Duration 为 720°,如图 3-68 所示。

第 11 步:求解。

单击 Solve 按钮进行求解。

第 12 步:后处理。

求解后显示的 Frequency Response 幅值及相位曲线如图 3-69 所示,最大竖向位移响应出现在 60 Hz 附近。

第 3 章 ANSYS 谐响应计算

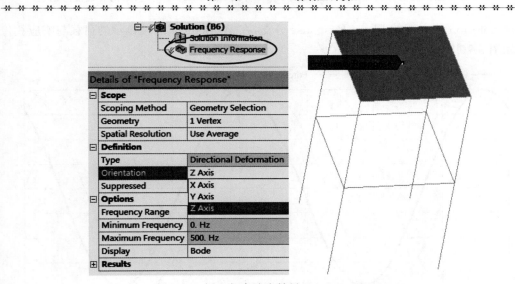

图 3-67 插入频率响应结果 Frequency Response

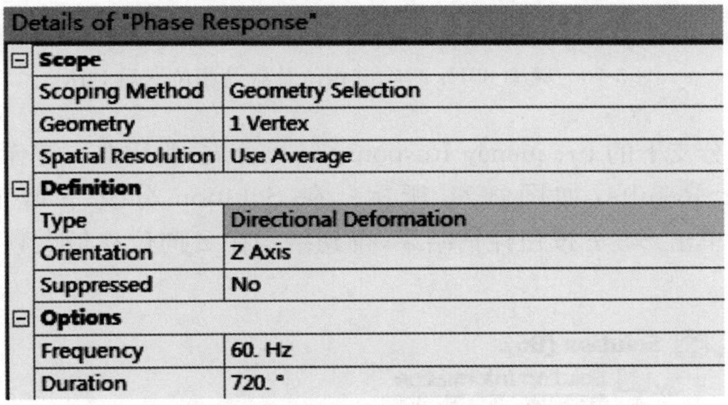

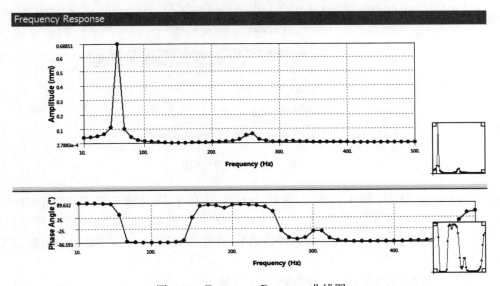

图 3-68 Phase Response 定义

图 3-69 Frequency Response 曲线图

选择 Solution 分支下的 Phase Response 分支,在 Worksheet 区域显示的荷载与响应相位的差别如图 3-70 所示。

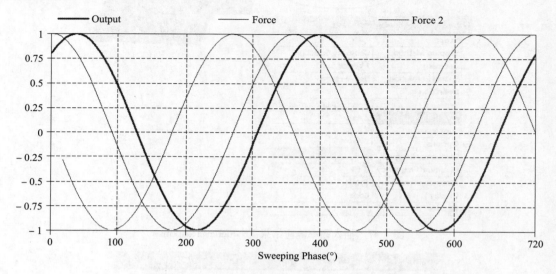

图 3-70　频率 60Hz 时响应相位及载荷相位滞后对比

选择 Solution 分支下的 Frequency Response 结果分支,然后在右键弹出的快捷菜单中选择 Create Contour Results,如图 3-71 所示。在 Solution 分支下增加一个 Directional Deformation 分支,单击 Solve 按钮评估结果,得到结构在 Z 向位移最大频率响应时变形如图 3-72 所示。

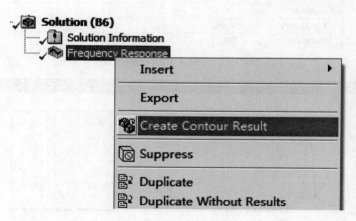

图 3-71　创建位移等值线图

选择 Solution 分支,在工具栏上选择 Stress 并在下拉列表中选择 Equivalent(von-Mises),在 Solution 分支下增加 Equivalent Stress 分支,在其 Details 设置频率及相位信息,如图 3-73 所示。设置完成后点 Solve 按钮评估结果,计算完成后 Details 中显示的信息如图 3-74 所示。

响应幅值对应的板的等效应力分布如图 3-75 所示。

第 3 章 ANSYS 谐响应计算

图 3-72 Z 向位移的等值线图

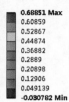

图 3-73 观察等效应力频率和相位　　　　　　图 3-74 等效应力评估结果信息

图 3-75 最大频率响应的顶板应力分布

第4章 ANSYS 瞬态动力计算

瞬态分析用于计算结构在随时间任意变化的载荷作用下的时间历程响应。本章介绍基于 Mechanical APDL 及 Workbench 进行 Full 方法及 MSUP 方法瞬态分析的实现过程和操作要点，并给出了典型的计算例题。

4.1 Mechanical APDL 中的瞬态分析实现过程

4.1.1 完全法瞬态分析

在 Mechanical APDL 中，瞬态分析的实现过程与其他分析类型一样，也同样包括前处理、求解以及后处理三个环节，各环节中又包含有若干个具体的实现步骤，下面对采用完全法（Full Method）进行瞬态分析的三个环节和具体的实现步骤进行介绍。

1. 前处理

前处理阶段的任务是建立分析模型，与模态分析的前处理建模过程基本相同，这里不再重复介绍。瞬态分析作为一种动力学分析，需要质量矩阵，因此对于分布质量系统，必须定义密度参数。完全法瞬态分析中可包含非线性的弹簧和阻尼器单元。

2. 完全法瞬态分析求解

模态求解阶段的工作内容包括选择分析类型、选择谐响应分析方法、设置分析选项、设置载荷步选项、加载以及求解等。

(1) 进入求解器

通过菜单 Main Menu>Solution，或命令/SOLU 进入求解器。

(2) 选择分析类型

选择菜单 Main Menu>Solution>Analysis Type>New Analysis，弹出 New Analysis 选择框，如图 4-1 所示，在其中[ANTYPE] Type of analysis 中选择分析类型为 Transient。

(3) 选择瞬态分析方法

选择了瞬态分析类型后，按 OK 按钮打开如图 4-2 所示的 Transient Analysis 设置框。

在 Transient Analysis 设置框中，[TRNOPT]Solution method 选项用于设置瞬态分析的方法，对完全法瞬态分析选择 Full。[LUMPM]Use lumped mass approx? 选项用于设置计算中采用的质量矩阵的形式，缺省为采用一致质量矩阵，如采用集中质量阵则打开此开关。

(4) 求解控制选项-Basic 标签

选择菜单 Main Menu>Solution>Analysis Type>Sol'n Controls 打开 Solution Controls 设置框，此设置框列出了主要的瞬态求解控制选项，第一个标签为 Basic 标签，如图 4-3 所示。

在 Basic 标签中的选项包括：

1) 分析选项设置

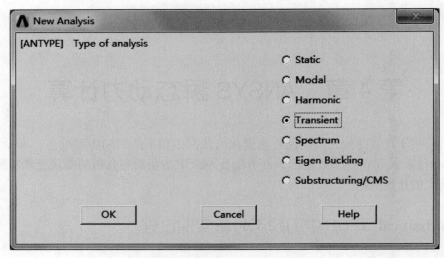

图 4-1　选择分析类型为 Transient

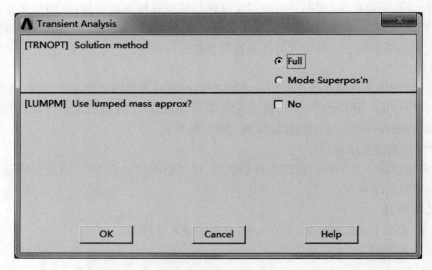

图 4-2　选择瞬态分析方法

Analysis Options 用于设置基本分析选项，对于瞬态分析可以选择小变形瞬态、大变形瞬态或瞬态分析重启动。Calculate prestress effects 用于选择是否在分析中包含预应力刚化效应，勾选此选项前面的复选框，则计入预应力效应。

2）时间步控制

Time at end of loadstep 选项用于指定当前载荷步结束时间。

Automatic time stepping 为自动时间步开关。如果打开了自动时间步，可以通过 Number of substeps 或 Time increment 两种方式来指定积分时间步长的变化范围。如果选择 Number of substeps 方式，需要用户输入开始的子步数、最大子步数以及最小子步数。如果选择 Time increment，则需要输入开始时间步、最小时间步以及最大时间步。在分析过程中，程序会在指定的范围中变化积分时间步长。

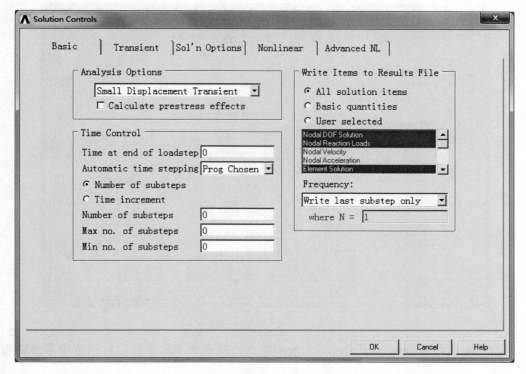

图 4-3　完全法分析 Basic 标签设置

3）结果文件项目及输出频率的设置

Write Items to Results File 选项用于指定写入结果文件的项目，默认为 All Solution items，可以选择仅输出基本解 Basic quantities 或在下拉列表中选择输出的项目。

Frequency 选项用于指定结果文件的输出频率间隔，缺省为仅输出最后一步（Write last substep only），可选择每个 N 步输出一次或每一子步都输出。

(5) 求解控制选项-Transient 标签

在 Solution Controls 设置框中切换到 Transient 标签，如图 4-4 所示，在其中设置如下的选项：

1）打开瞬态效应

Transient effects 开关，缺省为打开的，即考虑瞬态效应。如关闭此开关，则在分析中不考虑瞬态效应，常用于初始条件的处理中。

2）载荷的阶跃或递增选项

Stepped loading 或 Ramped loading 选项用于指定荷载在一个载荷步内是阶跃式的施加还是线性递增的方式施加。

3）阻尼

Damping Coefficient 选项用于指定结构的阻尼系数，包括质量阻尼系数 ALPHA 及刚度阻尼系数 BETA。

4）中间步残差

Midstep Criterion 选项用于指定中间步残差平衡准则。勾选 Midstep Criterion 前面复选框即激活中间步残差检查，在瞬态分析中缺省不打开此检查。Toler 用于指定中间步残差允

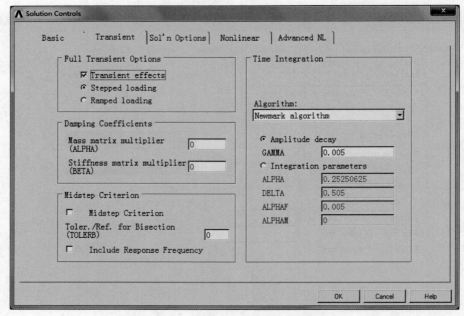

图 4-4 Transient 标签选项设置

许值,勾选 Include Response Frequency 选项前面的复选框表示在自动时间步中考虑响应频率的影响。

5)时间积分选项

Time Integration 区域用于设置时间积分算法及参数。Mechanical 提供了 Newmark 方法和 HHT 方法两种时间积分算法。对于 Newmark 方法,GAMMA 是数值阻尼,用于计算积分递推格式中的参数(如:ALPHA、DELTA 等)。

(6)求解控制选项-Sol'n Options 标签

在 Solution Controls 设置框中切换到 Sol'n Options 标签,如图 4-5 所示,在其中设置如下的选项。

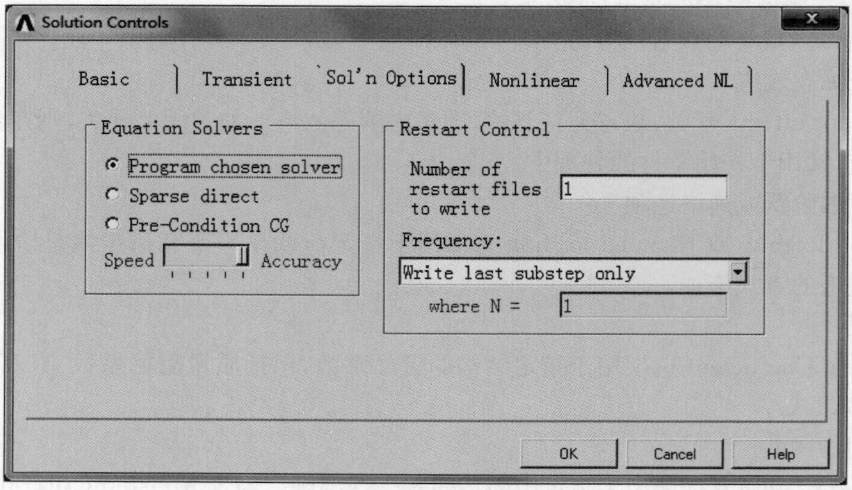

图 4-5 Solution 标签选项设置

第 4 章 ANSYS 瞬态动力计算

1)选择方程求解器

Equation Solvers 用于选择方程求解器,可选求解器有直接求解器以及 PCG 迭代求解器。如果选择了 PCG 求解器,还可以设置 Speed-Accuracy 滑键。

2)重启动选项

Restart Control 用于设置重启动选项。Number of restart files to write 选项用于指定重启动文件的最大个数,Frequency 选项用于指定重启动文件的输出频率。

(7)求解控制选项-Nonlinear 标签

在 Solution Controls 设置框中切换到 Nonlinear 标签,设置非线性选项,相关内容请参考后续非线性分析章节的介绍,这里不展开。

(8)求解控制选项-Advanced NL 标签

在 Solution Controls 设置框中切换到 Advanced NL 标签,设置高级非线性选项,相关内容请参考后续非线性分析章节的介绍,这里不展开。

(9)设置其他阻尼

除了在 Solution Controls 设置框中指定 Reyleigh 阻尼外,完全法瞬态分析中还可指定如下类型的阻尼。

1)依赖于材料的 Rayleigh 阻尼

返回前处理器 PREP7,通过 MP,ALPD 命令以及 MP,BETD 命令定义的质量及刚度阻尼。也可以选择菜单 Main Menu>Preprocessor>Material Props>Material Models,打开 Define Material Model Behavior 对话框,如图 4-6(a)所示,分别选择 Damping 下面的 Mass Multiplier 以及 Stiffness Multiplier 项目,在打开的设置框中输入 ALPD 及 BETD,如图 4-6(b)、(c)所示。

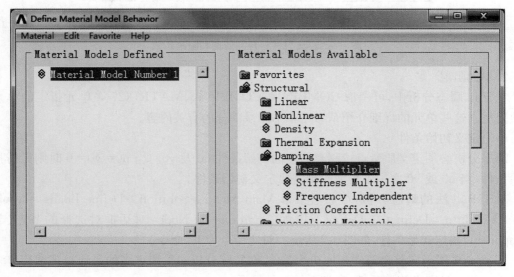

(a)

图 4-6

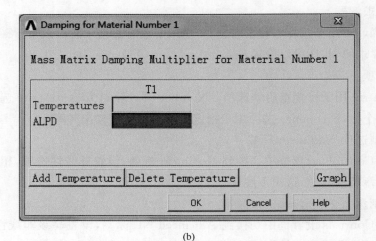

图 4-6 定义与材料有关的瑞利阻尼系数

2)单元阻尼

在 Full 瞬态分析中,可考虑 COMBIN14、COMBIN40、MATRIX27 等单元指定的单元实常数阻尼。这些单元的详细介绍请参照本书附录部分的有关内容。

(10)定义初始条件

瞬态分析必须定义质量点位移及速度的初始条件 u0 及 v0。当 u0＝v0＝0 时则无需指定初始条件,当 u0 或 v0 之一不为零时则需要定义初始条件。

对于 Full 法的瞬态分析,可通过菜单 Main Menu＞Solution＞Define Loads＞Apply＞Initial Condit'n＞Define,在 Define Initial Conditions on Nodes 对话框对选择的节点(节点 Component)指定初始条件,如图 4-7 所示。对应命令为 IC 命令。

IC 命令多用于向整个部件施加初始条件,在实际分析中采用更多的是通过多载荷步方法在第一个载荷步定义初始条件,有如下的几种情形。

1)u0＝0,v0≠0

对需要指定速度的节点在极短的时间间隔内施加一个微小位移来实现。比如:v0 ＝5 m/s,可以通过在 0.001 s 内加上 0.005 的位移来实现,第一个荷载步关闭时间积分效应,随后的荷

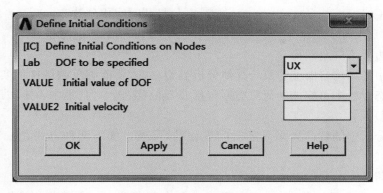

图 4-7 IC 命令定义初始条件

载步打开时间积分效应。命令流如下：

```
TIME,0.001                      !指定第一个载荷步结束时间
TIMINT,OFF                      !关闭瞬态积分效应
D,ALL,UX,.005
LSWRITE                         !写第一个载荷步文件 s001
DDEL,ALL,UX                     !在新的荷载步删除位移
TIMINT,ON                       !打开时间积分效应
```

2) $u_0 \neq 0, v_0 \neq 0$

与 1) 中的处理方式相似，但这里施加真实初始位移。比如，若 $u_0 = 1.0$ cm 且 $v_0 = 2$ m/s，则应当在时间间隔 0.005 s 内施加位移 0.01 m。第一个荷载步关闭时间积分效应，随后的荷载步打开时间积分效应。命令流如下：

```
TIME,0.005                      !指定第一个载荷步结束时间
TIMINT,OFF                      !关闭瞬态积分效应
D,ALL,UX,0.01                   !指定初位移
LSWRITE                         !写第一个载荷步文件 s001
DDEL,ALL,UX                     !在新的荷载步删除位移
TIMINT,ON                       !打开时间积分效应
```

3) $u_0 \neq 0, v_0 = 0$

与前两种情况的处理方式相似，为避免造成初速度，在第一个荷载步中采用两个子步，施加初位移，且设置荷载步是跳跃式变化的[KBC,1]。比如：若 $u_0 = 1$ cm 且 $v_0 = 0$，则在一个微小时间内施加真实初位移。第一个荷载步关闭时间积分效应，在随后的荷载步打开时间积分效应。命令流如下：

```
TIME,0.001                      !指定第一个载荷步结束时间
TIMINT,OFF                      !关闭瞬态积分效应
NSUBST,2                        !使用两个子步
KBC,1                           !阶跃式
D,ALL,UX,0.01                   !施加初位移
LSWRITE                         !写第一个载荷步文件 s001
```

```
TIMINT,ON                        ！打开时间积分效应
DDEL,ALL,UX                      ！在新的荷载步删除位移
```

(11)施加边界条件及载荷

瞬态分析中的结构自由度约束与其他分析类型一样，要能够反映结构的实际约束受力状态。完全法瞬态分析中可施加的荷载类型包括非零位移、集中力(集中力矩)、压力(表面力)、惯性力(加速度)等。

由于瞬态分析中的载荷大多是随时间变化的，可通过如下两种方式之一定义载荷-时间历程：

1)多个载荷步

通过把随时间变化的载荷-时间历程分成多个载荷步，各载荷步内载荷的变化可以是 Stepped 或 Ramped(通过 KBC 命令设置)。如果瞬态分析过程包含了多个载荷步，可以通过 LSWRITE 命令或菜单 Main Menu＞Solution＞Write LS File 将各载荷步信息写入载荷步文件已备后续批量求解之用。当然，也可以逐个求解各个载荷步，但这样在求解每个载荷步时需要等待，直到结束求解当前载荷步才能继续求解下一载荷步。

2)Table 加载

通过 Table 型数组进行加载。随时间变化的载荷-时间历程被定义成 Table 数组，然后施加到结构上，求解过程可仅包含单一的载荷步。数组定义的方法可参照本书第 1 分册的 APDL 部分。

(12)求解

对于单一载荷步情况，通过菜单 Main Menu＞Solution＞Solve＞Current LS 进行瞬态分析求解。对于多个载荷步情况，通过菜单 Main Menu＞Solution＞Solve＞Current LS 进行多次求解，或通过菜单 Main Menu＞Solution＞Solve＞From LS Files，进行多个载荷步的顺次求解。

(13)退出求解器

求解完成后，通过选择菜单 Main Menu＞FINISH 退出求解器。

3. 后处理

谐响应分析结束后，计算结果保存到结果文件 *.rst 中，可使用 ANSYS 的通用后处理器 POST1 以及时间历程后处理器 POST26 观察计算结果。

(1)通用后处理器操作

POST1 主要用于观察在指定子步上整个模型的结果，首先将指定子步结果读入数据库，然后可以对各种节点、单元结果进行列表、等值线图显示、动画显示等等。

(2)时间历程后处理器操作

时间历程后处理器 POST26 用于绘制模型中指定点的结果数据项目随时间变化的曲线。使用 POST26 时，首先需要定义时间历程变量，然后对所选择的变量进行曲线显示或列表显示，还可对变量进行各种运算和后处理操作。对于瞬态分析而言，POST26 后处理器的变量为关于基本变量时间的各种结果数据，每一个结果变量都有一个变量编号，时间为编号为 1 号的变量，其他变量的编号均大于 1。时间历程后处理操作的具体方法请参考上一章谐响应分析后处理部分的介绍。

以上就是在 Mechanical APDL 中完全法瞬态分析的操作过程，如果采用命令流方式，则

完全法瞬态分析的典型命令流如下。

4.1.2 模态叠加法瞬态分析

在 Mechanical APDL 环境中,当使用模态叠加法进行瞬态分析时,其前后处理过程与完全法瞬态分析完全一致,区别仅在于求解过程,求解过程分为两阶段,即:模态分析阶段及模态叠加瞬态分析阶段。下面对模态叠加法瞬态分析的求解过程进行介绍。

1. 模态分析阶段

模态分析阶段的操作过程可按照标准模态分析进行,但需要注意几点:

(1)提取的模态阶数要足够,以便能够达到模态叠加分析的精度。

(2)后续模态叠加法瞬态分析过程中,如需施加载荷到单元(如:表面力、温度作用和惯性力等),在模态分析中也要施加。模态分析与施加的载荷无关,但是程序会计算等效载荷向量并写入相关文件中,在后续分析求解时就可以使用这些载荷向量。

(3)模态分析中要施加正确的约束,在后续瞬态分析部分不能施加其他的约束。

(4)模态叠加法不需要扩展模态,但是进行了模态扩展,在后续的瞬态结果扩展时可节省时间。模态分析阶段 MXPAND,ALL,,,YES,,YES 命令以进行扩展。

(5)在模态分析阶段与谐响应分析阶段之间,不能改变任何模型数据。

(6)如果要考虑高频模态的贡献的话,在模态分析中添加残余矢量[RESVEC,ON]。

2. 模态叠加法瞬态分析阶段

按照如下的步骤进行瞬态分析阶段的操作。

(1)进入求解器

通过命令/SOLU 或菜单 GUI:Main Menu>Solution,进入求解器。

(2)指定分析类型

选择菜单 Main Menu>Solution>Analysis Type>New Analysis,弹出 New Analysis 选择框,在其中[ANTYPE] Type of analysis 中选择分析类型为 Transient,按 OK 按钮关闭。

(3)选择谐响应分析方法及选项

选择了瞬态分析类型后,按 OK 按钮打开如图 4-8 所示的 Transient Analysis 设置框。

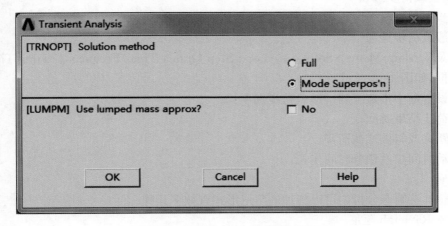

图 4-8 Transient Analysis 设置框

在 Transient Analysis 设置框中，[TRNOPT]Solution method 选项用于设置瞬态分析的方法，对完全法瞬态分析选择 Full。[LUMPM]Use lumped mass approx? 选项用于设置计算中采用的质量矩阵的形式，缺省为采用一致质量矩阵，如采用集中质量阵则打开此开关。

(4) 设置求解选项

通过菜单 Main Menu>Solution>Analysis Type>Analysis Options，打开 Mode Sup Transient Analysis 设置框，如图 4-9 所示，此设置框用于设置 MSUP 法的分析选项。

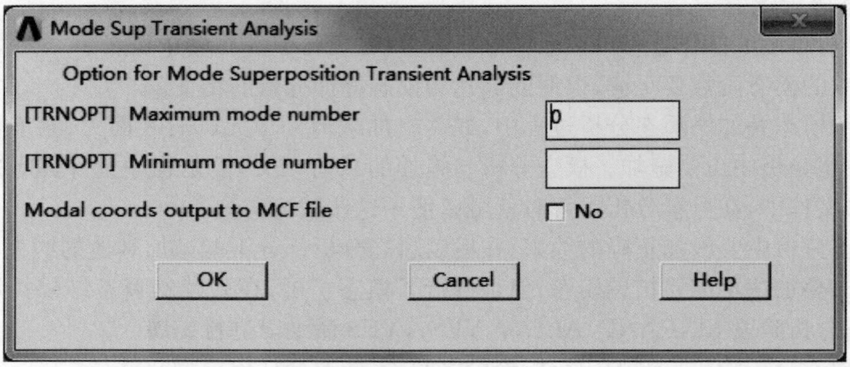

图 4-9　模态叠加法分析设置

1) 使用模态数

Maximum mode number 是模态叠加谐响应分析中使用的最大模态个数，缺省为之前模态分析中提取的全部模态数。Minimum mode number 是模态叠加谐响应分析中使用的最少模态个数，缺省为 1。这两个选项也可以通过 TRNOPT 命令直接指定。使用的模态数会影响模态叠加分析解的精度。

2) 模态坐标输出选项设置

Modal cords output to MCF file 选项用于指定是否输出模态坐标，缺省为不输出 (No)，设为 Yes 时模态坐标被输出到 MCF 文件。此选项也可通过 TRNOPT 命令直接设置。

(5) 设置载荷步选项

载荷步选项包括一般选项设置、阻尼设置以及输出设置。

1) 一般载荷步选项

选择菜单 Main Menu>Solution>Load Step Opts>Time/Frequenc>Time-Time Step，打开设置框，如图 4-10 所示。

在此设置框中指定下列一般载荷步选项：

①载荷步结束时间；

②阶跃式或斜坡式载荷步；

③自动时间步及积分时间步长。

2) 阻尼

模态叠加法瞬态分析中可以施加的阻尼形式有如下几种。

①总体 Rayleigh 阻尼

通过 ALPHAD 命令以及 BETAD 命令定义 Alpha (质量) 阻尼以及 Beta (刚度) 阻尼。可以通过选择菜单 Main Menu>Solution>Load Step Opts>Time/Frequenc>Damping，在弹

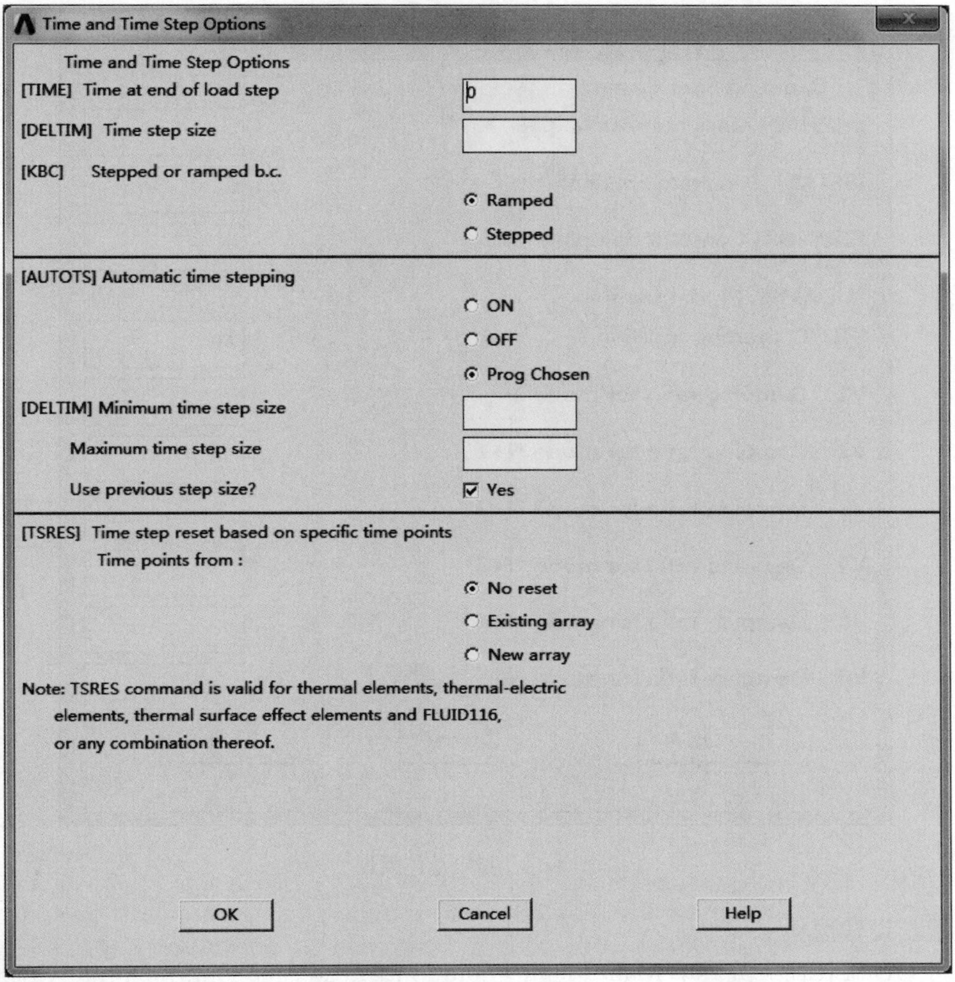

图 4-10 载荷步设置

出的 Damping Specifications 设置框中指定,如图 4-11 所示。

②常数阻尼比 Constant damping ratio

通过 DMPRAT 命令定义常数阻尼比,也可通过选择 Main Menu>Solution>Load Step Opts>Time/Frequenc>Damping,打开如图 4-11 所示设置框中定义[DMPRAT]。

③模态相关阻尼比

通过 MDAMP 命令定义模态相关阻尼比,或通过选择 Main Menu>Solution>Load Step Opts>Time/Frequenc>Damping,打开如图 4-11 所示设置框中定义[MDAMP]。

④材料黏滞阻尼系数

通过 MP,DMPR 命令定义材料阻尼系数。

也可选择菜单 Main Menu>Preprocessor>Material Props>Material Models,打开 Define Material Model Behavior 对话框,在其中选择 Damping 下面的 Frequency Independent 项目,在其中输入 DMPR,可参照前面完全法的设置对话框。

注意在模态分析中就要指定此材料属性,此阻尼与模态相关阻尼比不能同时定义。

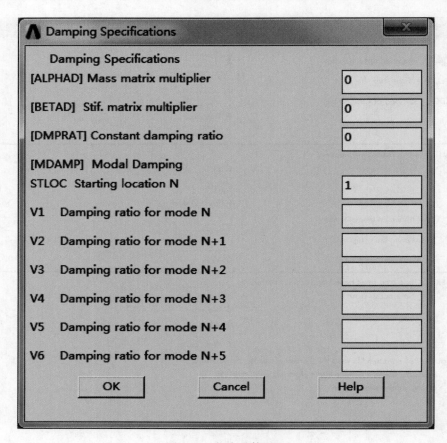

图 4-11 指定总体阻尼

3) 输出设置选项

通过 OUTPR 命令或菜单 Main Menu>Solution>Load Step Opts>Output Ctrls>Solu Printout 指定打印输出信息选项；通过 OUTRES 命令或菜单 Main Menu>Solution>Load Step Opts>Output Ctrls>DB/Results File 指定结果文件输出选项，相关概念与完全法中的意义相同，不再重复介绍。

(6) 施加约束及载荷

模态叠加法瞬态分析中只可施加力、加速度和模态分析中生成的载荷向量。可用 LVSCALE 命令来施加在模态分析中生成的载荷向量。为了避免重复加载，需删除在模态分析中施加的所有载荷。

如果要考虑高频模态的贡献的话，在瞬态分析中考虑添加残余矢量，命令为[RESVEC,ON]。

(7) 建立初始条件

通常通过第一个载荷步建立初始条件，第一个荷载步在 Time=0 时刻按静力计算。可施加初始的节点荷载，写入载荷步文件 1。

(8) 模态叠加法瞬态分析求解

对后续的瞬态分析荷载步设置完成后，通过 LSWRITE 命令写荷载步文件，随后通过

LSSOLVE 命令求解。

(9) 退出求解器

求解完成后,通过 FINISH 命令退出求解器。

(10) 模态扩展

模态扩展计算时,按如下步骤进行操作。

1) 通过/SOL 命令重新进入求解器。

2) 通过菜单 Main Menu＞Solution＞Analysis Type＞ExpansionPass,打开 Expansion Pass 设置框中打开扩展开关([EXPASS]命令),如图 4-12 所示。

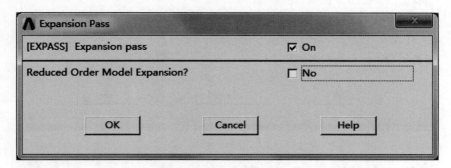

图 4-12 模态扩展开关

3) 指定扩展解。

可通过以下两种方式之一指定要扩展的解:

①通过菜单 Main Menu＞Solution＞Load Step Opts＞ExpansionPass＞Single Expand＞Range of Solu's,打开 Expand A Range of Solutions 设置框,指定要扩展的解的数量及开始结束时间,如需要计算单元解则勾选 Elcalc 选项,如图 4-13 所示。对应命令为 NUMEXP。

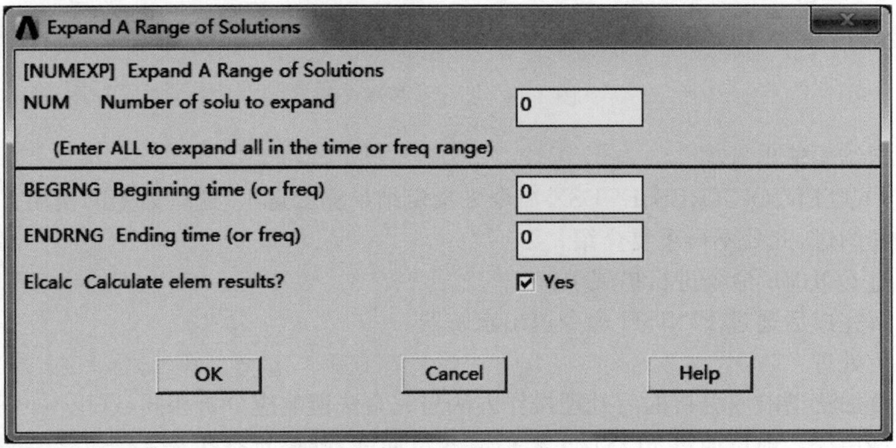

图 4-13 指定扩展解的数量及范围

②采用 EXPSOL 命令来指定扩展单一解。

如果只需要扩展单一解,则可通过菜单 Main Menu＞Solution＞Load Step Opts＞Expansion Pass＞Single Expand＞By Load Step 打开 Expand Single Solution by Load Step 设

置框,在其中选择要扩展的载荷步及子步,如图 4-14(a)所示;或通过菜单 Main Menu＞Solution＞Load Step Opts＞ExpansionPass＞Single Expand＞By Time/Freq,打开 Expand Single Solution by Time/ Frequency 设置框,在其中指定要扩展的时间,如图 4-14(b)所示。如需计算单元解,则在上述两个设置框中均可勾选 Elcalc 选项。与这两个菜单项目相对应的命令为 EXPSOL。

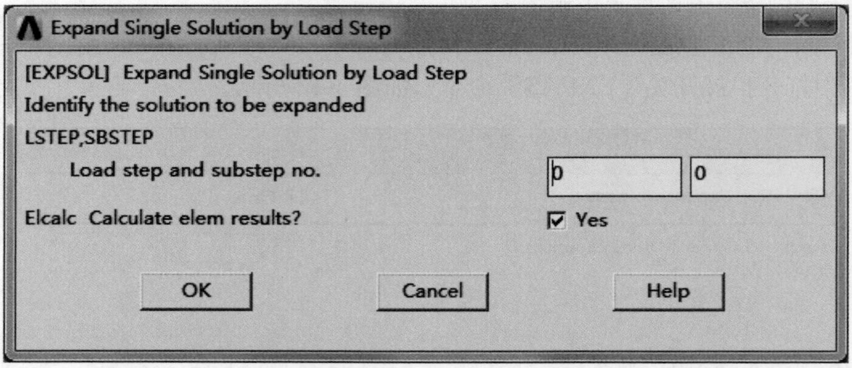

(a)

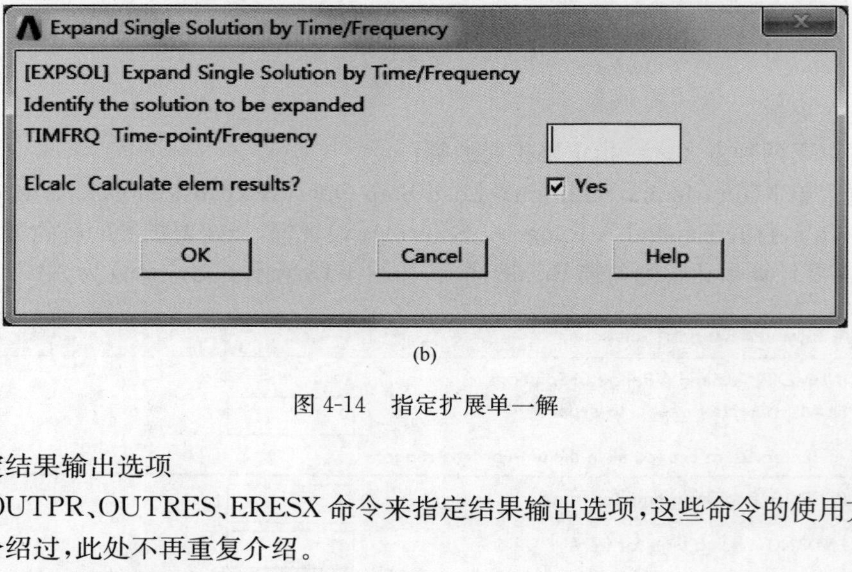

(b)

图 4-14 指定扩展单一解

4)指定结果输出选项

通过 OUTPR、OUTRES、ERESX 命令来指定结果输出选项,这些命令的使用方法在前面一章已经介绍过,此处不再重复介绍。

5)通过 SOLVE 命令进行扩展求解。

6)求解完成后通过 FINISH 命令退出求解器。

(11)后处理

模态叠加法谐响应分析的后处理操作方法与完全法谐响应分析相同,这里不再重复介绍。在计算扩展结果之前可通过 POST26 来提取变量曲线,随后选择扩展某一步的结果,然后再通过 POST1 来观察此步的结果。

如果采用 APDL 命令流来实现模态叠加法瞬态分析过程,下面列举了一段典型的命令流。

FINISH

第 4 章 ANSYS 瞬态动力计算

```
/PREP7
！前处理建模部分，注意定义材料的弹性常数以及密度。
MP,DENS,1,...
MP,EX,1,...
MP,NUXY,1,...
！创建分析模型
……
FINISH
！进入求解器
/SOL
ANTYPE,MODAL
D,           ！模态分析约束，用于后续瞬态分析中
SF,          ！施加于单元的荷载必须在模态分析中施加，等效荷载向量被写入振形文件
ACEL,
！求解模态分析并退出求解器
……
MXPAND,ALL,,,YES,,YES
SOLVE
FINISH
！重新进入求解器，开始模态叠加分析
/SOL
ANTYPE,TRANS
TRNOPT,MSUP,
！缩放模态荷载向量，施加集中力或加速度荷载
LVSCALE,
F,...        ！施加节点力
！模态叠加谐响应分析选项设置
MDAMP,       ！模态阻尼比（或其他形式阻尼）
DELTIM,
LSWRITE      ！写第一荷载步文件
TIME,
KBC,
OUTRES
……
LSWRITE      ！第二载荷步文件
LSSOLVE      ！求解模态叠加法瞬态分析并退出求解器
FINISH
！查看模态叠加法谐响应分析结果
/POST26
```

```
FILE,,RDSP
NSOL,
PLVAR,
FINISH
! 重新进入求解器,进行模态扩展计算
/SOLU
! 打开扩展计算开关,指定扩展解,进行扩展计算
EXPASS,ON
EXPSOL,
SOLVE
FINISH
! 查看扩展的结果
/POST1
! 在 POST1 中读入结果并查看
SET,
PLDISP,
PLNSOL,
…
FINISH
```

4.2 Workbench 中的瞬态分析实现过程

4.2.1 完全法瞬态分析

在 Workbench 环境中,完全法瞬态分析可以通过预置的 Transient 模板分析系统来完成,此模板系统可通过双击 Workbench 界面左侧 Toolbox＞Analysis Systems＞Transient,随后在 Workbench 的 Project Schematic 区域出现一个模态分析系统 A:Transient,如图 4-15 所示。

完全法瞬态分析支持各种非线性选项,对于有材料的问题,在 Engineering Data 中需要指定相关的材料非线性参数;对于有接触的问题,在前处理阶段需要定义接触对,接触的指定方法请参照后面接触分析的相关章节。其他前处理操作在前面几章已经介绍过了,这里不再重复介绍。下面重点介绍一下瞬态分析求解过程的有关选项设置、操作方法以及需要注意的问题。

1. 完全法瞬态分析的求解设置

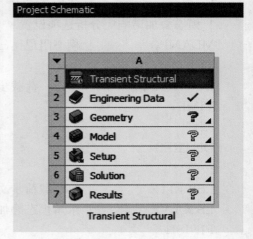

图 4-15 Transient 分析系统

完全法瞬态分析的分析选项在 Analysis Settings 分支的 Details 中指定，主要设置下列几个选项。

(1) 时间步设置

在 Step Controls 中设置荷载步数、当前载荷步数、当前载荷步结束时间。Auto Time Stepping 为 On 时用于打开自动时间步，有两种设置方式，通过 Time 或 Sunsteps，如图 4-16 (a)、(b) 所示。Time 方式需指定初始时间步、最小时间步和最大时间步；Substeps 方式需指定开始的 Substeps 数、最小 Substeps 数以及最大 Substeps 数。Time Integration 用于控制是否打开瞬态积分效应，默认为打开。

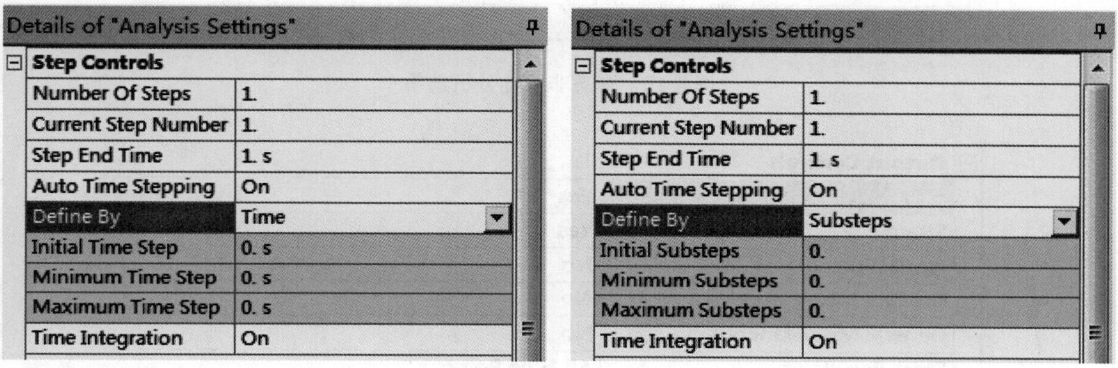

图 4-16 瞬态分析时间步设置

(2) 求解器设置

在 Solver Controls 中 Solver Type 用于设置求解器类型，可选择直接求解器或迭代求解器；Weak Springs 用于控制弱弹簧；Large Deflection 为大变形几何非线性开关。Solver Controls 选项如图 4-17 所示。

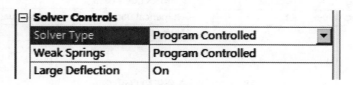

图 4-17 瞬态分析的求解器设置

(3) 非线性选项设置

在 Full 法瞬态分析中可以包含非线性效应，Nonlinear Controls 用于控制相关的非线性求解选项，包括 N-R 选项、力(矩)收敛法则、位移(转动)收敛法则、线性搜索、非线性稳定性等，如图 4-18 所示。

(4) 输出设置

Output Controls 用于进行输出设置，主要是保存结果频率的 Store Results At 选项(缺省的选项为输出所有时间点的结果)，如图 4-19 所示。

(5) 阻尼设置

Damping Controls 用于设置阻尼，如图 4-20 所示。可以通过 Direct Input 方式定义瑞利阻尼，也可通过 Damping vs Frequency 定义一个与频率相关的阻尼比。Numerical Damping 为数值阻尼，缺省为 0.1。

Nonlinear Controls	
Newton-Raphson Option	Program Controlled
Force Convergence	Program Controlled
Moment Convergence	Program Controlled
Displacement Convergence	Program Controlled
Rotation Convergence	Program Controlled
Line Search	Program Controlled
Stabilization	Off

图 4-18 瞬态非线性分析选项

Output Controls	
Stress	Yes
Strain	Yes
Nodal Forces	No
Contact Miscellaneous	No
General Miscellaneous	No
Store Results At	All Time Points

图 4-19 瞬态分析的输出设置选项

Damping Controls	
Stiffness Coefficient Define By	Direct Input
Stiffness Coefficient	0.
Mass Coefficient	0.
Numerical Damping	Manual
Numerical Damping Value	.1

(a)

Damping Controls	
Stiffness Coefficient Define By	Damping vs Frequency
Frequency	1. Hz
Damping Ratio	0.
Stiffness Coefficient	0.
Mass Coefficient	0.
Numerical Damping	Manual
Numerical Damping Value	.1

(b)

图 4-20 瞬态分析阻尼设置

2. 施加约束及瞬态动力荷载

瞬态分析中约束的施加方法与其他分析类似，这里不再重复介绍。

瞬态分析荷载的施加，除导入数据外，还可以通过 Constant、Tabular 以及 Function 等三种方式进行施加。其中，Constant 方式定义常值荷载，Tabular 用数表方式定义荷载-时间历程，Function 则通过函数方式定义动力荷载，函数的变量包括 x、y、z、time 等，角度单位通过 Angular measure 指定，对三角函数的计算有影响。

以 Force 为例，在荷载的具体数值输入栏右侧点三角按钮，弹出下拉菜单中，可选择荷载数值的指定方法，如图 4-21(a)所示。如果选择了 Function 方式，则 Force 的 Details 如图 4-21(b)所示。在 Force 的 X 分量中填写＝1 000 * sin(6.28 * time)，如果载荷步结束时间为 1 s，则荷载历程如图 4-21(c)所示。这里要注意的是,选择 Function 之前,通过 Units>Radians 菜单选择角度单位为弧度,这样的话,上述定义的正弦函数周期恰为 1 s,即 1 个载荷步正好为一个周期,如果 Units 中选择的 Degrees,那么 sin 函数自变量就是角度单位,所施加的荷载时间历程就是另一种完全不同的效果。

3. 瞬态分析后处理

瞬态分析后处理方面的一个重点操作是查看变量的时间历程结果,并通过插入 Chart 绘制变量曲线,相关操作请参照本章后面的例题。

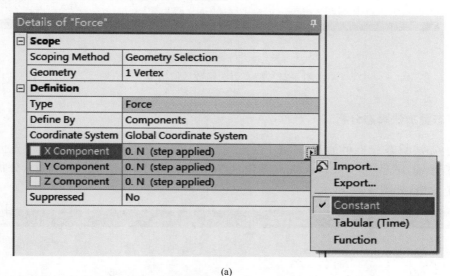

(a)

(b)

图 4-21

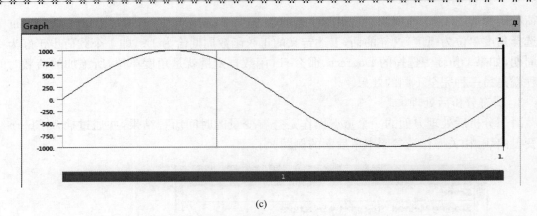

(c)

图 4-21　瞬态力的函数数值指定

4.2.2　模态叠加法瞬态分析

模态叠加法瞬态分析可通过 Modal 系统结合 Transient 系统联合完成。首先创建一个 Modal 分析系统，随后将一个 Transient 系统从 Workbench 工具箱拖放至 Modal 分析系统的 Solution 单元格，如图 4-22 所示。

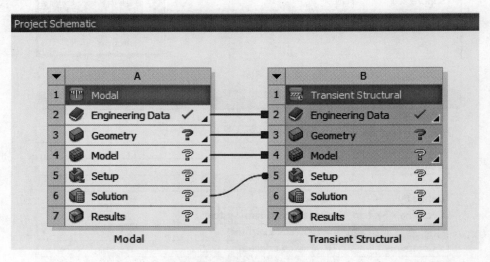

图 4-22　模态叠加瞬态分析系统

打开 Mechanical 界面后，模态分析 Modal 称为瞬态分析的一个 Initial Condition，如图 4-23 所示。模态叠加法的加载和后处理的操作方法与完全法基本相同，不再展开介绍。本节仅介绍分析选项设置中不同于完全法的选项。

模态叠加法瞬态分析的设置通过 Analysis Settings 的 Details 实现，主要的选项包括：

1）基本设置

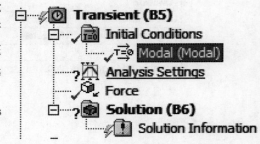

图 4-23　Modal 作为瞬态分析的 Initial Condition

第 4 章　ANSYS 瞬态动力计算

Step Controls 用于进行载荷步设置，如图 4-24 所示。模态叠加法中不能使用自动时间步，只能采用等步长，步长可以通过 Time 或 Substeps 数方式指定。Options 选项中的 Include Residual Vector 用于选择是否在分析中考虑剩余向量。

Step Controls	
Number Of Steps	1.
Current Step Number	1.
Step End Time	1. s
Auto Time Stepping	Off
Define By	Substeps
Number Of Substeps	0.
Time Integration	On
Options	
Include Residual Vector	Yes

图 4-24　基本设置

2) 输出设置

模态叠加法瞬态分析 Output Controls 选项如图 4-25 所示。

Output Controls	
Stress	Yes
Strain	Yes
Nodal Forces	No
Calculate Reactions	Yes
Expand Results From	Program Controlled
-- Expansion	Transient Solution
General Miscellaneous	No
Store Results At	All Time Points

图 4-25　输出设置

其中 Expand Results From 选项用于指定应力、应变的扩展方式，基于 Transient Solution 扩展适用于时间步数远小于模态数的情况，基于 Modal Solution 的扩展推荐用于时间步数远大于模态数的情况，缺省为 Program Controls 程序自动控制。

3) 阻尼设置

模态叠加法的阻尼中增加了 Constant Damping Ratio 选项，可以与其他的阻尼叠加，如图 4-26(a)、(b)所示，其他选项的意义与完全法中的一致。

Damping Controls	
☐ Constant Damping Ratio	0.
Stiffness Coefficient Define By	Direct Input
☐ Stiffness Coefficient	0.
☐ Mass Coefficient	0.
Numerical Damping	Program Controlled
Numerical Damping Value	.005

(a)

Damping Controls	
☐ Constant Damping Ratio	0.
Stiffness Coefficient Define By	Damping vs Frequency
Frequency	1. Hz
Damping Ratio	0.
Stiffness Coefficient	0.
☐ Mass Coefficient	0.
Numerical Damping	Program Controlled
Numerical Damping Value	.005

(b)

图 4-26　瞬态分析阻尼设置

4.3 Workbench 瞬态分析例题：钢结构平台

1. 问题描述

两层的钢结构工作平台，层高及平面内两个方向的跨度均为 3 000 mm，各层平台钢板厚度为 20 mm。平台梁及平台支架梁及支架柱构件的截面尺寸均为方管 200 mm×200 mm × 7.5 mm×7.5 mm，各层钢板及框架材料均为结构钢。假设结构刚度阻尼系数 Stiffness Coefficient 为 0.005，二层各顶点承受总的水平荷载最大值为 10 kN，计算结构在以下三种荷载时间历程作用下的瞬态动力过程。

(1) 上升时间为 1.0 s 的斜坡递增荷载，在 1.0 s 末达到最大荷载值 10 kN 并保持，计算 0～1.5 s 的结构动力响应过程。

(2) 10 kN 的跳跃式荷载，计算 0～1.5 s 的结构动力响应过程。

(3) 如图 4-27 所示的荷载-时间历程，计算 0～1.5 s 的结构动力响应过程。

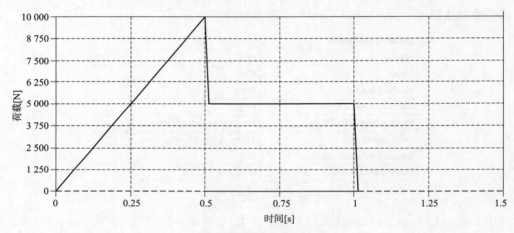

图 4-27 荷载-时间历程

2. 创建分析项目和流程

按照如下步骤创建分析项目及工作流程。

第 1 步：启动 ANSYS Workbench。

第 2 步：保存项目文件。

进入 Workbench 之后，单击 Save As 按钮，选择存储路径并将项目文件另存为"Steel_platform"，如图 4-28 所示。

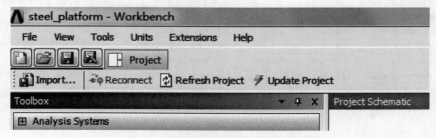

图 4-28 ANSYS—Workbench 界面

第3步：创建几何组件 A。

在 Workbench 左侧，用鼠标将 Geometry 标签直接拖到右边的空白区内，或者直接双击 Geometry 标签，则在 Project Schematic 内会出现名为 A 的 Geometry 组件。

第4步：创建瞬态系统 B。

在左侧工具箱中继续选择 Transient Structural 分析系统，将其拖放至 A2：Geometry 单元格，如图 4-29 所示，释放鼠标左键创建一个 Transient Structural 分析系统 B，如图 4-30 所示。

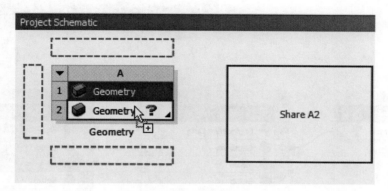

图 4-29　拖放位置

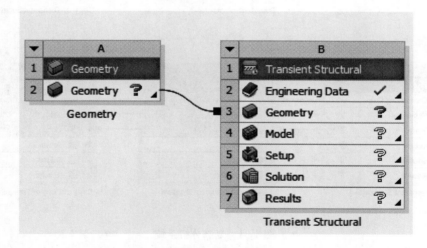

图 4-30　Transient 分析系统 B

第5步：复制两个瞬态分析系统 C 和 D。

在 Workbench 的 Project Schematic 中选择 B5：Setup 单元格，打开右键菜单，选择 Duplicate，如图 4-31(a)所示，复制一个瞬态分析系统 C，如图 4-31(b)所示。重复这一操作，基于分析系统 C，再复制一个瞬态分析系统 D，如图 4-31(c)所示。

第6步：分析系统重命名。

对 B、C、D 三个瞬态分析系统，将其标题分别重命名为 Ramped、Stepped 以及 Arbitrary，依次代表斜坡荷载、跳跃荷载以及一般动力荷载作用的计算工况，如图 4-32 所示。

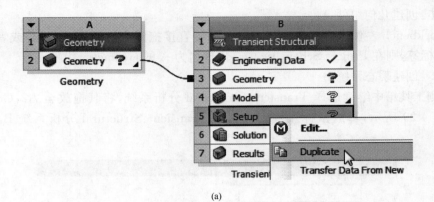

(a)

(b)

(c)

图 4-31 复制分析系统

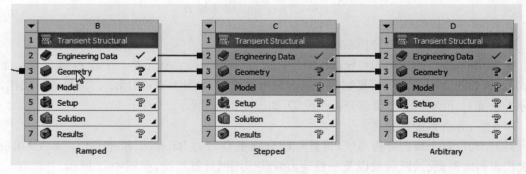

图 4-32 重命名分析系统

3. 创建几何模型

在 ANSYS DesignModeler 中按照如下步骤创建平台钢结构的几何模型。

第 1 步：启动 DM 并设置建模单位

在 Project Schematic 中选择 A2：Geometry 单元格，双击启动 DesignModeler，在建模单位设置框中选择建模长度单位为 mm，如图 4-33 所示。

第 2 步：绘制草图

在 Geometry 树中单击 XYPlane，选择 XY 平面为草图平面，为了便于操作，单击正视于按钮，选择正视工作平面，如图 4-34 所示。

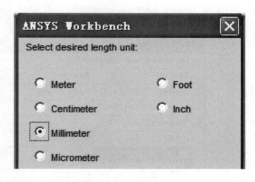

图 4-33 单位选择

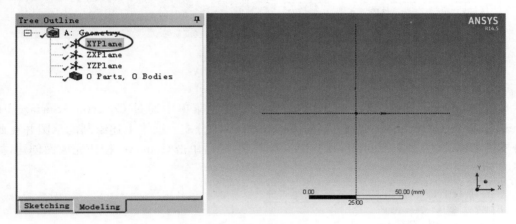

图 4-34 正视草图平面

选择 Tree Outline 底部的 Sketching 标签切换到 Sketching 模式，在绘图工具箱 Draw 中选择 Rectangle 绘制矩形。此时，在右边的图形窗口上出现一个画笔，移动画笔放到原点上时会出现一个 P 标志，表示与原点重合，此时单击鼠标并拖动绘制矩形，如图 4-35 所示。

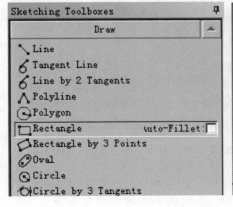

图 4-35 绘制一个矩形

选择草图工具箱的 Dimensions 标注面板中的 General 标签，单击矩形的两个边，并将尺寸均设置为 3 000 mm，如图 4-36 所示。

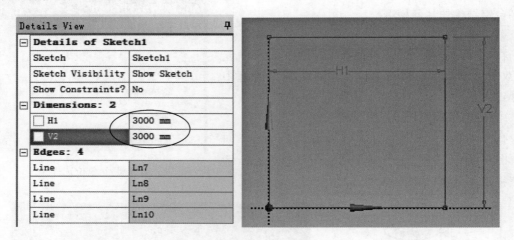

图 4-36 设置矩形尺寸

第 3 步：由草图创建面

单击 Modeling 标签，切换至 3D 建模模式。在主菜单中通过 Concept＞Surface From Sketches 在 Tree Outline 中创建一个表面 SurfaceSk1 分支。选中上述绘制的草图并在此表面分支的 Details 的 Base Objects 中点 Apply 按钮，随后单击 Generate 按钮完成面创建，如图 4-37 所示。

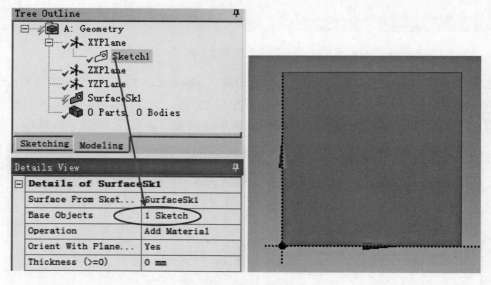

图 4-37 草图生成面体

第 4 步：面线性阵列

在菜单中选择 Create＞Pattern，在 Tree Outline 中出现 Pattern1 对象分支。
在 Pattern1 的 Details 中，阵列类型选择 Linear 线性阵列；Geometry 选择上述面体；

Direction 为阵列方向，选择工具栏上的面选择过滤按钮，选择上面创建的面体的法向，通过左下侧的红黑箭头调整方向向下，如图 4-38(a)所示。阵列总数＝ Copies ＋1，将 FD3 Copies 值设置为 2，偏移值 FD1 设为 3 000 mm，如图 4-38(b)所示。最后单击 Generate 按钮完成面体的阵列，如图 4-38(c)所示。

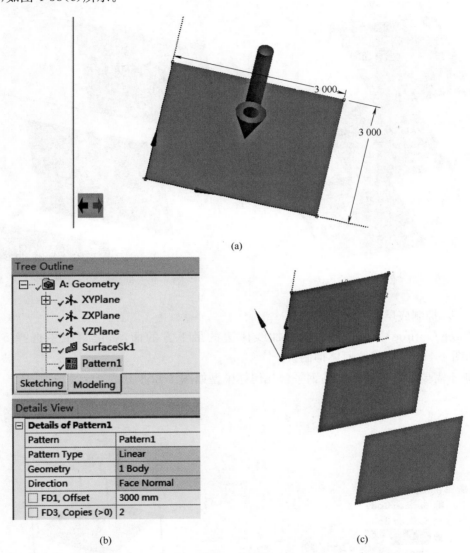

图 4-38 面的阵列设置及结果

第 5 步：创建立柱线段

选择 Concept＞Lines From Points 菜单，在模型树中出现一个 Line1 分支，然后在图形显示区域按住 Ctrl 顺次选择各立柱的下层、中层两个端点，再按住 Ctrl 键选择各立柱的中层、上层两个端点，即可形成各立柱线段的预览，然后在 Line1 的 Details 中 Point Segments 中点 Apply，形成 8 段线，点 Generate 按钮，完成 Line1 的创建，如图 4-39 所示。

第 6 步：创建平台梁线段

选择菜单 Concept>Lines From Edges,在模型树中出现一个 Line2 分支,在工具条中选择边选过滤按钮,按住 Ctrl 键,逆时针方向顺次选择上方表面和中间表面的各边,在 Line 的详细列表的 Edges 中点击 Apply,然后单击 Generate 按钮完成 Line2 的创建。如图 4-40 所示。

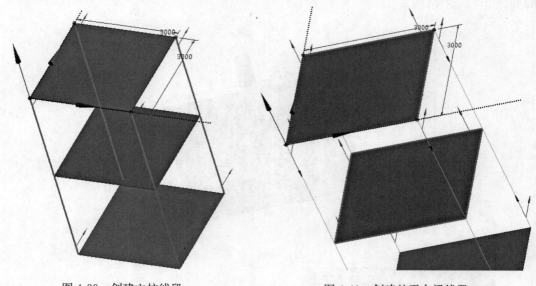

图 4-39 创建立柱线段　　　　　　图 4-40 创建的平台梁线段

第 7 步:抑制底层面

在 Tree Outline 中单击选中未添加线体边的最下方的面,右键菜单中选择 Suppress Body,如图 4-41 所示,将此面体抑制。

抑制不需要的表面后形成的钢平台几何体模型如图 4-42 所示。

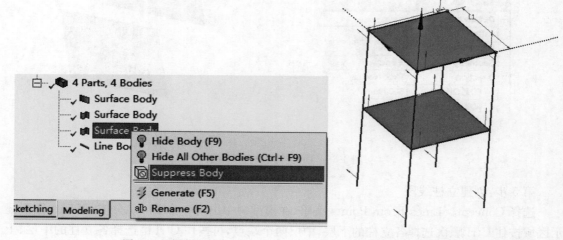

图 4-41 抑制面体　　　　　　图 4-42 抑制下层表面后的模型

第 8 步:添加线体横截面

在菜单中选择 Concept>Cross Section>Rectangular Tube,创建方管横截面,并在左下

角的详细列表中修改横截面的尺寸,如图 4-43(a)所示,图形显示区域中的横截面如图 4-43(b)所示。

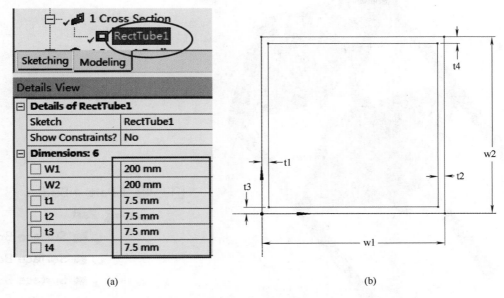

图 4-43 线体横截面

第 9 步:对线体赋予横截面

选择模型树中的 Line Body,在左下角的详细列表中单击黄色 Cross Section 选项,在下拉菜单中选择已添加的 RectTube1 横截面,然后单击 Generate 按钮,如图 4-44 所示。

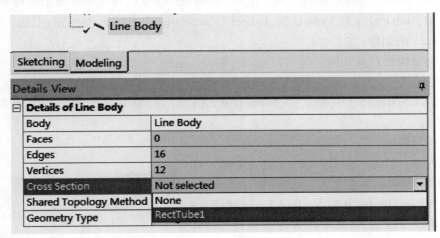

图 4-44 对线体赋予横截面

选择菜单 View>Cross Section Solids,勾选此选项,可以观察到显示横截面的模型如图 4-45 所示。

第 10 步:创建多体部件。

选择 Tree Outline 中的 4 parts,4Bodies 下的所有的体(包括面体和线体),然后单击菜单栏 Tools>Form New Part，创建多体零件，如图 4-46 所示。

图 4-45　显示横截面属性的线体

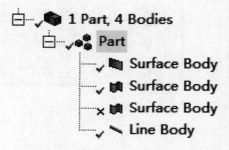

图 4-46　创建多体部件

第 11 步：添加 Joint

选择菜单 Tools>Joint，在模型树中出现 Joint1 分支，在模型树中选择未被抑制的两个面体及线体，在 Joint1 分支的 Details 的 Target Geometries 中点 Apply 按钮，点击 Generate 按钮，完成 Joint1 的创建。

至此，钢结构平台的几何建模已完成，关闭 DM，返回 Workbench 界面。

4. 前处理

在 Project Schematic 中双击 B4(Model)单元格，启动 Mechanical 界面。按如下的步骤完成前处理操作。

(1) 确认材料

展开 Project Tree 的 Geometry 分支，确认在 DM 中创建的几何模型已经导入，包含两个 Surface body 及一个 Line Body，其中 Surface Body 前面有？号，表示目前缺少信息，如图 4-47 所示。依次选择各个体，在其 Details 中确认 Material Assignment 为 Structural Steel。

(2) 确认截面与厚度

选择 Geometry 分支下的 Line Body 分支，在其 Details 中确认 Properties 下的 Cross Section 为 RectTube1，其截面参数如图 4-48 所示。

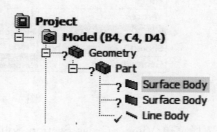

图 4-47　模型导入后的 Geometry 分支

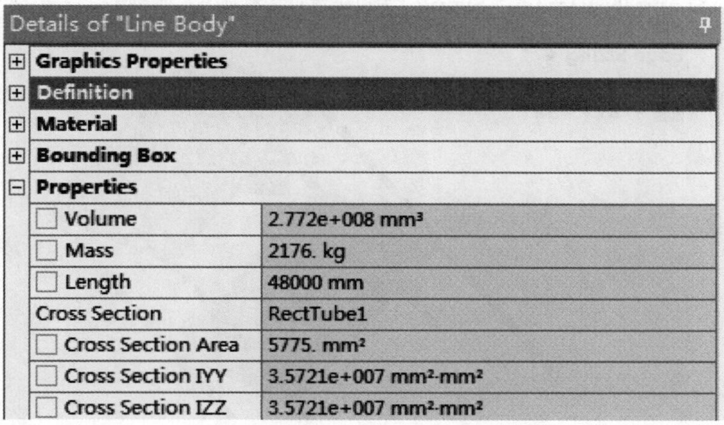

第 4 章 ANSYS 瞬态动力计算

图 4-48 Line Body 的截面参数

由于两个 Surface Body 没有定义厚度，因此在分支前面有一个？号，按住 Ctrl 选择两个面体分支，在 Details of "Multiple Selection" 的 Thickness 中指定厚度为 20 mm，如图 4-49 所示。

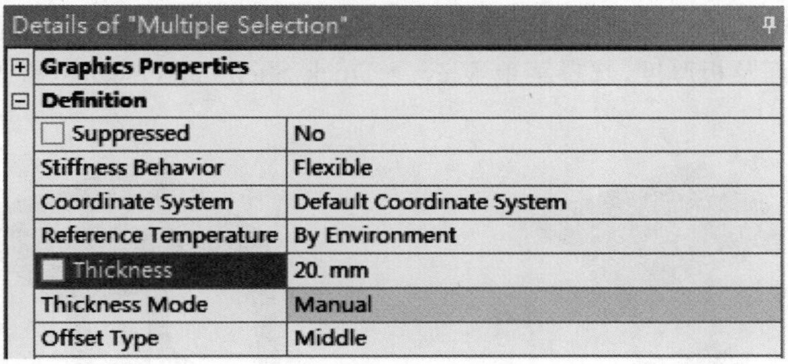

图 4-49 定义板的厚度

(3) 网格划分

在 Project Tree 中选择 Mesh 分支，在右键菜单中选择 Insert>Sizing，在 Project Tree 中出现一个 Sizing 分支。切换到 Box Select 模式选择线，在图形区域中框选全部的线段共 16 条，在 Sizing 分支的 Details 中选择 Geometry，点 Apply；这时 Sizing 分支更名为 Edge Sizing。在 Edge Sizing 的 Element Size 中输入 500 mm，如图 4-50 所示。

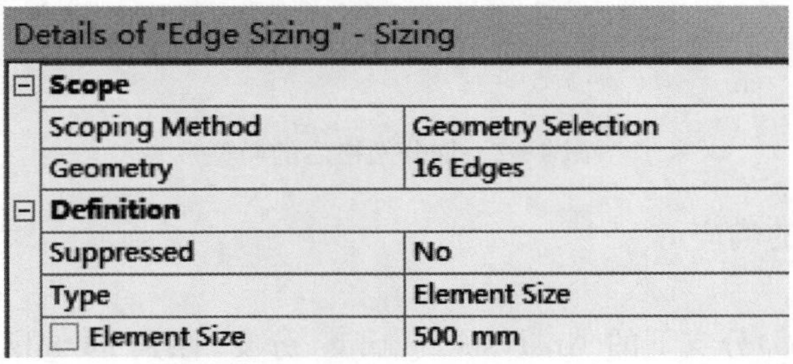

图 4-50 Sizing 设置

指定了 Edge Sizing 的 Element Sizing 后的模型如图 4-51 所示。

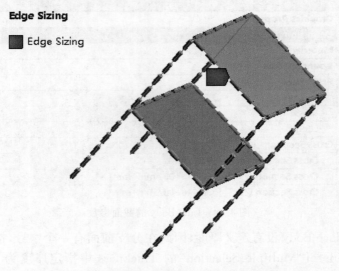

图 4-51　指定了 Edge Sizing 后的模型显示

在 Mesh 分支的右键菜单中选择 Generate Mesh，划分网格后的结构如图 4-52(a)所示。为了显示梁的截面及板厚度，选择菜单 View＞Thick Shells and Beams，模型单元显示如图 4-52(b)所示。

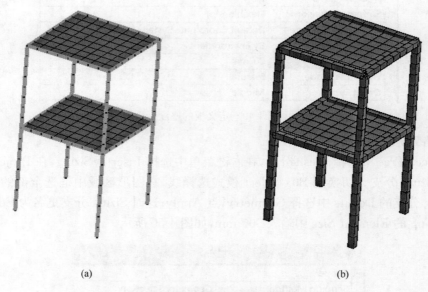

(a)　　　　　　　　　　　　　　　(b)

图 4-52　划分网格后的模型

5. 计算递增荷载的响应

(1) 求解设置

选择 Transient(B5)分支下的 Analysis Settings 分支，在其 Details 中设置求解选项。指定 Step End Time 为 1.5 s；Anto Time Step 为 On，Define by Time，Initial Time Step、

Minimum Time Step、Maxmum Time Step 依次为 0.01 s、0.005 s、0.02 s；指定刚度阻尼系数 Stiffness Coefficient 为 0.005，如图 4-53 所示。

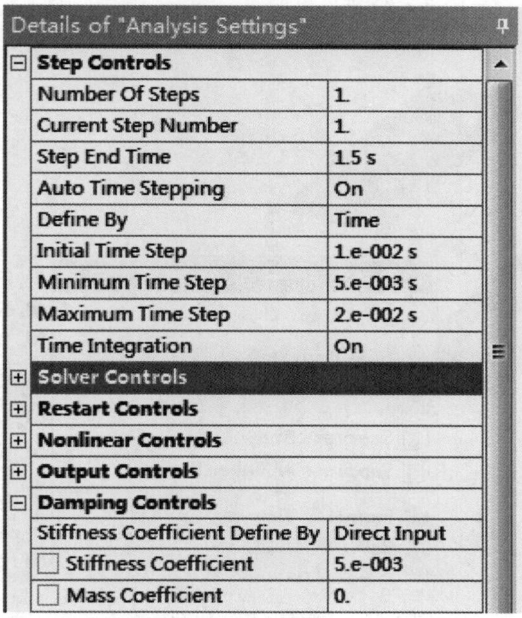

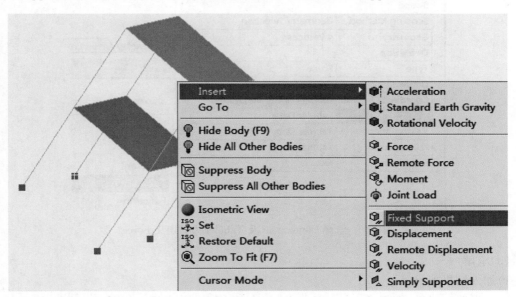

图 4-53　分析选项设置

（2）施加位移约束及荷载

1）施加位移约束

选择 Transient(B5) 分支，在图形区域内选择柱底部的四个顶点，右键菜单选择 Insert>Fixed Support，如图 4-54 所示，在 Transient(B5) 下增加 Fixed Support 分支。

图 4-54　柱脚施加约束

2)施加动力荷载

在图形区域内选择平台顶面的四个顶点,右键菜单中选择 Insert>Force,如图 4-55 所示。在 Transient(B5)下增加一个 Force 分支。

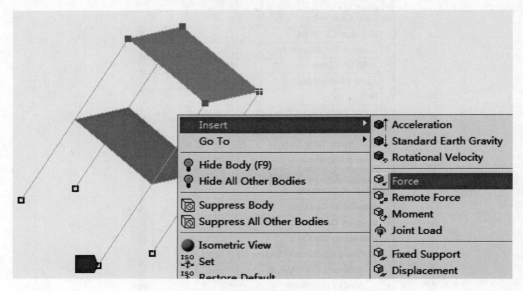

图 4-55　顶面角点施加动力荷载

选择新增加的 Force 分支,在 Force 分支的 Details 中选择 Defined by Components,点 X Component 右侧的三角形,弹出菜单中选择 Tabular,如图 4-56 所示。在右侧的 Tabular Data 区域输入荷载表格,在 Graph 区域显示出荷载-时间函数历程,如图 4-57 所示。

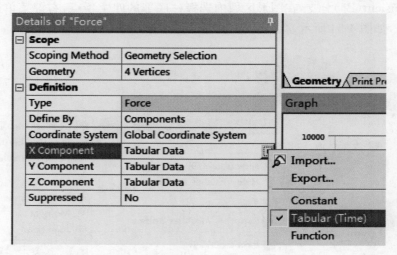

图 4-56　选择 Component 及 Tabular 方式定义 Force

(3)求解

1)加入结果项目

上述设置完成后,选择 Solution(B6)分支,在其右键菜单中插入如下的三个结果项目:

第 4 章 ANSYS 瞬态动力计算

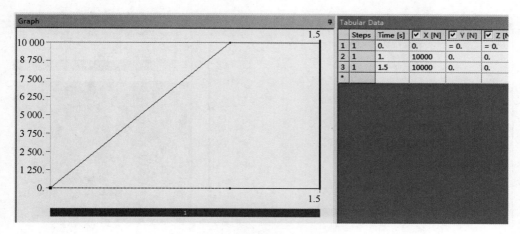

图 4-57 斜坡载荷数值表格及曲线

①通过菜单 Insert＞Deformation＞Total 插入总体变形结果项目；
②通过菜单 Insert＞Stress＞Equivalent(von-Mises)插入等效应力结果项目；
③通过菜单 Insert＞Beam Tool＞ Beam Tool 插入梁的应力工具箱结果项目。

2)求解

选择 Solution(B6)分支，按下工具栏上的 Solve 按钮，求解斜坡荷载作用下的瞬态动力分析工况。

6. 计算跳跃荷载的响应

(1)求解设置

选择 Transient 2(C5)下的 Analysis Settings 分支，在其 Details 中采用与上述计算斜坡荷载相同的设置。

(2)施加位移约束及动力荷载

1)施加位移约束

选择上面斜坡荷载分析中 Transient(B5)分支下的 Fixed Support，用鼠标拖至 Transient 2(C5)上，在 Transient 2(C5)分支下增加一个 Fixed Support 支座约束分支。

2)施加动力荷载

按照与上面斜坡荷载指定相同的方法，仅仅是荷载时间表格不同，假设水平荷载经过 0.01 s 后达到最大值 10 kN，跳跃荷载的表格及时间历程曲线如图 4-58 所示。

(3)求解

1)加入结果项目

上述设置完成后，选择 Solution(C6)分支，在其右键菜单中插入如下的三个结果项目：

①通过菜单 Insert＞Deformation＞Total 插入总体变形结果项目；
②通过菜单 Insert＞Stress＞Equivalent(von-Mises)插入等效应力结果项目；
③通过菜单 Insert＞Beam Tool＞ Beam Tool 插入梁的应力工具箱结果项目。

2)求解

选择 Solution(C6)分支，按下工具栏上的 Solve 按钮，求解阶跃荷载作用下的瞬态动力分析工况。

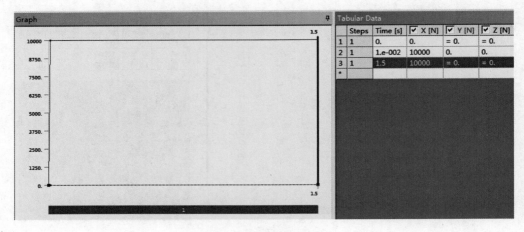

图 4-58 跳跃荷载曲线

7. 计算时间历程荷载的响应

(1) 求解设置

选择 Transient 2(D5)下的 Analysis Settings 分支,在其 Details 中采用与上述计算斜坡荷载以及阶跃荷载相同的设置。

(2) 施加位移约束及动力荷载

1) 施加位移约束

选择上面阶跃荷载分析中 Transient(C5)分支下的 Fixed Support,用鼠标拖至 Transient 3(D5)上,在 Transient 2(D5)分支下增加一个 Fixed Support 支座约束分支。

2) 施加动力荷载

按照与上面荷载指定相同的方法,仅仅是荷载时间表格不同,荷载的表格及时间历程曲线如图 4-59 所示。

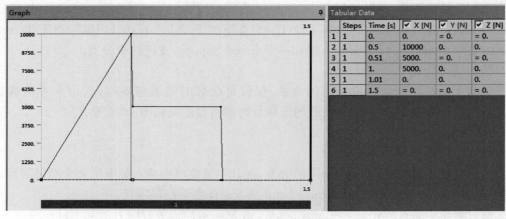

图 4-59 任意时间历程荷载曲线

(3) 求解

1) 加入结果项目

上述设置完成后,选择 Solution(D6)分支,在其右键菜单中插入如下的三个结果项目:

① 选择平台顶面的某个顶点,通过 Solution(D6)分支右键菜单 Insert＞Probe＞Deformation 插入方向变形 Probe 项目,在 Solution(D6)下出现一个 Deformation Probe 的分支,在其 Details 中选择 Orientation 为 X-Axis,如图 4-60(a)所示;图形区域显示如图 4-60(b)所示。

(a)　　　　　　　　　　　　　　　　(b)

图 4-60　Deformation Probe

② 通过菜单 Insert＞Deformation＞Total 插入总体变形结果项目;
③ 通过菜单 Insert＞Stress＞Equivalent(von-Mises)插入等效应力结果项目;
④ 通过菜单 Insert＞Beam Tool＞Beam Tool 插入梁的应力工具箱结果项目。

2) 求解

选择 Solution(D6)分支,按下工具栏上的 Solve 按钮,求解任意时间历程荷载作用下的瞬态动力分析工况。

8. 后处理与结果分析

分别对三种不同工况进行后处理。

(1) 斜坡上升载荷的响应

1) 获取平台顶部位移时间历程曲线

在 Project Tree 中选择 Solution(B6)下的 Total Deformation 分支,按工具栏上的 Chart 按钮![],在 Project Tree 的最底部出现一个 Chart 分支,按如图 4-61 所示在其 Details 中进行相关的设置,其中 Plot style 为 Lines,栅格线 Gridlines 为 Both,X 轴及 Y 轴的 Labels 分别设置为 Time 及 Disp,绘制得到工况 1 平台顶部侧移时间曲线,如图 4-62 所示。

由斜坡式加载的侧移时间历程曲线可以看出,最大水平侧移出现在荷载上升段结束点 1 s 附近,之后在平衡位置附近作小幅波动,且幅值逐渐降低。由此可见,结构的响应基本上类似于等幅值的静力荷载的响应。经实际计算,结构在 10 kN 的静力荷载作用下顶部水平侧移为 3.409 8 mm。上升时间为 1s 的斜坡荷载引起的响应仅略微高于此数值。

Details of "Chart"	
Definition	
Outline Selection	1 Objects
Chart Controls	
X Axis	Time
Plot Style	Lines
Scale	Linear
Gridlines	Both
Axis Labels	
X-Axis	Time
Y-Axis	Disp

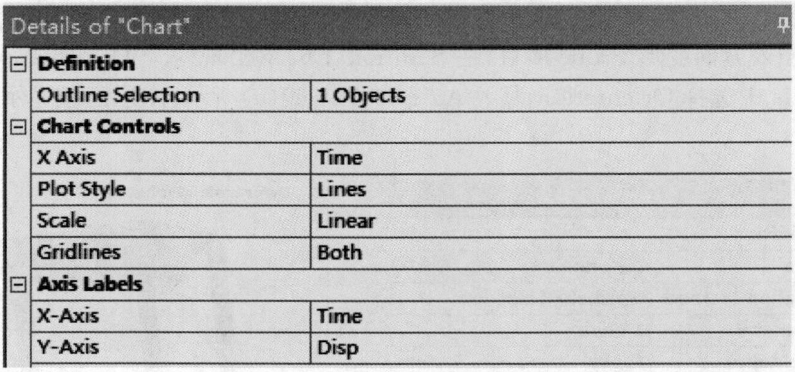

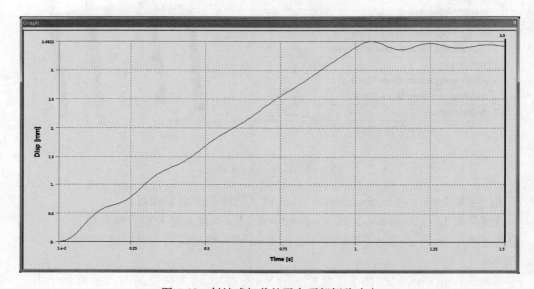

图 4-61 Chart 的设置选项

图 4-62 斜坡式加载的平台顶部侧移响应

2)最大位移时刻结构变形及应力观察

在 Project Tree 中,选择 Solution(B6)下的 Total Deformation,在 Tabular Data 中找到最大侧移时刻 1.05 s,在表格的 1.05 s 对应的行中单击右键,弹出菜单中选择 Retrieve this result。得到斜坡荷载作用下最大侧移时刻的结构变形等值线图如图 4-63(a)所示,结构的最大水平侧移为 3.492 3 mm,略微高于静变形。

选择 Solution(B6)分支,在 Beam Tool 的右键菜单中选择 Evaluate All Results,选择 Beam Tool 下面的 Maximum Combined Stress,在此结果 Tabular 表格的 1.05 s 对应的行中单击右键,弹出菜单中选择 Retrieve this result,得到 1.05 s 时刻得到框架中的应力分布如图 4-63(b)所示,框架的最大应力出现在柱底端。

(2)跳跃载荷的响应

1)获取平台顶部位移时间历程曲线。

在 Project Tree 中选择 Solution(B6)下的 Total Deformation 分支,按工具栏上的 Chart 按钮,在 Project Tree 的最底部出现一个 Chart 2 分支,在 Chart 2 分支的 Details 中按图

第 4 章　ANSYS 瞬态动力计算

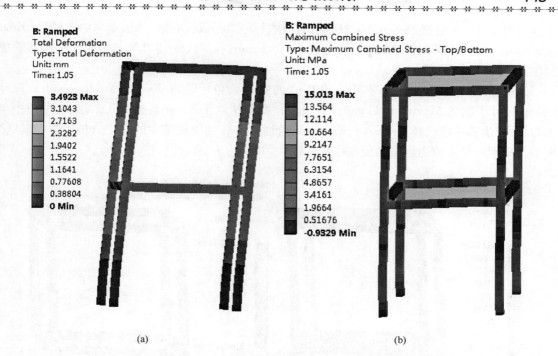

图 4-63　斜坡荷载作用下的变形与框架应力

4-61 所示进行相关的设置,其中 Plot style 为 Lines,栅格线 Gridlines 为 Both,X 轴及 Y 轴的 Labels 分别设置为 Time 及 Disp,绘制得到在跳跃荷载作用下平台顶部侧移时间曲线如图 4-64 所示。最大侧移出现在大约 0.1 s 附近,数值大约为 6 mm,这是由于突加荷载引起的动力放大。

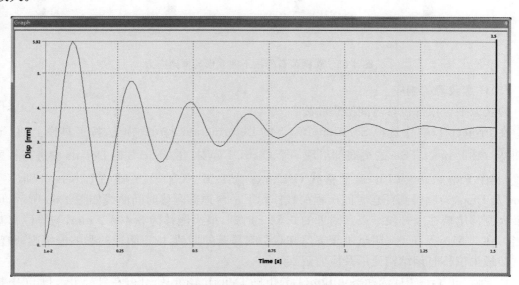

图 4-64　在跳跃荷载作用下结构顶部侧移时间曲线

2) 最大位移时刻结构变形及应力观察

在 Project Tree 中,选择 Solution(B6)下的 Total Deformation,在 Tabular Data 中找到最

大侧移时刻 0.1 s,在表格的 0.1 s 时刻所对应的行中单击鼠标右键,弹出菜单中选择 Retrieve this result,得到跳跃荷载作用下最大侧移为 5.92 mm,在最大侧移时刻结构的水平位移等值线图如图 4-65(a)所示。

选择 Solution(C6)分支,在 Beam Tool 的右键菜单中选择 Evaluate All Results,选择 Beam Tool 下面的 Maximum Combined Stress,在此结果 Tabular 表格的 0.1 s 对应的行中单击右键,弹出菜单中选择 Retrieve this result,得到 0.1 s 时刻框架中的应力分布如图 4-65(b)所示。框架的最大应力也是出现在柱底位置。

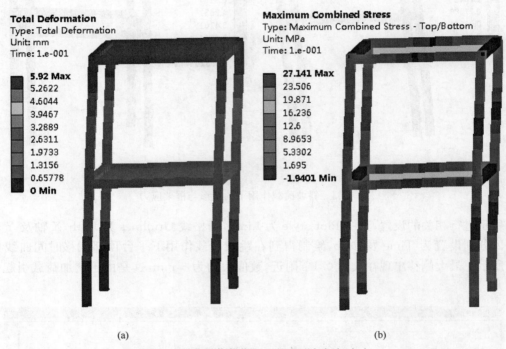

图 4-65 跳跃荷载作用下的变形与框架应力

(3)任意载荷的响应

1)获取平台顶部位移时间历程曲线

在 Project Tree 中选择 Solution(B6)下的 Deformation Probe 分支,按工具栏上的 Chart 按钮,在 Project Tree 的最底部出现一个 Chart 3 分支,在 Chart 3 的 Details 中进行相关的设置,其中 Plot style 为 Lines,栅格线 Gridlines 为 Both,X 轴及 Y 轴的 Labels 分别设置为 Time 及 Disp,绘制得到任意时间历程荷载作用下平台顶部侧移时间曲线如图 4-66 所示,顶部的最大侧移出现在上升段结束点附近的 0.51 s 时刻,最大侧移为 3.406 9 mm,与静位移基本相当。在 0.51 s 及 1.0 s 附近由于突然卸载引起显著的振动,由于阻尼的影响振幅逐渐衰减。

2)最大位移时刻结构变形及应力观察

在 Project Tree 中,选择 Solution(D6)下的 Deformation Probe,在 Tabular Data 中找到最大侧移时刻 0.51 s,在表格的 0.51 s 对应的行中单击右键,弹出菜单中选择 Retrieve this result。得到斜坡荷载作用下最大侧移时刻的结构变形等值线图如图 4-67(a)所示。

选择 Solution(B6)分支,在 Beam Tool 的右键菜单中选择 Evaluate All Results,选择

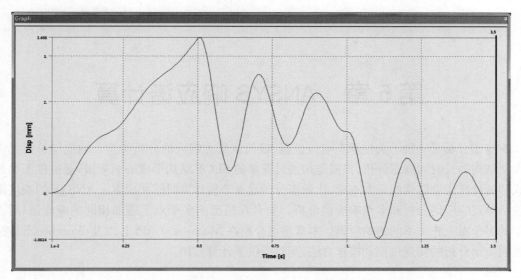

图 4-66　在时间历程荷载作用下结构顶部侧移时间曲线

Beam Tool 下面的 Maximum Combined Stress,在此结果 Tabular 表格的 0.51 s 对应的行中单击右键,弹出菜单中选择 Retrieve this result,得到 0.51 s 时刻框架中的应力分布如图 4-67 (b)所示,框架中的最大应力仍然是出现在柱底部位置。

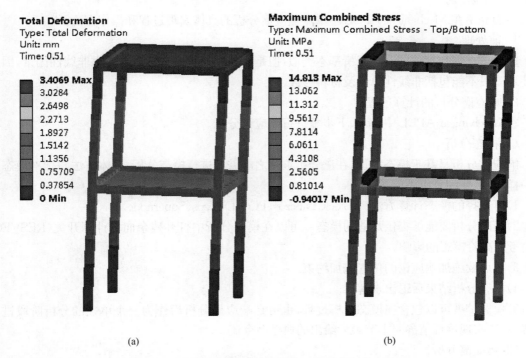

图 4-67　任意变化荷载作用下的变形与框架应力

上述操作完成后,关闭 Mechanical,返回 Workbench 并保存项目文件。

第5章 ANSYS 响应谱计算

响应谱分析是一种不关注瞬态响应过程,仅关注最大响应的分析类型。响应谱分析无需计算大型结构的长时间瞬态分析,只需施加通过简单的 SDOF 结构形成的响应谱,通过模态叠加的方式即可计算大型结构的最大响应,比瞬态分析显著节省计算时间和成本。ANSYS 的响应谱分析包括单点响应谱分析和多点响应谱分析。前者在模型的多个点上施加相同的响应谱,后者在模型的多个点上施加不同的响应谱。本章重点介绍在 Mechanical APDL 以及 Workbench 中进行单点响应谱分析的实现过程和操作方法,同时提供了计算实例。

5.1 Mechanical APDL 响应谱分析实现过程

在 Mechanical APDL 中,响应谱分析的实现过程与其他分析类型一样,也同样包括前处理、求解以及后处理三个环节,但其求解过程又包括模态分析、响应谱分析、模态扩展计算、模态合并计算等几个阶段。

下面介绍在 Mechanical APDL 中单点响应谱分析的具体实现过程和操作方法。

1. 前处理

前处理过程与其他的动力分析基本类似,但是要注意响应谱分析不能考虑非线性因素,因此前处理阶段不能包括非线性单元及材料参数。

2. 响应谱分析的计算过程

在 Mechanical APDL 中,按如下步骤进行响应谱分析。

(1)模态分析

响应谱分析是基于模态叠加,在谱分析求解之前需要进行模态分析,具体方法与标准模态分析一样,但需要注意以下问题:

1)可选择的模态计算方法为 Block Lanczos、PCG Lanczos、Supernode。

2)模态分析要能够提供足够的模态。可以在模态分析中打开残余向量计算开关(RESVEC,ON)考虑高阶模态的影响。

3)在后续施加响应谱的位置施加约束。

4)模态分析结束后退出求解器。

5)模态扩展可以包含在模态分析过程,也可在响应谱分析后作为一个单独的分析阶段进行求解,具体实现过程请参照本节最后给出的典型命令流。

(2)响应谱分析

一个典型的单点响应谱分析过程通常包括指定分析类型及选项、指定激励方向、定义响应谱类型及谱曲线、谱分析计算、模态扩展计算、模态合并计算、后处理等步骤。按照下列步骤进行单点响应谱分析。

1)退出并再次进入求解器

模态分析结束后通过 FINISH 命令或 Main Menu>FINISH 菜单退出求解器。随后,通过/Solu 命令或 Main Menu>Solution 菜单再次进入求解器。

2)设置分析的类型及选项

通过 Main Menu>Solution>Analysis Type>New Analysis 菜单,打开 New Analysis 设置框,设置分析类型为 Spectrum,如图 5-1 所示。

如果采用命令方式指定分析类型,对应命令如下:

ANTYPE,SPECTR

ANTYPE,8

以上两条命令作用是等效的,表示定义分析类型为响应谱分析。

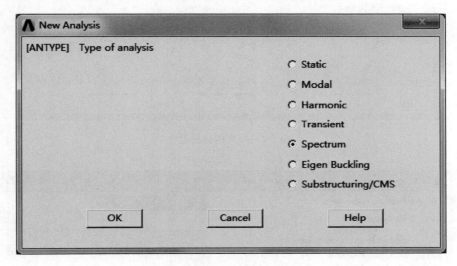

图 5-1 定义分析类型为谱分析

通过菜单 Main Menu>Solution>Analysis Type>Analysis Options,打开如图 5-2 所示的 Spectrum Analysis 设置框。

在上述的设置框中设置如下的响应谱分析选项:

①Sptype 选项用于选择响应谱分析类型,对于单点响应谱,选择 Single-pt resp。

②NMODE 选项用于指定参与合并的模态数,缺省为模态分析提取的全部模态数,此参数不能大于 10 000。

与上述的设置相对应的命令为 SPOPT。

3)设置分析的载荷步选项

载荷步选项包括设置响应谱类型、响应谱激励方向、定义谱曲线、阻尼设置、剩余向量选项的设置等。

①响应谱类型选择

通过选择菜单 Main Menu>Solution>Load Step Opts>Spectrum>SinglePt>Settings,打开 Settings for Single-Point Response Spectrum 设置框,如图 5-3 所示。在其中选择 Type of response spectr 选项(SVTYP 命令),可选择的类型有地震速度响应谱、力响应谱、地震加速度响应谱、地震位移响应谱。

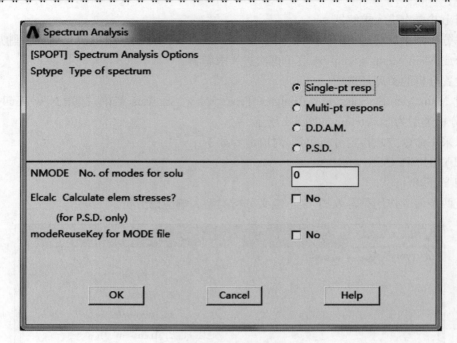

图 5-2 响应谱分析设置

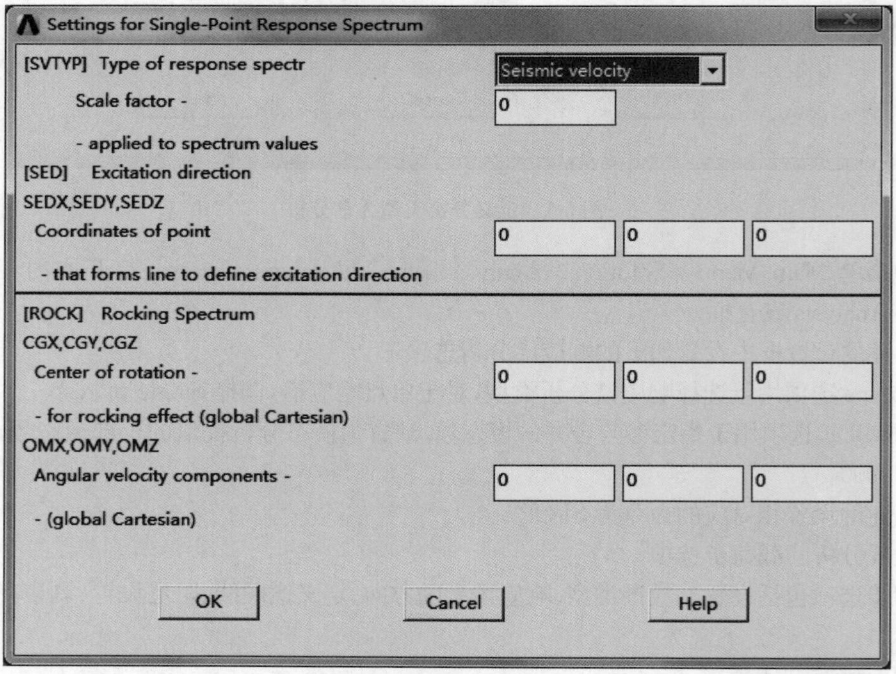

图 5-3 单点谱设置

② 设置激励的方向

在上述的设置框中,通过 SED 命令的 SEDX、SEDY、SEDZ 参数设置激励方向。

③谱值-频率曲线定义

选择菜单 Main Menu>Solution>Load Step Opts>Spectrum>SinglePt>Freq Table，打开 Frequency Table 设置框，在其中输入频率值，如图 5-4 所示。

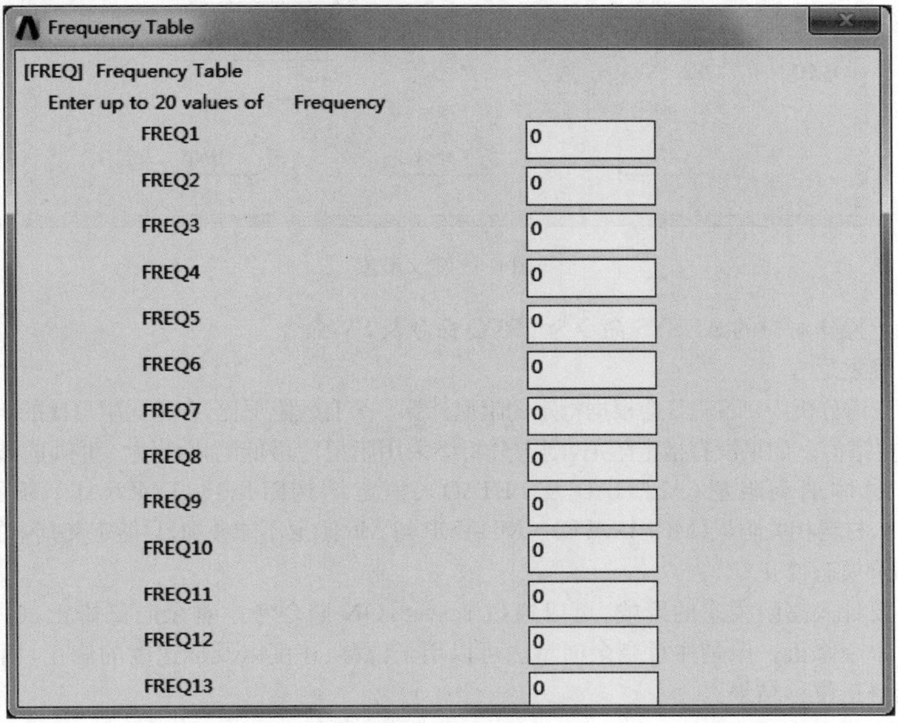

图 5-4　频率表

选择菜单 Main Menu>Solution>Load Step Opts>Spectrum>SinglePt>Spectr Values，打开 Spectrum Values-Damping Ratio 设置框，如图 5-5 所示在其中指定谱值曲线的阻尼比，点 OK 按钮后，打开 Spectrum Values 设置框，如图 5-6 所示，如果定义了频率表，则根据已有频率表显示谱值点的个数，在其中输入谱值。最多可以定义四组不同阻尼比对应的谱值曲线，阻尼值在输入时按照递增顺序。谱分析时可以根据输入的结构阻尼比，在不同的谱值曲线中进行插值。

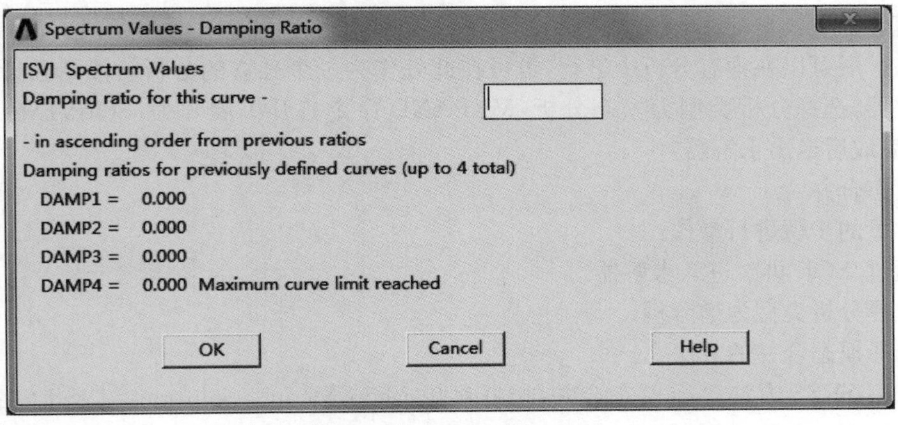

图 5-5　定义谱曲线的阻尼比

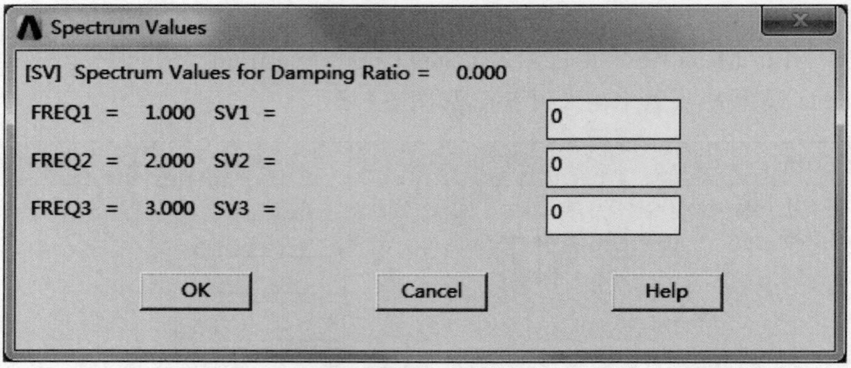

图5-6 定义谱值

与以上操作对应的 ANSYS 命令为 FREQ 命令及 SV 命令。

④设置阻尼

在响应谱分析中 ANSYS 会根据指定的阻尼计算一个有效阻尼比,在不同阻尼比的响应谱曲线中插值获得谱值。如果没有指定阻尼,则谱分析中采用阻尼比最低的谱曲线。可供选择的阻尼定义方法有总体瑞利阻尼(ALPHAD 及 BETAD)、恒定结构阻尼比(DMPRAT)、振型阻尼比(MDAMP),材料相关阻尼(MP,DMPR)。MDAMP 与 MP 阻尼不能叠加,只能定义其中的一种。

⑤高阶模态修正

如果要计入高阶模态的影响,可以通过 resvec,ON 命令考虑剩余向量修正,也可以通过 MMASS 命令修正。但是注意剩余向量法可以用于位移、速度以及加速度的修正,而 MMASS 方法只能修正位移结果。

⑥刚体响应修正

可以通过 RIGRESP 命令对响应进行修正,可选择的方法包括 Gupta 以及 LINDLEY,在 Workbench 响应谱分析中也支持此命令的选项设置(见下面一节)。

4)响应谱分析求解

通过菜单 Main Menu>Solution>Solve>Current LS,求解单点响应谱分析。

5)退出求解器

求解完成后,发出 FINISH 命令退出求解器。

6)模态扩展

模态扩展可以在模态分析中进行,也可在此处作为一个独立的分析阶段单独计算。重新进入求解器,选择分析类型为模态分析,MXPAND 命令打开扩展开关,SOLVE 命令求解扩展,计算完成后退出求解器。

7)模态合并

按如下的步骤进行操作:

①通过/SOL 再次进入求解器。

②选择分析类型为谱分析。

③选择模态合并的方法:

如采用 SRSS 方法进行模态合并,选择菜单 Main Menu>Solution>Load Step Opts>Spectrum> SinglePt>Mode Combine>SRSS Method,打开 SRSS Mode Combination 设置

框,如图 5-7 所示。其中,SIGNIF 选项用于指定参与合并模态的重要性阀值,模态系数小于此数值的模态不参与合并。LABEL 选项用于指定输出类型,可选择位移、速度及加速度。FORCETYPE 选项用于指定参与模态合并的力,Static 或 Total(Static+Inertial)。也可采用 SRSS 命令进行设置。

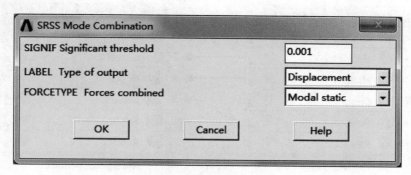

图 5-7　SRSS 模态合并设置

如采用 CQC 方法进行模态合并,选择菜单 Main Menu＞Solution＞Load Step Opts＞Spectrum＞ SinglePt＞ Mode Combine＞CQC Method,打开 CQC Mode Combination 设置框,如图 5-8 所示,在其中进行相关设置。也可采用 CQC 命令进行设置。

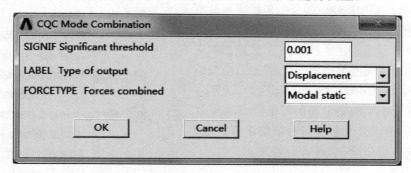

图 5-8　CQC 模态合并设置

④求解模态合并

通过菜单 Main Menu＞Solution＞Solve＞Current LS,或 SOLVE 命令进行求解。计算完成后写出一个包含工况组合命令的 MCOM 文件。

⑤求解完成后,通过 FINISH 命令退出求解器。

3. 后处理

进入通用后处理器 POST1,选择菜单 Utility＞File＞Read Input From,读入前面写出的 MCOM 文件,对应命令为/INPUT,,MCOM。通用后处理器基于扩展后的模态结果和 MCOM 文件中的后处理命令进行模态合并。通过 POST1 查看合并后的结果。

5.2　Workbench 响应谱分析实现过程

在 Workbench 环境中的响应谱分析采用 Modal 系统结合 Response Spectrum 系统来完

成。首先创建一个 Modal 分析系统,随后将一个 Response Spectrum 系统从 Workbench 工具箱拖放至 Modal 分析系统的 Solution 单元格,形成如图 5-9 所示的分析流程。

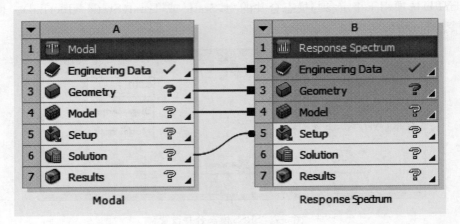

图 5-9 响应谱分析流程

打开 Mechanical 界面后,在 Mechanical 的 Project 树中可以看到 Response Spectrum (B5)下面,Modal 已经成为响应谱分析的初始条件,如图 5-10 所示。

Workbench 环境中的响应谱分析包括模态分析阶段及响应谱分析阶段,模态分析阶段与独立的模态分析方法相同,但是需注意:要定义后续施加响应谱位置的约束,如果关注响应谱分析的应力、应变结果,在模态分析阶段必须计算名义模态应力、应变。

下面重点介绍响应谱分析阶段的操作实现过程和操作方法,重点介绍响应谱分析的求解设置、施加约束及响应谱激励、求解及后处理。

1. 求解设置

响应谱分析的求解设置通过 Response Spectrum(B5)下的 Analysis Settings 分支完成,如图 5-11 所示。

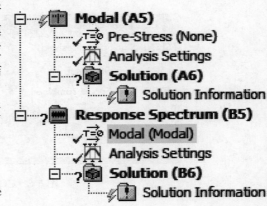

图 5-10 模态分析和响应谱分析的关系

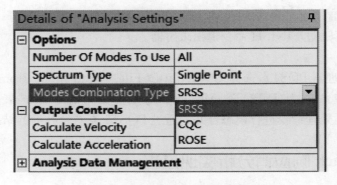

图 5-11 响应谱分析的选项设置

在 Analysis Settings 的 Details 中需要设置的分析选项主要包括：

(1) 使用的模态数

Number Of Modes To Use 选项用于指定参与组合的模态数,默认为 ALL,即模态分析提取的全部模态。建议模态合并包含的模态的频率范围高于谱曲线的最高频率,通常以能够覆盖后续定义的响应谱曲线中最高频率的 1.5 倍为宜。

(2) 谱分析类型

Spectrum Type 选项用于指定响应谱分析的类型。对于单点响应谱,选择 Single Point;对于多点响应谱,则选择 Multiple Points。

(3) 模态合并方法

Modes Combination Type 选项用于指定响应谱分析的模态合并方法。可选择的方法有 SRSS、CQC、ROSE 等。SRSS 方法一般用于模态之间相关程度不高的情况;CQC 方法和 ROSE 方法则用于模态之间相关程度较高的情况。

(4) 计算速度的选项

在 Output Controls 中的 Calculate Velocity 选项用于指定在谱分析中是否计算输出速度结果,选择 Yes 则计算和输出速度响应结果。默认条件下仅计算位移响应结果。

(5) 计算加速度的选项

在 Output Controls 中的 Calculate Velocity 选项用于指定在谱分析中是否计算输出加速度响应结果,选择 Yes 会计算和输出加速度响应结果。

2. 约束及响应谱激励的施加

(1) 约束的施加

响应谱分析的约束必须在模态分析阶段施加,响应谱分析阶段无需重复指定约束。

(2) 响应谱激励的施加

响应谱激励的类型可以是位移响应谱、速度响应谱或加速度响应谱,激励必须施加到模态分析中所固定的自由度上。在 Project Tree 中选择 Response Spectrum(B5)分支,在其右键菜单中分别选择 Insert>RS Acceleration、Insert>RS Velocity、Insert>RS Displacement,即可施加基础加速度响应谱激励、基础速度响应谱激励或基础位移响应谱激励,如图 5-12(a)所示。也可以在选择 Response Spectrum(B5)分支时,在工具条中通过 Environment 工具栏的 RS Base Excitation 下拉列表项目施加 RS Acceleration、RS Velocity、RS Displacement,如图 5-12(b)所示。

下面以基础加速度响应谱激励的施加为例,说明基础响应谱激励的施加方法。无论通过上述哪一种方式选择加入 RS Acceleration 项目后,在 Response Spectrum(B5)分支下增加一个 RS Acceleration 分支,如图 5-13 所示。

在 RS Acceleration 的 Details 中指定如下的信息和选项：

1) Boundary Condition 选项

此选项用于选择施加响应谱激励的支座位置。对于单点响应谱分析,选择所有约束位置 All BC Supports,如图 5-14 所示。

2) Load Data

响应谱曲线通过在 Tabular Data 区域中输入频率和谱值的表格进行定义,在 Graph 区域内则显示所定义的谱曲线,如图 5-15 所示。

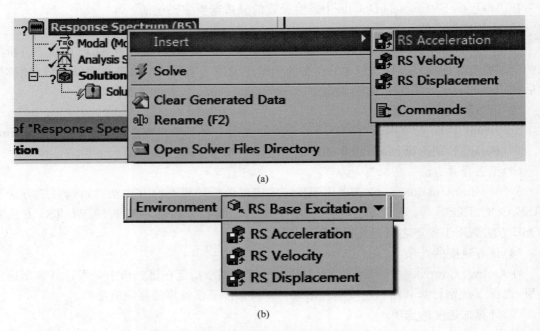

图 5-12 施加基础响应谱激励

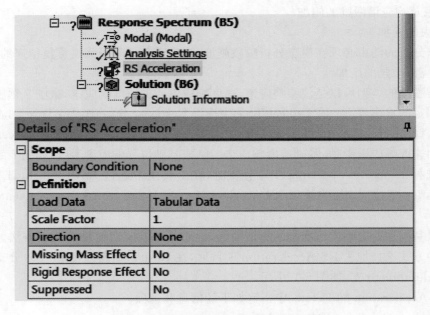

图 5-13 RS Acceleration 分支及其属性

3) Scale Factor

此选项用于定义谱曲线的缩放系数。

4) Direction

此选项用于指定响应谱激励的作用方向,可选择 X、Y 或 Z 方向,如图 5-16 所示。

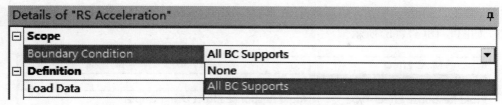

图 5-14 选择 All BC Supports

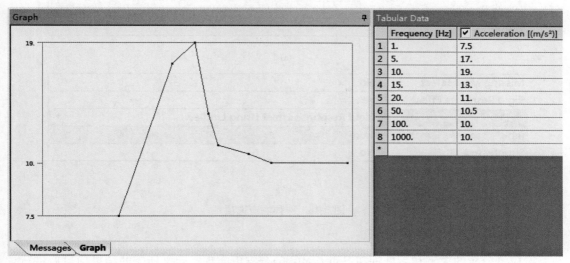

图 5-15 响应谱的定义与显示

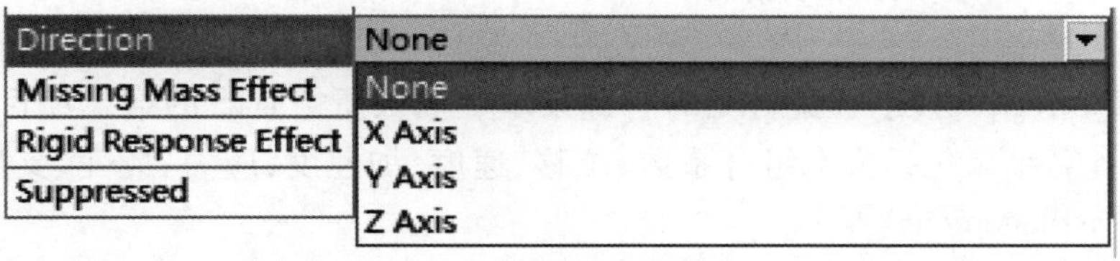

图 5-16 激励的方向

5) Missing Mass Effect 选项

Missing Mass Effect 选项用于考虑高频截断误差的影响,如设置此效应为 Yes,则需要指定 Zero Period Acceleration(ZPA),如图 5-17 所示。

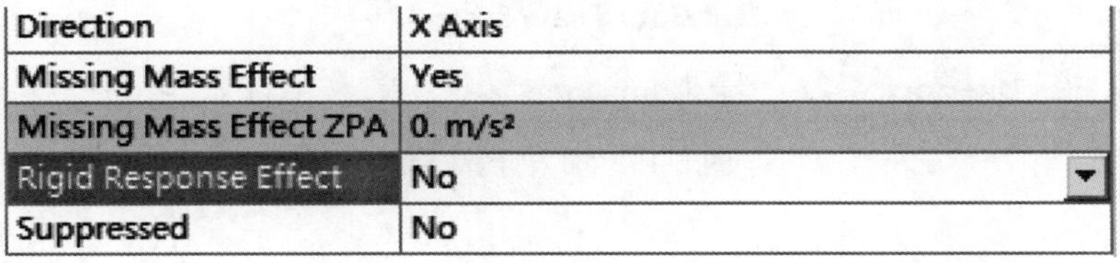

图 5-17 指定 ZPA

6) Rigid Response Effect 选项

Rigid Response Effect 选项用于考虑高频刚体效应影响,将响应分为周期性响应和刚体响应两部分,可选择 Gupta 方法或 Lindley 方法计算刚体效应修正,Gupta 方法对一定的频率范围进行修正,Lindley 方法对响应高于刚体响应 ZPA(acceleration at zero period)的部分进行修正,如图 5-18(a)、(b)所示。

Missing Mass Effect	No
Rigid Response Effect	Yes
Rigid Response Effect Type	Rigid Response Effect Using Gupta
Rigid Response Effect Freq Begin	0. Hz
Rigid Response Effect Freq End	0. Hz
Suppressed	No

(a)

Missing Mass Effect	No
Rigid Response Effect	Yes
Rigid Response Effect Type	Rigid Response Effect Using Lindley
Rigid Response Effect ZPA	0. m/s²
Suppressed	No

(b)

图 5-18 刚体响应选项

3. 求解及后处理

响应谱分析的求解和后处理在 Solution(B6)分支下实现。定义所需的结果项目后进行求解,计算完成后查看要求的结果项目。

1)加入计算结果

选择 Solution(B6)分支,在此分支的右键菜单中插入所需查看的结果项目,如图 5-19 所示。可查看的计算结果包括模态组合系数、位移、速度、加速度、应力、应变、支反力 Probe(仅用于 Remote Displacement)等。

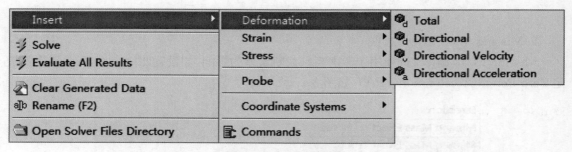

图 5-19 加入计算结果

2)求解

选择 Solution(B6)分支,然后点工具栏上的 Solve 按钮求解,求解过程会出现一个计算过程的进度条。

3)查看计算结果

①查看模态组合系数

选择 Solution(B6)分支下的 Solution Information 分支,在 Worksheet 视图中查看模态系

数等计算输出信息,其中的 MODE COEF. 为模态系数,用于模态组合计算,此系数反映了模态对总响应的贡献,综合了谱值和质量参与因素。

②查看其他计算结果等值线图

选择 Solution(B6)分支下加入的结果项目,查看图形显示窗口中的等值线图。

具体的后处理操作可参照下一节的分析实例。

5.3 响应谱分析例题:钢结构平台响应谱计算

1. 问题描述

计算上一章的平台结构在水平地震加速度响应谱作用下的响应。水平地震加速度响应谱的数值列于表 5-1 中。

表 5-1 加速度响应谱的谱值表

频率(Hz)	响应谱的谱值(m/s^2)
0.333	0.13
0.5	0.188
0.833	0.298
2.5	0.8
10	0.8
50	0.45
1 000	0.36

2. 分析过程

(1)创建结构响应谱分析系统

按照如下步骤创建结构响应谱分析。

1)创建模态分析系统

打开上一章保存的 Workbench 项目文件 steel_platform.wbpj,在 Workbench 左侧工具箱中选择 Modal 分析系统,用鼠标左键拖至 Project Schematic 中的 B4(Model)单元格,如图 5-20 所示。释放左键后在系统 C 下方出现一个如图 5-21 所示的模态分析系统 E。

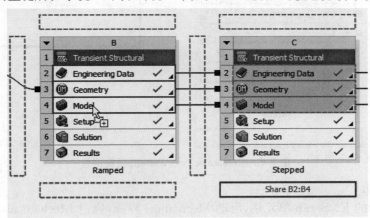

图 5-20 共享瞬态模型给模态分析

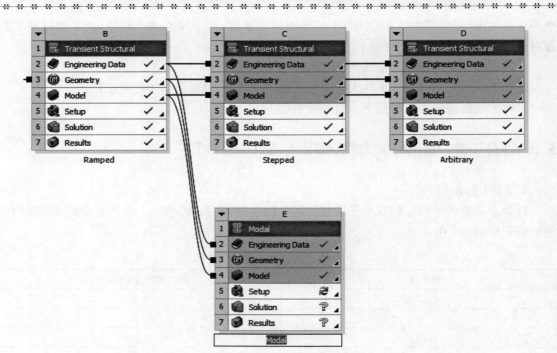

图 5-21　新建的模态分析系统 E

2）创建结构响应谱分析系统

在 Workbench 左侧工具箱中选择 Response Spectrum 分析系统,用鼠标左键将其拖至 Project Schematic 中的 E6(Solution)单元格,如图 5-22 所示。释放左键后在模态分析系统 E 右侧出现一个响应谱分析系统 F,如图 5-23 所示。

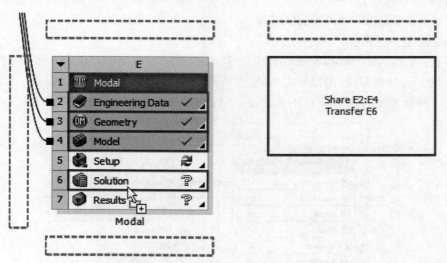

图 5-22　Response Spectrum 的拖放位置

(2)模态分析

双击流程中的 E5 Setup 单元格,启动 Mechanical 界面,通过 Mechanical 界面的 Units 菜单设置单位制为如图 5-24 所示的 kg-m-s 制。

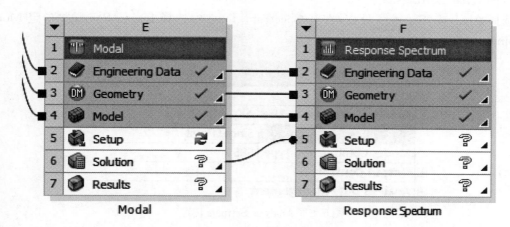

图 5-23　创建的响应谱分析系统 F

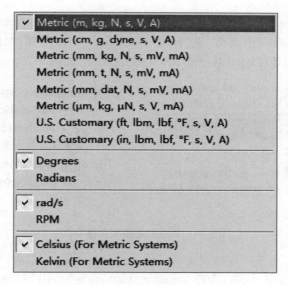

图 5-24　设置单位制

按照如下步骤完成模态分析。
1) 模态分析设置
在 Modal(E5) 下的 Analysis Settings 中设置 Max Modes to Find 为 6 阶。
2) 约束条件的施加
在模型树的 Transient 3(D5) 中选择 Fixed Support 分支,将其拖放至 Modal(E5) 上,在 Modal(E5) 分支下增加一个 Fixed Support 分支,平台柱底部节点受到约束。
3) 求解模态
在模型树中选择 Solution(E6),按工具栏上的 Solve 按钮,完成模态分析。
(3) 响应谱分析
按照如下的步骤进行响应谱分析的求解。

1)Analysis Settings 设置

选择 Analysis Settings 分支,在其 Spectrum Type 中选择 Single Point,并指定 Modes Combination Type,如图 5-25 所示。

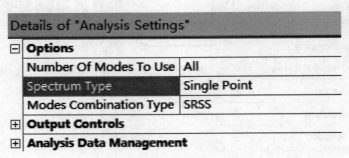

图 5-25　Analysis Settings 设置

2)施加水平加速度响应谱

①添加加速度响应谱分支。

选择 Response Spectrum 分支,在工具栏中选择 Environment 工具栏的 RS Base Excitation,在其中选择响应谱类型,选择 RS Acceleration 为地基加速度谱,则在 Response Spectrum 分支下出现加速度响应谱分支 RS Acceleration,如图 5-26(a)、(b)所示。

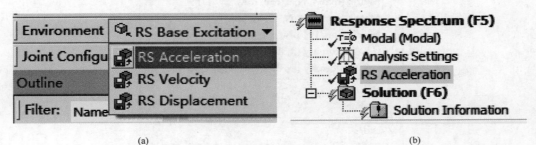

(a)　　　　　　　　　　　　　　　　　(b)

图 5-26　加入加速度响应谱分支

②定义谱曲线。

在加速度谱分支的 Details 中,选择 Boundary Condition 为 All BC Supports,选择 Load Data 为 Tabular Data,在界面右侧的 Tabular Data 区域输入频率与谱值,如图 5-27(a)、(b)所示。

Details of "RS Acceleration"	
Scope	
Boundary Condition	All BC Supports
Definition	
Load Data	Tabular Data
Scale Factor	1.
Direction	X Axis
Missing Mass Effect	No
Rigid Response Effect	No
Suppressed	No

Tabular Data		
	Frequency [Hz]	☑ Acceleration [(m/s²)]
1	0.333	0.13
2	0.5	0.188
3	0.833	0.298
4	2.5	0.8
5	10.	0.8
6	50.	0.45
7	1000.	0.36
*		

(a)　　　　　　　　　　　　　　　　　(b)

图 5-27　响应加速度谱表

输入完成后,在 Graph 区域中即可显示响应谱曲线,如图 5-28 所示。

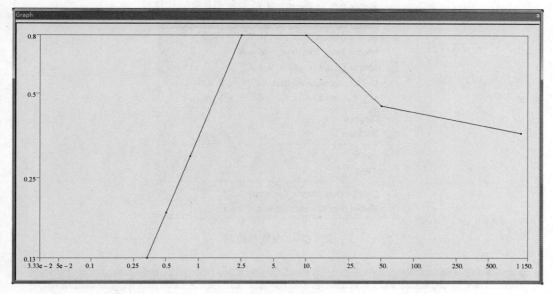

图 5-28 加速度响应谱曲线

3)加入计算结果项目并求解

如图 5-29 所示,在 Solution(F6)右键菜单中,选择 Insert>Deformation>Directional。随后在 Solution 分支中增加一个 Directional Deformation 分支,在此分支的 Details 中,设置 Orientation 为 X Axis。

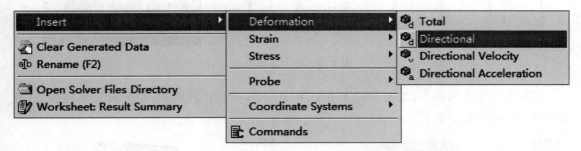

图 5-29 加入方向位移计算结果

选择 Solution(F6)分支,点工具条中的 Solve 按钮,求解响应谱分析。

3. 结果后处理

为了查看位移的方便,在后处理阶段,通过 Units 菜单改变单位制为如图 5-30 所示的 kg-mm-s 制。

(1)模态分析结果

按照如下步骤对模态分析的结果进行后处理。

1)模态频率表查看

在 Tabular Data 及 Graph 区域查看模态分析的频率列表及条形图,如图 5-31 所示。

2)模态振形查看

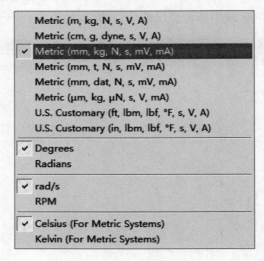

图 5-30　改变单位制

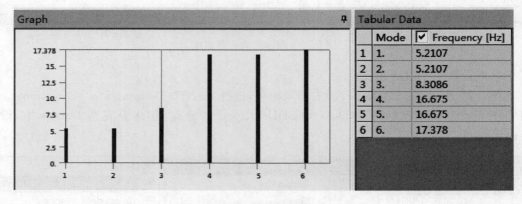

图 5-31　模态频率结果

提取各阶模态的振形,如图 5-32 所示。其中,第 3 阶为扭转振形,第 6 阶为竖向振形,其余各阶均为水平振动振形。

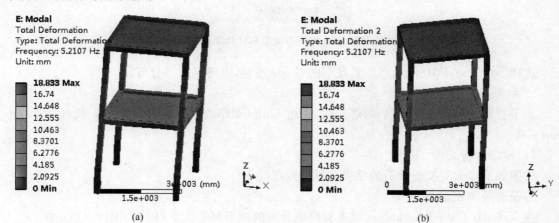

图　5-32

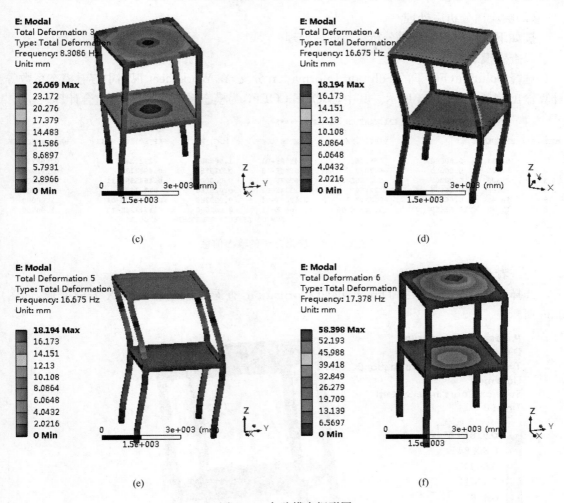

图 5-32 各阶模态振形图

3)模态参与因子及模态质量查看

在 Solution Information 中查看各阶模态的参与因子及有效振形质量列表,如图 5-33 所示。

```
***** PARTICIPATION FACTOR CALCULATION *****  X   DIRECTION
                                                              CUMULATIVE      RATIO EFF.MASS
MODE    FREQUENCY     PERIOD        PARTIC.FACTOR   RATIO     EFFECTIVE MASS  MASS FRACTION   TO TOTAL MASS
 1       5.21073      0.19191        65.363         1.000000   4272.34        0.892796        0.854123
 2       5.21073      0.19191       -0.70319        0.010758   0.494473       0.892900        0.988546E-04
 3       8.30860      0.12036        0.21553E-05    0.000000   0.464539E-11   0.892900        0.928703E-15
 4      16.6753       0.59969E-01   22.638          0.346336   512.460        0.999989        0.102451
 5      16.6753       0.59969E-01   -0.22732        0.003478   0.516747E-01   1.00000         0.103308E-04
 6      17.3775       0.57546E-01    0.12823E-06    0.000000   0.164424E-13   1.00000         0.328716E-17

sum                                                            4785.35                        0.956683
```

图 5-33 模态分析的频率和 X 方向模态参与系数等信息

其中,PARTIC. FACTOR 是 X 方向的模态参与系数,EFFECTIVE MASS 是有效质量,CUMULATIVE MASS FRACTION 是累积质量分数。

(2) 响应谱分析后处理

按如下操作完成响应谱分析结果的后处理。

1) 查看模态系数

选择 Solution(F6) 下的 Solution Information 分支,在 Worksheet 视图中查看模态系数等计算输出信息,如图 5-34 所示。其中,MODE COEF. 为模态系数,用于模态组合计算。

```
***** RESPONSE SPECTRUM CALCULATION SUMMARY ******

                                                                    CUMULATIVE
MODE    FREQUENCY      SV      PARTIC.FACTOR   MODE COEF.    M.C. RATIO   EFFECTIVE MASS   MASS FRACTION
 1       5.211      0.80000      65.36         0.4878E-01    1.000000      4272.34          0.892796
 2       5.211      0.80000      -0.7032       -0.5248E-03   0.010758      0.494473         0.892900
 3       8.309      0.80000      0.2155E-05    0.6327E-09    0.000000      0.464539E-11     0.892900
 4       16.68      0.66635      22.64         0.1374E-02    0.028168      512.460          0.999989
 5       16.68      0.66635      -0.2273       -0.1380E-04   0.000283      0.516747E-01     1.00000
 6       17.38      0.65659      0.1282E-06    0.7062E-11    0.000000      0.164424E-13     1.00000
                                               SUM OF EFFECTIVE MASSES=    4785.35
```

图 5-34 响应谱分析的输出信息

2) 查看水平位移响应。

选择 Solution(F6) 下的 Directional Deformation,查看模态组合后的 X 方向变形,如图 5-35 所示。

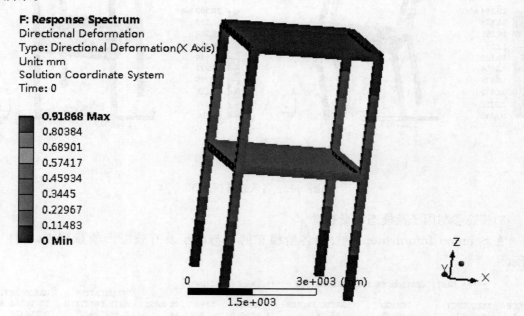

图 5-35 响应谱分析的 X 方向位移等值线图

第6章 ANSYS 随机振动计算

ANSYS 随机振动分析是基于输入的 PSD(功率谱密度)计算结构的响应标准差等统计参数的一种动力分析类型。本章介绍在 Mechanical APDL 以及 Workbench 环境中的随机振动分析过程和操作方法,结合分析例题进行讲解。

6.1 Mechanical APDL 随机振动分析的实现过程

PSD 分析是 ANSYS 谱分析的一种,在 Mechanical APDL 中 PSD 分析过程与单点响应谱一样,也包括建模、计算模态解(包括模态扩展)、获得谱解、合并模态、后处理等步骤。其中,建模、计算模态解与响应谱分析相同,下面仅介绍后面的几个步骤。

1. 获得 PSD 解

模态分析计算完成后退出求解器,按照如下步骤进行 PSD 谱分析操作。

(1) 通过/Solu 命令重新进入求解器。

(2) 设置分析类型及选项。

通过菜单 Main Menu>Solution>Analysis Type>New Analysis,打开 New Analysis 设置框,如图 6-1 所示,在其中设置分析类型为 Spectrum(对应命令为 ANTYPE)。

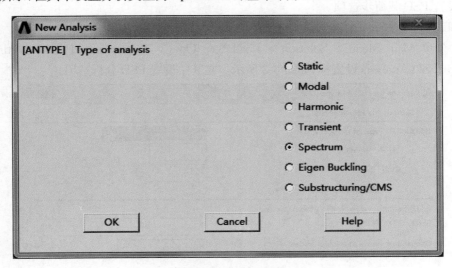

图 6-1 选择分析类型

通过菜单 Main Menu>Solution>Analysis Type>Analysis Options,打开如图 6-2 所示的 Spectrum Analysis 设置框,设置如下的响应谱分析选项:

1) Sptype 选项用于选择响应谱分析类型,对于单点响应谱,选择 Single-pt resp。

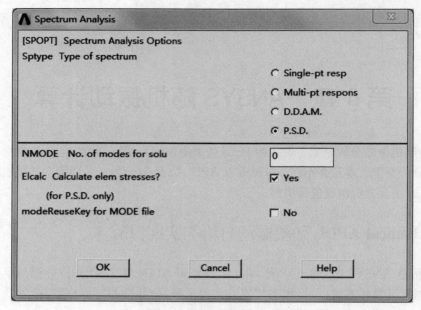

图 6-2 PSD 谱分析设置

2）NMODE 选项用于指定参与合并的模态数，缺省为模态分析提取的全部模态数，此参数不能大于 10 000。

3）Elcalc 选项用于打开计算单元应力解开关。注意在模态分析阶段已经用 MXPAND 命令打开了单元应力计算开关。

与上述的设置相对应的命令为 SPOPT。

(3) 设置 PSD 载荷步选项

1）PSD 选项及 PSD 曲线定义

通过菜单 Main Menu> Solution> Load Step Opts> Spectrum> PSD> Settings，打开 Settings for PSD Analysis 设置框，如图 6-3 所示。在其中设置 PSD 分析选项。

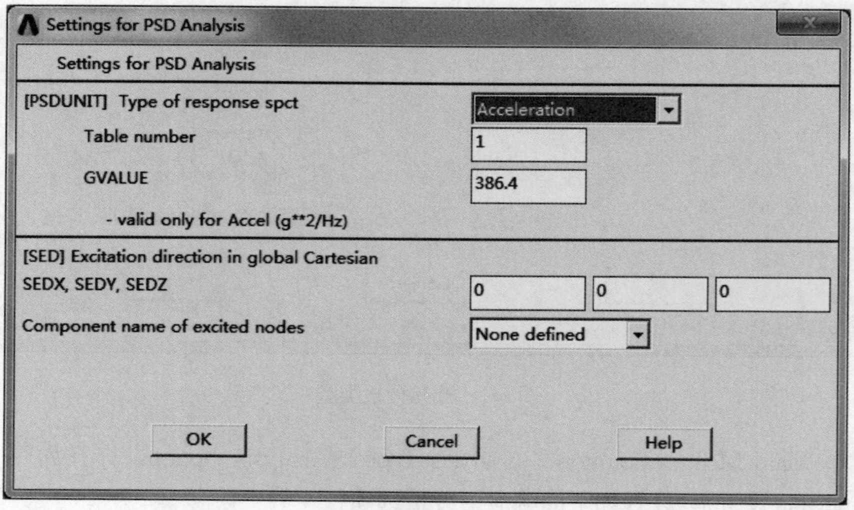

图 6-3 PSD 分析选项

其中，PSDUNIT 命令的"Type of response spct"选项用于指定 PSD 谱的类型，可选择位移、速度、加速度、重力加速度、力、压力等。PSD 的单位是谱类型变量平方/Hz，比如：位移谱的单位是 m^2/Hz。如选择重力加速度类型时，通过 GVALUE 定义重力加速度值。Force spectrum 和 Pressure spectrum 仅用于节点激励。

通过 SED 命令的 SEDX、SEDY、SEDZ 参数设置激励方向。

通过菜单 Main Menu＞Solution＞Load Step Opts＞Spectrum＞PSD＞PSD vs Freq，打开 Table for PSD vs Frequency 设置框，输入 PSD 曲线号，如图 6-4（a）所示；按 OK 打开 PSD vs Frequency Table 输入框，在其中输入频率及 PSD 谱值，频率按低到高排列，起点频率必须大于零，如图 6-4（b）所示。

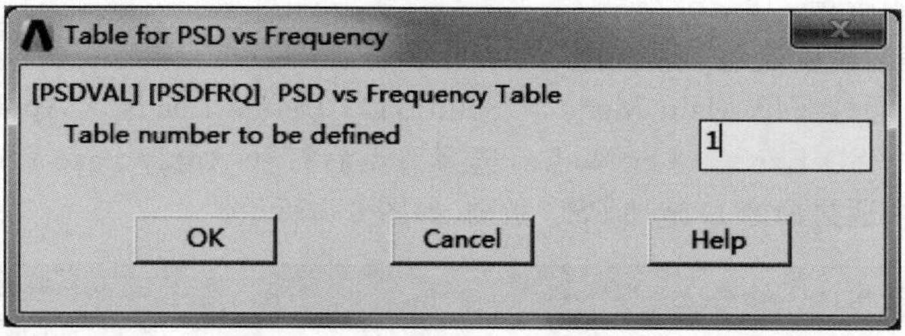

(a)

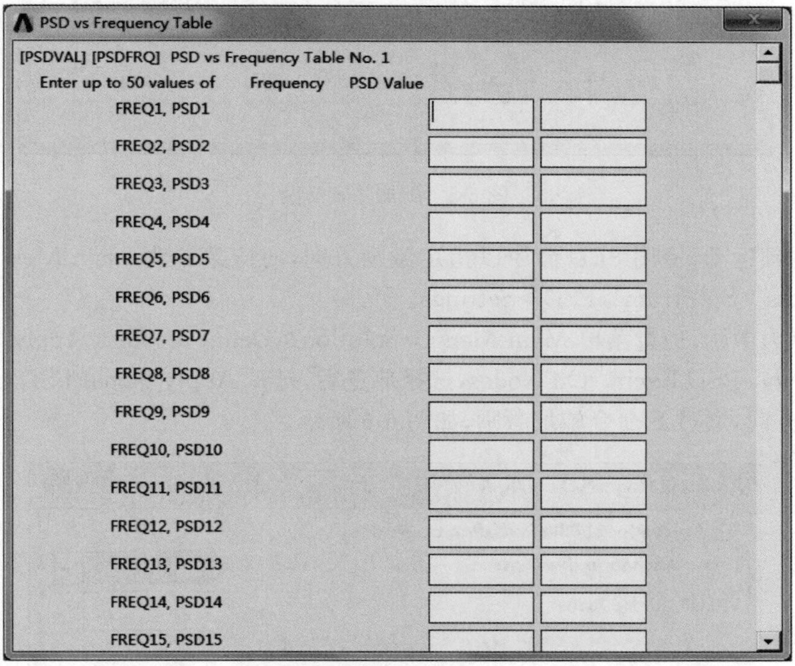

(b)

图 6-4 定义 PSD 曲线

与上述操作对应的命令是 PSDFRQ 命令和 PSDVAL 命令。通过菜单 Main Menu＞Solution＞Spectrum＞Graph PSD Tab 可以绘制 PSD 曲线，对应命令为 PSDGRAPH 命令。

2）定义阻尼

可通过如下方式之一指定阻尼：

①通过 ALPHAD、BETAD 命令定义总体 Rayleigh 阻尼；

②通过 DMPRAT 命令定义结构阻尼比；

③通过 MDAMP 命令定义频率相关阻尼比；

④通过 MP,DMPR 定义材料相关阻尼。

MDAMP 和 MP,DMPR 定义的阻尼不能叠加，同时只能定义其中之一。如果没有指定阻尼，PSD 分析缺省采用一个 1% 的阻尼比。

3) RESVEC 选项

如果在模态分析中打开了 RESVEC 开关，还可以通过 RESVEC 命令打开残余向量开关，以考虑高阶模态的影响。

（4）施加功率谱密度激励

对基础激励，通过菜单 Main Menu＞Solution＞Define Loads＞Apply＞Structural＞Spectrum＞Base PSD Excit＞On Nodes，选择节点后打开 Apply Base PSD on Nodes 设置框，选择激励方向，通过命令 D 施加 PSD 激励，如图 6-5 所示。

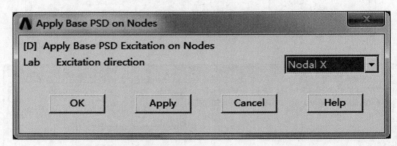

图 6-5　施加基础激励

对一致基础运动，使用 SED 命令以指定激励方向，对应菜单为 Main Menu＞Solution＞Load Step Opts＞Spectrum＞PSD＞Settings。

对于节点力激励，通过菜单 Main Menu＞Solution＞Define Loads＞Apply＞Structural＞Spectrum＞NodePSD Excit＞On Nodes，选择节点后，打开 Apply Nodal PSD on Nodes 设置框，选择激励方向，通过 F 命令施加激励，如图 6-6 所示。

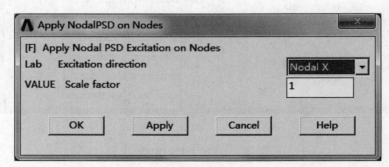

图 6-6　施加节点激励

对于压力 PSD 激励，采用 LVSCALE 命令引入模态分析中计算的等效荷载向量。

(5)计算 PSD 参与因子

选择菜单为 Main Menu> Solution> Load Step Opts> Spectrum> PSD> Calculate PF,打开 Calculate Participation Factors 设置框,如图 6-7 所示。通过 PFACT 命令计算 PSD 参与因子,其中的 Excit 选项用于指定激励部位,BASE 表示基础激励,NODE 表示节点激励。

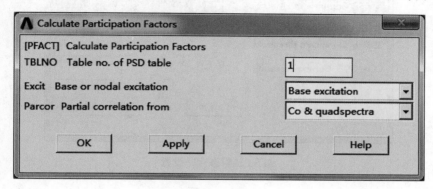

图 6-7 计算参与因子

如需施加多个激励,重复上述(3)~(5)步骤逐个进行计算。

(6)输出控制选项

选择菜单 Main Menu>Solution>Load Step Opts>Spectrum>PSD>Calc Controls,打开 PSD Calculation Controls 设置框,如图 6-8 所示。在其中设置 DISP(位移解)、VELO(速度解)和 ACEL(加速度解),并指定数据结果是绝对值还是相对于基础的相对值。对应命令为 PSDRES。

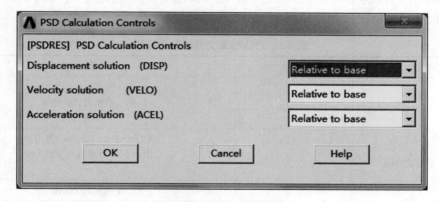

图 6-8 输出结果设置

(7)求解

选取菜单路径 Main Menu>Solution>Solve>Current LS 或发出 SOLVE 命令开始求解。

(8)退出求解器

求解结束后通过 FINISH 退出求解器。

2. 合并模态

按如下的步骤进行合并模态求解。

(1)通过/SOLU 命令重新进入求解器。

(2)选择分析类型为谱分析(SPECTR),命令为 ANTYPE。

(3)选择菜单 Main Menu> Solution> Load Step Opts> Spectrum> PSD> Mode Combin,打开 PSD Combination Method 设置框,如图 6-9 所示,设置模态合并选项,SIGNIF 为重要性阀值,COMODE 为参与合并的模态数。对应命令为 PSDCOM。

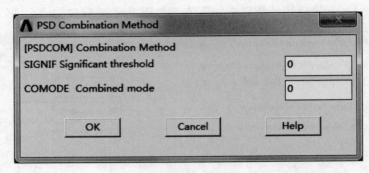

图 6-9 模态合并设置

(4)发出 SOLVE 命令求解。
(5)求解完成后,通过 FINISH 命令退出求解器。

3. 后处理

PSD 分析结果文件 RST 文件的结构列于表 6-1 中,其中,扩展模态解写入第一个载荷步;PSD 表的单位静力解写入第二载荷步(仅限于基础激励);1-Sigma 位移、应力、力写入 RST 文件的第三个载荷步;VELO 选项的 1-Sigma 速度、"应力速度"、"力速度"等写入 RST 文件的第四个载荷步;ACEL 选项的 1-Sigma 加速度、"应力加速度"、"力加速度"等写入 RST 文件的第五个载荷步。

表 6-1 PSD 结果文件的数据结构

荷载步	子步	结果内容
1	1 2 ……	第 1 阶模态的扩展解 第 2 阶模态的扩展解 ……
2 (仅限于基础激励)	1 2 ……	第 1 个 PSD 表的单位静力解 第 2 个 PSD 表的单位静力解 ……
3	1	1-sigma 位移解
4	1	1-sigma 速度解(如果被要求)
5	1	1-sigma 加速度解(如果被要求)

上表中的 1-Sigma 是响应值的标准差,不被超越概率为 68.3%。

可以通过 POST1 及 POST26 对 PSD 分析结果进行后处理。

在通用后处理器 POST1 中,通过 SET 命令读取相关结果,并通过 PLESOL 绘制单元解分布。在 POST26 中,可计算响应的 PSD,其步骤如下:

(1)进入 POST26。
(2)通过菜单 Main Menu> TimeHist Postpro> Store Data(或命令 STORE,PSD,NPTS)存储频率向量。其中 NPTS 为固有频率两侧的频率点数目(缺省为 5),以使频率向量变得平滑。

(3) 通过 NSOL、ESOL 和（或）RFORCE 命令定义变量。

(4) 通过 RPSD 命令计算响应 PSD 并保存为变量。

(5) 通过 PLVAR 画响应 PSD 曲线。

6.2 Workbench 随机振动分析的实现过程

在 Workbench 环境中的随机振动分析采用 Modal 系统结合 Random Vibration 系统来完成。首先创建一个 Modal 分析系统，随后将一个 Random Vibration 系统从 Workbench 工具箱拖放至 Modal 分析系统的 Solution 单元格，形成如图 6-10 所示的分析流程。

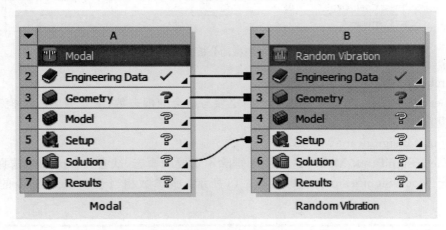

图 6-10 Workbench 中的 PSD 分析流程

打开 Mechanical 界面后，在 Mechanical 的 Project 树中可以看到 Random Vibration(B5) 下面，Modal 已经成为随机振动分析的初始条件，如图 6-11 所示。

Workbench 环境中的随机振动分析包括模态分析阶段及随机振动分析阶段，模态分析阶段与独立的模态分析方法相同，但是需注意：要定义后续施加 PSD 谱位置的约束，如果关注随机振动分析的应力、应变结果，在模态分析阶段必须计算名义模态应力、应变。

下面重点介绍随机振动分析阶段的操作实现过程和操作方法，重点介绍随机振动分析的求解设置、施加约束及 PSD 激励、求解及后处理。

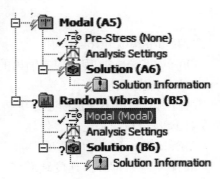

图 6-11 模态分析和随机振动分析的关系

1. 求解设置

随机振动分析的求解设置通过 Random Vibration(B5)下的 Analysis Settings 分支完成，如图 6-12 所示。

在 Analysis Settings 的 Details 中需要设置的分析选项主要包括：

(1) Options 选项

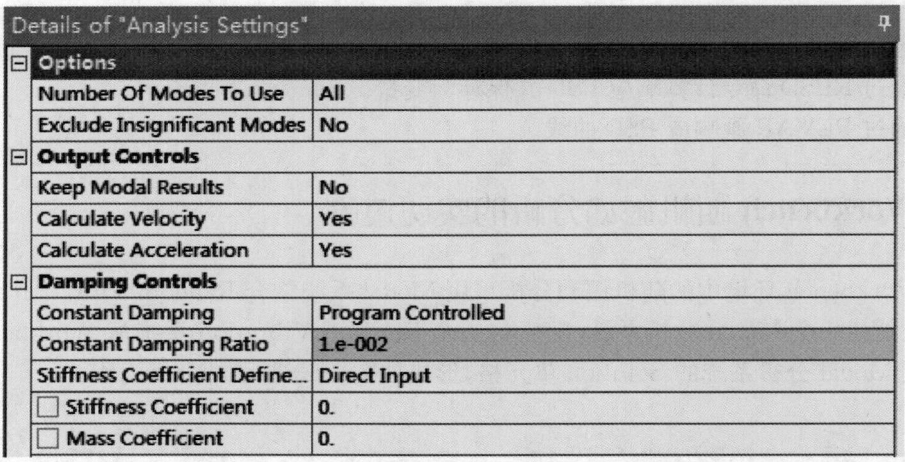

图 6-12 随机振动分析的选项设置

1) Number Of Modes To Use 选项

Number Of Modes To Use 选项用于指定参与组合的模态数，缺省为 All，即模态分析提取的全部模态。

2) Exclude Insignificant Modes

Exclude Insignificant Modes 选项用于排除不重要的模态，缺省为 No，如果选择为 Yes，则需要指定 Mode Significant Level，如图 6-13 所示。此参数相当于 psdcom 命令的 SIGNIF 参数。

图 6-13　Mode Significant Level 参数

(2) Output Controls 选项

Output Controls 用于控制输出的选项包括如下三个：

1) Keep Modal Results 选项

缺省为 No，即不保留模态分析结果以缩小结果文件规模。如果设为 Yes 则可使用 APDL 命令对 PSD 分析结果进行后处理。

2) Calculate Velocity 选项

缺省为 Yes，即计算速度结果。

3) Calculate Acceleration 选项

缺省为 Yes，即计算加速度结果。

(3) Damping Controls 选项

Damping Controls 选项用于指定阻尼，可指定如下三个阻尼参数。

1) Constant Damping

Constant Damping Ratio 在 Program Controlled 情况下缺省值为 0.01；也可改 Constant Damping 为 Manual，然后手工定义阻尼比。

2) Stiffness Coefficient

刚度阻尼系数的指定也有两种方式，一种是通过 Direct Input 选项直接输入 Stiffness Coefficient；另一种是选择 Damping vs Frequency，输入一个频率和对应的阻尼比、程序来计算刚度阻尼系数。两种方式分别如图 6-14(a)、(b)所示。

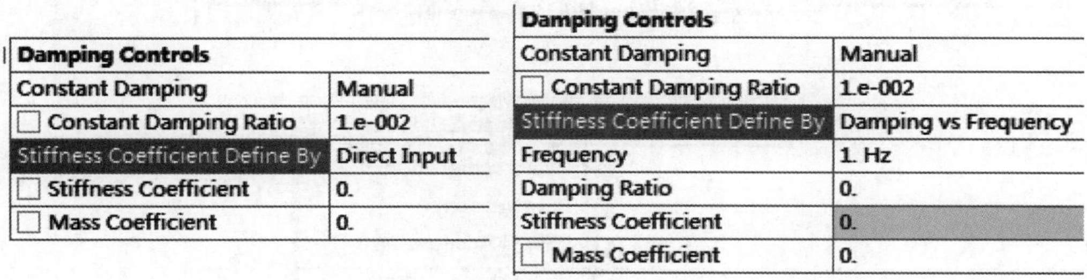

(a)

(b)

图 6-14　阻尼系数指定的两种方式

3) Mass Coefficient

无论刚度阻尼系数采用何种方式指定，质量阻尼系数均采用直接输入的方式指定。

2. 约束及 PSD 激励的施加

(1) 约束的施加

随机振动分析的约束必须在模态分析阶段施加，随机振动分析阶段无需重复指定约束，但在 PSD 激励施加时需要指定约束位置。

(2) PSD 激励的施加

PSD 激励的类型可以是位移 PSD、速度 PSD 或加速度 PSD，激励必须施加到模态分析中所固定的自由度上。在 Project Tree 中选择 Random Vibration(B5)分支，在其右键菜单中分别选择 Insert > PSD Acceleration、Insert > PSD Velocity、Insert > PSD G Acceleration、Insert>PSD Displacement，即可施加基础加速度 PSD 激励、基础速度 PSD 激励、基础加速度 PSD 激励(单位 g^2/Hz)及基础位移 PSD 激励，如图 6-15(a)所示。也可以在选择 Random Vibration(B5)分支时，在工具条中通过 Environment 工具栏的 RS Base Excitation 下拉列表项目施加 PSD Acceleration、PSD Velocity、PSD G Acceleration 及 PSD Displacement，如图 6-15(b)所示。在一个 Random Vibration 分析环境中，可以定义多个 PSD 激励。

下面以基础加速度 PSD 激励的施加为例，说明基础 PSD 激励的施加方法。无论通过上述哪一种方式选择了加入 PSD Acceleration 项目后，在 Random Vibration(B5)分支下增加一个 PSD Acceleration 分支，如图 6-16 所示。

在 RS Acceleration 的 Details 中指定如下的信息和选项：

1) Boundary Condition 选项

此选项用于选择施加 PSD 激励的支座位置。随机振动分析，选择所有约束位置 All BC Supports，如图 6-17 所示。

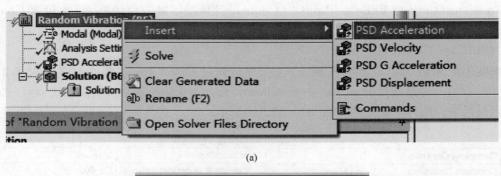

(a)

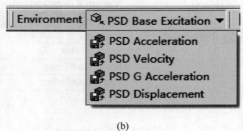

(b)

图 6-15　施加基础 PSD 激励

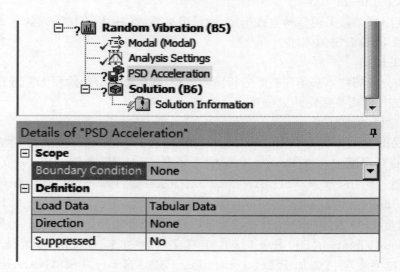

图 6-16　RS Acceleration 分支及其属性

图 6-17　选择施加激励的支座位置

2) 定义 Load Data 曲线

PSD 曲线通过 Tabular Data 区域中输入频率和谱值的表格进行定义，在 Graph 区域内则显示所定义的谱曲线，如图 6-18 所示。

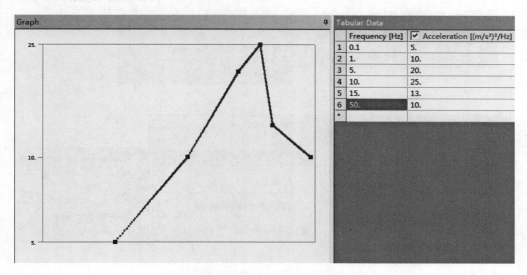

图 6-18　PSD 的定义与显示

3) 定义 Direction

此选项用于指定 PSD 激励的作用方向，可选择 X、Y 或 Z 方向，如图 6-19 所示。

3. 求解及后处理

随机振动分析的求解和后处理在 Solution (B6) 分支下实现。定义所需的结果项目后进行求解，计算完成后查看结果。

（1）加入计算结果

选择 Solution(B6) 分支，在此分支的右键菜单中插入所需查看的结果项目。可查看的计算结果项目包括位移、速度、加速度、部分应力

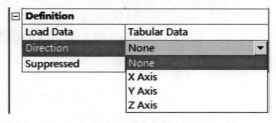

图 6-19　激励的方向

及应变分量、支反力 Probe（仅用于 Remote Displacement）、响应 PSD (RPSD) Probe 等，如图 6-20 所示。

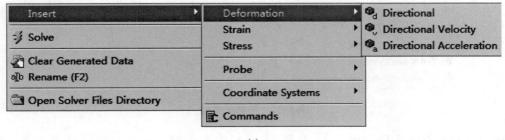

(a)

图　6-20

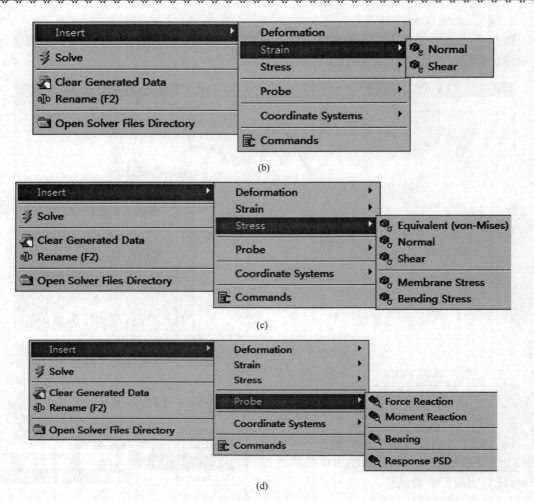

图 6-20 加入 PSD 分析的计算结果

上述结果项目也可以通过选择 Solution(B6) 分支后,在上下文相关工具栏中选择相关项目加入,如图 6-21 所示。

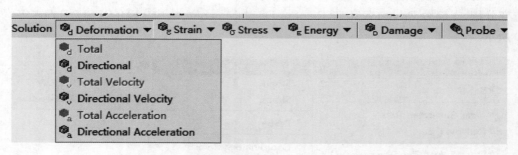

图 6-21 结果工具栏

这里以 Directional Deformation 为例,说明相关的选项。通过上述两种方式之一加入 Directional Deformation 结果项目时,在 Solution(B6) 下出现一个 Directional Deformation 分

支,其 Details 如图 6-22 所示。

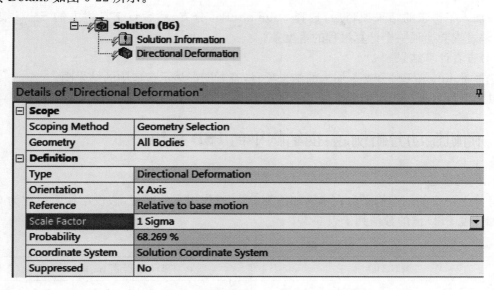

图 6-22 Directional Deformation 细节选项

其中,Orientation 用于定义位移结果的方向(X、Y 或 Z);Scale Factor 参数用于指定 σ 水平,缺省情况下为 1 Sigma,即表示不超过 1σ 值的概率是 68.269%(图 6-22)。也可以修改 Scale Factor 为 2σ(概率为 95.45%)、3σ(概率为 99.73%),如图 6-23 所示。

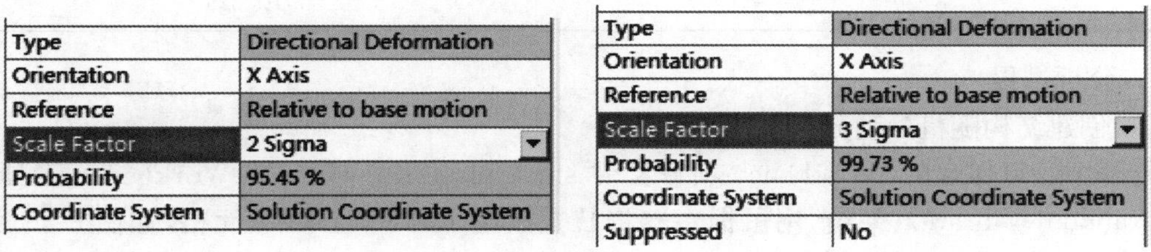

图 6-23 2σ 及 3σ 结果选项

除了 1σ、2σ、3σ 外,Scale Factor 还可以指定为 User Input,并在 Scale Factor Value 区域内输入具体的数值,如图 6-24 所示。

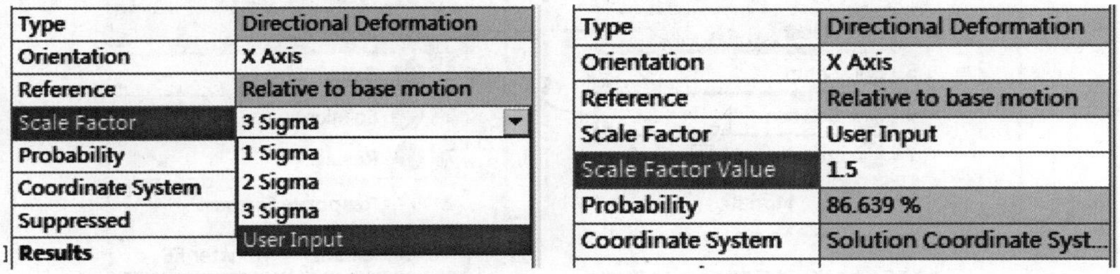

图 6-24 User Input Scale Factor 选项

(2) 求解

在加入了待求的结果项目后,选择 Solution(B6)分支,然后点工具栏上的 Solve 按钮求解,求解过程会出现一个计算过程的进度条。

(3) 查看计算结果

选择 Solution(B6)分支下加入的结果项目,查看图形显示窗口中的结果图。

具体的后处理操作可参照下一节的分析实例。

6.3 随机振动分析例题:钢结构平台 PSD 计算

1. 问题描述

计算上一章的钢结构平台在水平加速度 PSD 谱作用下的响应,假设结构阻尼比为 0.02。水平加速度 PSD 谱的数值列于表 6-2 中。

表 6-2 加速度 PSD 谱值表

频率(Hz)	PSD 加速度谱[$(m/s^2)^2/Hz$]
5	0.031 250
10	0.062 500
20	0.075 000
30	0.075 000
50	0.015 625

2. 分析过程

(1) 创建结构随机振动分析系统

打开上一章保存的 Workbench 项目文件 steel_platform.wbpj,在 Workbench 工具箱中选择 Random Vibration 系统,用鼠标左键将其拖放至 E6:Solution 单元格,如图 6-25 所示。释放鼠标左键,创建分析流程如图 6-26 所示。

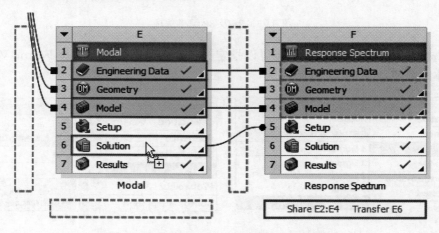

图 6-25 Random Vibration 系统的拖放位置

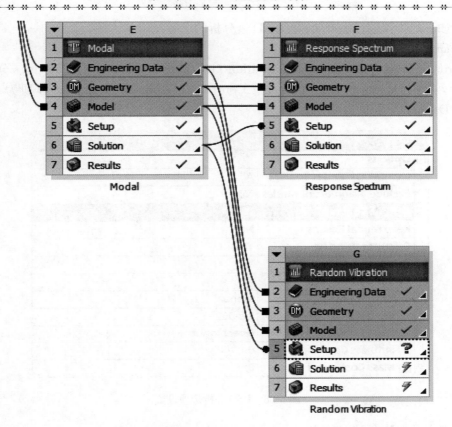

图 6-26　创建的 Random Vibration 分析流程

(2)PSD 谱分析

双击 Project Schematic 中的 G5(Setup)单元格启动 Mechanical，通过 Mechanical 界面的 Units 菜单设置单位制为 kg-m-s 制，如图 6-27 所示。

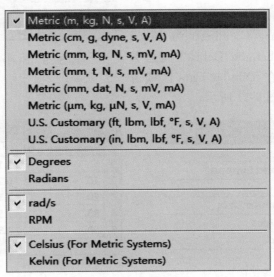

图 6-27　选择分析单位制

按照如下的步骤进行水平加速度 PSD 谱分析的求解。

1)Analysis Settings 设置

在 Project Tree 中找到 Random Vibration(G5),选择下面的 Analysis Settings 分支,如图 6-28 所示,在其 Details 中设置 Damping Controls 的 Constant Damping 选项为 Manual,Constant Damping Ratio 为 0.02。

Details of "Analysis Settings"

Options	
Number Of Modes To Use	All
Exclude Insignificant Modes	No
Output Controls	
Keep Modal Results	No
Calculate Velocity	Yes
Calculate Acceleration	Yes
Damping Controls	
Constant Damping	Manual
Constant Damping Ratio	2.e-002
Stiffness Coefficient Define...	Direct Input
Stiffness Coefficient	0.
Mass Coefficient	0.

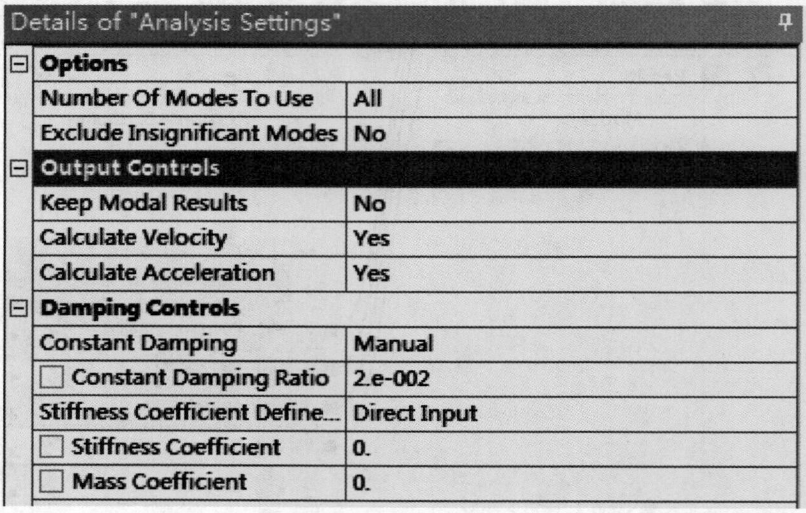

图 6-28 PSD 分析选项设置

2)施加水平加速度 PSD 谱

选择 Random Vibration 分支,在上下文相关工具栏选择 PSD Acceleration,如图 6-29 所示,在 Random Vibration 分支下增加一个 PSD Acceleration 分支。

选择新增的 PSD Acceleration 分支,在其 Details 中设置 Boundary Condition 为 Fixed Support,Load Data 为 Tabular Data,方向为 X Axis,如图 6-30 所示。在 Tabular Data 区域输入频率及 PSD 谱值,如图 6-31 所示。

图 6-29 加入水平加速度 PSD 谱

Details of "PSD Acceleration"

Scope	
Boundary Condition	Fixed Support
Definition	
Load Data	Tabular Data
Direction	X Axis
Suppressed	No

图 6-30 PSD 加速度谱的选项

Tabular Data

	Frequency [Hz]	Acceleration [(m/s²)²/Hz]
1	5.	3.125e-002
2	10.	6.25e-002
3	20.	7.5e-002
4	30.	7.5e-002
5	50.	1.5625e-002
*		

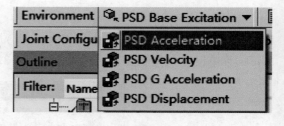

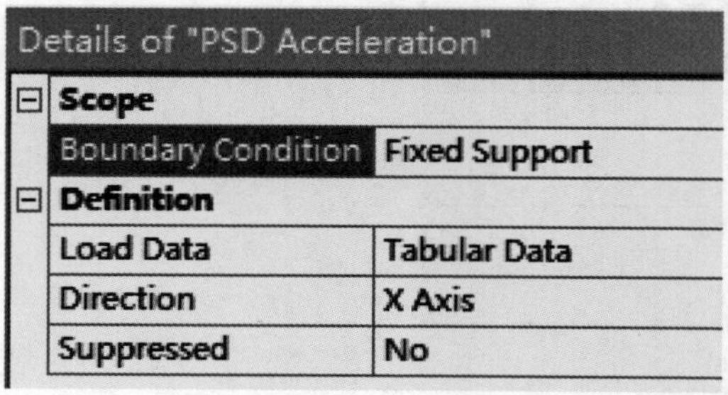

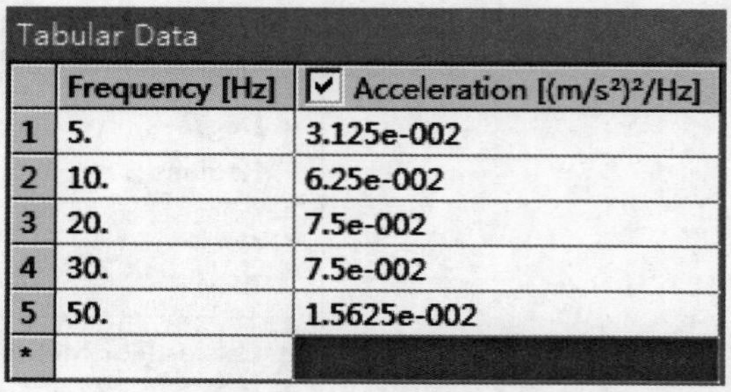

图 6-31 输入 PSD 谱

输入 PSD 谱表格后，在 Graph 区域显示 PSD 谱曲线，如图 6-32 所示。

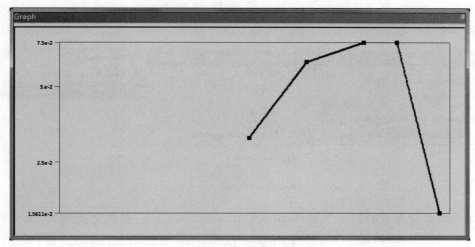

图 6-32　PSD 谱曲线

3）加入计算结果项目并求解

①加入位移结果

如图 6-33 所示，在 Solution(F6)右键菜单中，选择 Insert>Deformation>Directional。

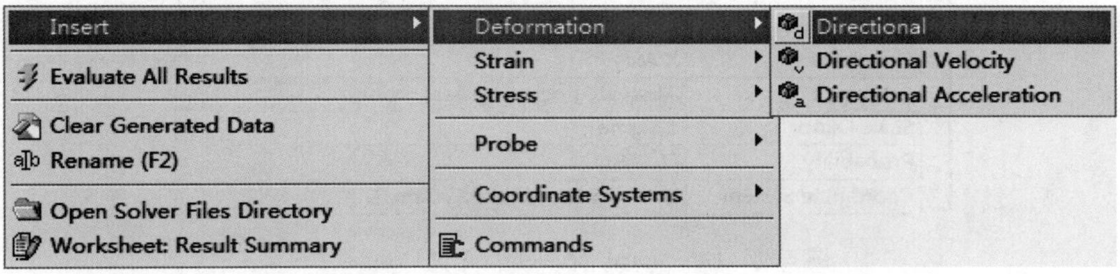

图 6-33　加入 Directional Deformation 结果

在 Solution 分支中增加一个 Directional Deformation 分支，在此分支的 Details 中，设置 Orientation 为 X Axis，Scale Factor 为 1 Sigma，如图 6-34 所示。

Details of "Directional Deformation"

Scope	
Scoping Method	Geometry Selection
Geometry	All Bodies
Definition	
Type	Directional Deformation
Orientation	X Axis
Reference	Relative to base motion
Scale Factor	1 Sigma
Probability	68.269 %
Coordinate System	Solution Coordinate System
Suppressed	No

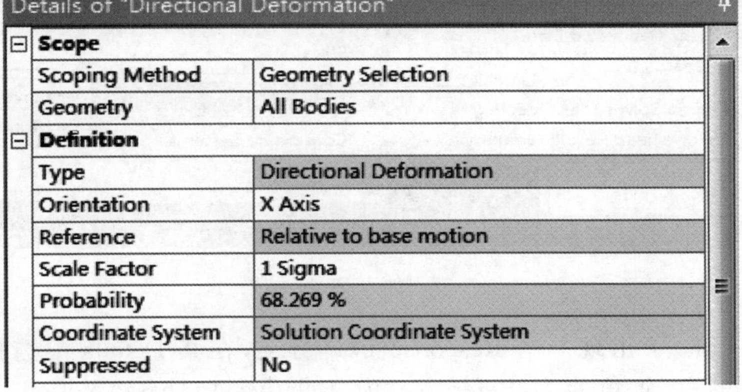

图 6-34　Directional Deformation 的 Details 设置

② 加入加速度结果

如图 6-35 所示,在 Solution(F6)右键菜单中,选择 Insert＞Deformation＞Directional Acceleration。

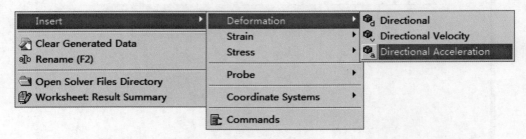

图 6-35　加入 Directional Acceleration 结果

在 Solution 分支中增加一个 Directional Acceleration 分支,在此分支的 Details 中,设置 Orientation 为 X Axis,Scale Factor 为 1 Sigma,如图 6-36 所示。

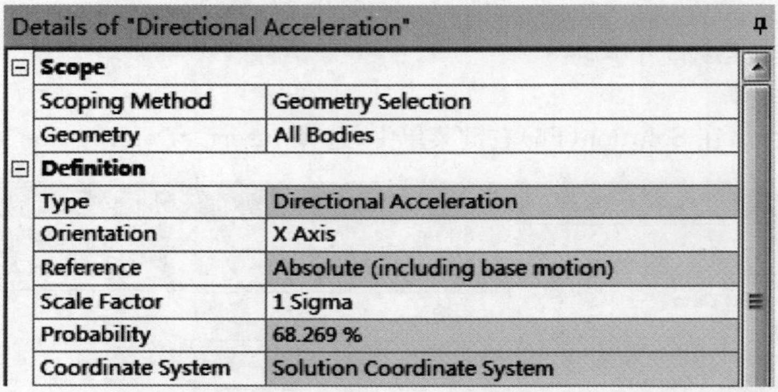

图 6-36　Directional Acceleration 的 Details 设置

③ 加入 RPSD 结果

如图 6-37 所示,在 Solution(F6)右键菜单中,选择 Insert＞Probe＞Response PSD。

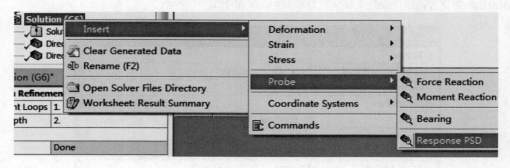

图 6-37　加入 Probe 结果

在 Solution(B6)下出现一个 Response PSD 分支,在其 Details 中选择 Geometry 为 1Vertex(顶面的一个角点),Reference 为 Relative to base motion,ResultType 为 Displacement,Result Selection 为 X Axis,如图 6-38 所示。

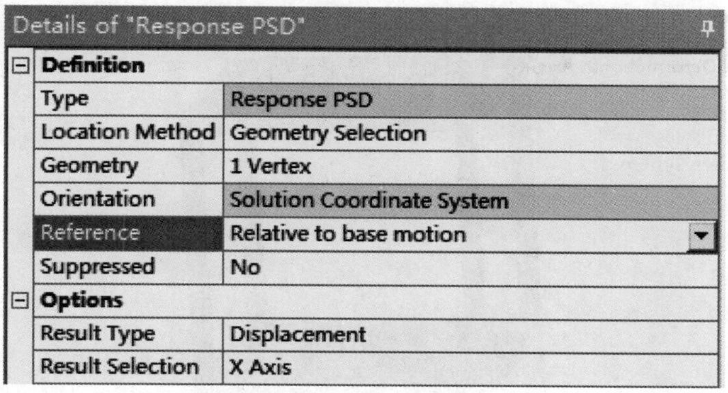

第 6 章 ANSYS 随机振动计算

图 6-38 Response PSD 的 Details 设置

上述设置完成后,在图形窗口中显示出此 Probe 的位置,如图 6-39 所示。

3. 结果后处理

为了查看位移的方便,在后处理阶段,通过 Units 菜单改变单位制为如图 6-40 所示的 kg-mm-s 制。

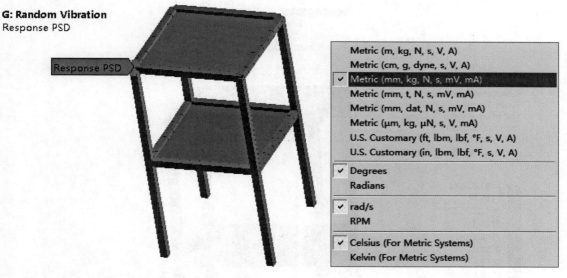

图 6-39 Response PSD 的位置示意图　　　　图 6-40 改变单位制

(1) 查看 1 Sigma 位移解

选择 Solution(B6)分支下的 Directional Deformation 分支,查看 1 Sigma 水平位移响应,如图 6-41 所示。

(2) 查看 1 Sigma 加速度解

选择 Solution(B6)分支下的 Directional Acceleration 分支,查看 1 Sigma 加速度响应,如图 6-42 所示。

(3) 查看 RPSD 解

选择 Solution(B6)分支下的 Response PSD 分支,查看 RPSD 曲线,如图 6-43 所示。

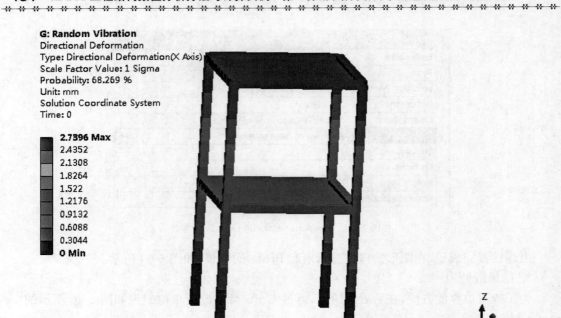

图 6-41　1 Sigma 水平位移等值线图

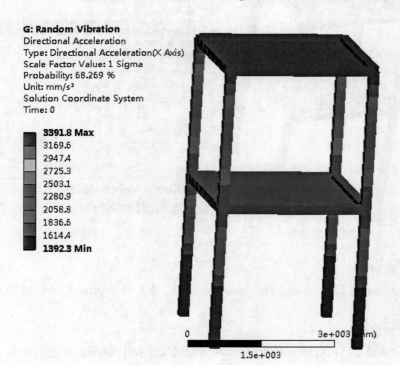

图 6-42　1 Sigma 水平加速度（X 方向）等值线图

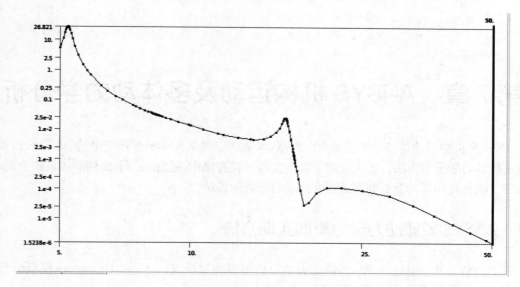

图 6-43 Response PSD 结果

第7章 ANSYS 机构运动及多体动力学分析

ANSYS 机构运动是基于刚体动力求解器,本章介绍在 Workbench 环境中的 ANSYS 机构运动及多体动力学分析方法。首先介绍了基本实现过程和操作,随后以一个曲柄滑块机构为例,分别介绍了刚体机构运动分析和刚柔混合体动力分析的方法。

7.1 ANSYS 多体动力学分析的实现方法

在 ANSYS Workbench 中,多体动力学分析可以通过预置的 Rigid Dynamics 模板分析系统来完成,此模板系统可双击 Workbench 界面左侧 Toolbox>Analysis Systems>Rigid Dynamics,随后在 Workbench 的 Project Schematic 区域出现一个刚体动力分析系统 A:Rigid Dynamics,如图7-1 所示。

上述分析系统与一般的结构分析系统类似,也包括 Engineering Data、Geometry、Model Setup、Solution、Results 等单元格。在 Engineering Data 中定义材料时,要特别注意定义材料的密度,以正确计算系统的质量。Geometry 可以直接导入外部几何模型,也可以在 ANSYS DM 中创建模型。几何模型创建或导入完成后,Model 以后的各单元格均是在 Mechanical 组件下实现。双击 Model 单元格即进入 Mechanical 组件,在其中按照如下的步骤即可完成刚体动力学系统的分析。

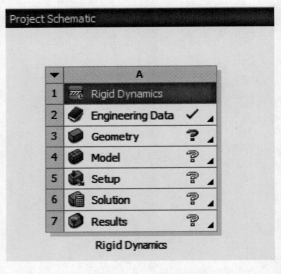

图 7-1 Rigid Dynamics 分析系统模板

1. Geometry 分支

在启动 Mechanical 界面时,几何模型由 Geometry 组件中导入 Mechanical 组件,需要注意的是,Rigid Dynamics 仅支持 3D Sold Body、Surface Body,不支持 Line Body 以及 2D Plane Body。对刚体动力分析而言,在 Geometry 分支下的各 Part,其 Stiffness Behavior 缺省为 Rigid,如图 7-2 所示。在 Geometry 分支下,还可以指定模型中的集中质点或转动惯性,通过选择 Geometry 分支,在其右键菜单中选择 Insert>Point Mass,在 Geometry 分支下即出现新增加的 Point Mass 分支,在 Point Mass 分支的 Details 中需要选择质点位置、指定质点质量及转动惯量等参数。质量点与模型中所选择的几何对象之间的连接可以是 Rigid,也可以是 Deformable,这个属性通过 Details 中的 Behavior 参数来设置。通过 Point Mass 分支 Details

中的 Pinball Region 参数,还可以进一步指定质点与所选择的几何对象的连接半径范围,这样仅在质点周围指定半径范围的节点与 Point Mass 相连接。Point Mass 分支的 Details 设置选项如图 7-3 所示。

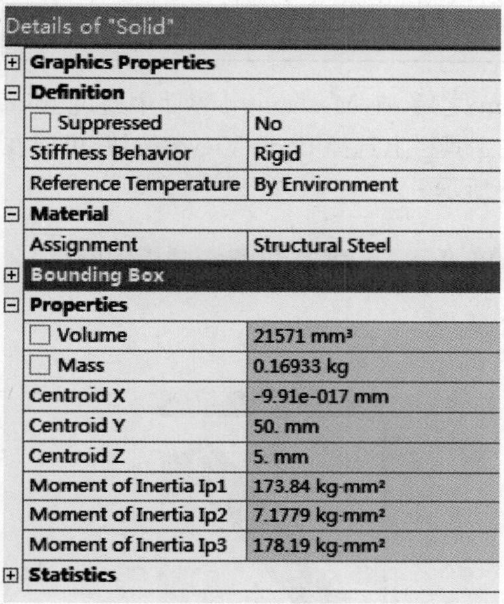

图 7-2 SOLID 的 Details 设置

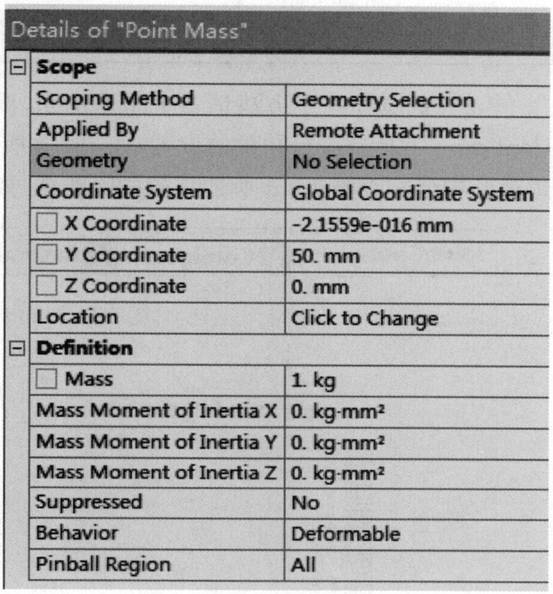

图 7-3 Point Mass 的定义

2. Connection 分支

多体动力学分析实际上就是计算一系列通过 Joint 和 Spring 相连接的刚体系统的响应过程,系统的各个体之间可能还有 Contact(接触面)。Connection 分支的任务就是定义系统的这些体之间的连接关系,因此 Connection 分支在刚体动力学分析中具有十分重要的作用。

(1) Joint

Joint 是体之间的一种常见连接,常用于指定运动副。在模型导入过程中可以自动生成 Joint,也可以选择手工形成 Joint。每一个 Joint 都是在其参考坐标系下定义的。ANSYS 提供的 Joint 类型及其约束的相对自由度列于表 7-1 中。

表 7-1 Joint 及约束的相对自由度

Joint 类型	约束的相对运动自由度
Fixed Joint	All
Revolute Joint	UX,UY,UZ,ROTX,ROTY
Cylindrical Joint	UX,UY,ROTX,ROTY
Translational Joint	UY,UZ,ROTX,ROTY,ROTZ
Slot Joint	UY,UZ
Universal Joint	UX,UY,UZ,ROTY
Spherical Joint	UX,UY,UZ
Planar Joint	UZ,ROTX,ROTY

续上表

Joint 类型	约束的相对运动自由度
Bushing Joint	None
General Joint	Fix All, Free X, Free Y, Free Z, and Free All
Point on Curve Joint	UY, UZ, ROTX, ROTY, ROTZ

Joint 的具体指定方法请参考本章例题,设置 Joint 之后,在 Mechanical 界面中通过 Joint Configure 工具条进行相关的设置,如图 7-4 所示。在工具栏上选择 Body Views 按钮,可以在边视图中分别查看 Joint 所连接的两侧的体,如图 7-5 所示。

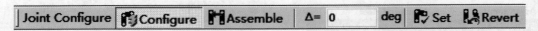

图 7-4　Joint Configure 工具栏

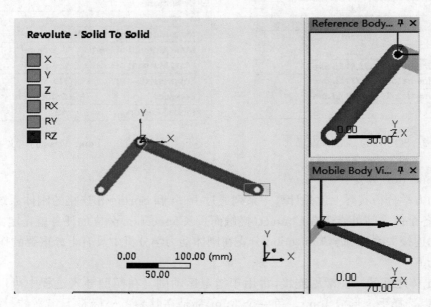

图 7-5　Joint 的 Body View 显示

(2) Contact

Contact 即接触,其具体的定义方法请参考后续介绍接触分析的章节。

(3) Spring

通过 Spring 可以向模型中引入黏滞阻尼。

3. Mesh 分支

对于刚体动力学而言,Mesh 仅仅用于定义了接触的表面。

4. Analysis Settings 分支

Analysis Settings 分支的 Details 选项如图 7-6 所示。Step Controls 允许设置多个求解步,多步分析适用于计算不同时刻添加或删除载荷的整个历程。时间步控制方面,刚体动力学求解器可以自动调整时间步以获取最优的计算效率,也可以手工设置时间步以固定时间步长,但手工设置时间步可能导致更长的计算时间。缺省的时间积分方法是 Runge-Kutta 4 阶算法。Energy Accuracy Tolerance 选项用于控制自动时间步积分步长的增加或减小。Output Controls 用于控制结果的输出频率。

Details of "Analysis Settings"	
Step Controls	
Number Of Steps	1
Current Step Number	1
Step End Time	1. s
Auto Time Stepping	On
Initial Time Step	1.e-002 s
Minimum Time Step	1.e-007 s
Maximum Time Step	5.e-002 s
Solver Controls	
Time Integration Type	Runge-Kutta 4
Use Stabilization	Off
Use Position Correction	Yes
Use Velocity Correction	Yes
Dropoff Tolerance	1.e-006
Nonlinear Controls	
Relative Assembly Tolerance	On
Value	0.01%
Energy Accuracy Tolerance	On
Value	0.01%
Output Controls	
Store Results At	All Time Points

图 7-6　Analysis Settings 选项

5. 加载

刚体动力学分析中，可以施加的荷载类型包括 Acceleration、Standard Earth Gravity、Joint Load、Remote Displacement、Remote Force、Constraint Equation，其中 Acceleration、Standard Earth Gravity 的数值必须为常数。

6. Solution 分支

Solution 分支用于插入后处理所需的结果项目，包括各种位移、速度、加速度以及 Joint 所传递的力等。结果项目加入后选择工具栏的 Solve 按钮进行求解并查看结果。

对于刚柔混合体分析，可通过 Workbench 的 Transient 分析系统实现。在 Transient Structural 分析中，对柔性部件需要划分网格，计算结果中可以得到柔性部件内部不同位置的应力分布，但是与 Rigid Dynamics 分析相比，将会耗费更多的计算资源。

7.2　刚体动力学计算例题：曲柄滑块机构运动仿真

本节给出一个在 Workbench 环境中的 Rigid Dynamics（刚体动力学）计算例题。

1. 问题描述

有一曲柄滑块机构，如图 7-7 所示曲柄在电动机的带动下以 25 rad/s 的作用下匀速旋转。分别进行刚体机构运动分析以及考虑连杆变形的瞬态动力分析，计算机构各部件的位移、速度、加速度以及柔性体的变形和应力等参数。

本例题涉及到的知识点主要包括：

- DM 装配体建模的方法
- Mechanical 中运动副的定义
- Mechanical 后处理技术

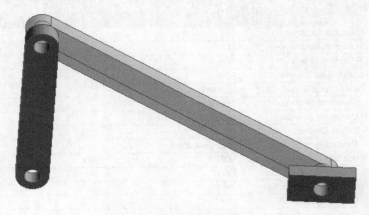

图 7-7 曲柄滑块机构示意图

2. 刚体运动建模计算过程

建模计算的过程包含创建项目文件、建立刚体动力分析系统、创建几何模型、前处理、加载以及求解、结果查看等环节。

(1)创建项目文件

第 1 步：在"开始"菜单中选择 ANSYS15.0＞Workbench15.0，启动 ANSYS Workbench。

第 2 步：进入 Workbench 之后，单击 Save As 按钮，选择存储路径并将文件另存为"Rigid Dynamics"，如图 7-8 所示。

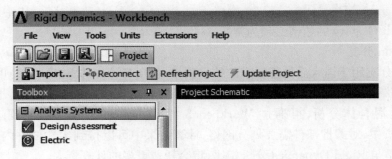

图 7-8 保存项目文件

第 3 步：设置工作单位系统。

通过菜单 Units，选择工作单位统为 Metric(kg, mm, s, ℃, mA, N, mV)，选择 Display Values in Project Units，如图 7-9 所示。

(2)建立刚体动力学分析系统

第 1 步：创建几何组件

在 Workbench 工具箱的组件系统中，选择 Geometry 组件，将其用鼠标左键拖拽到项目图解窗口内（或者直接双击 Geometry 组件）。在 Project Schematic 内会出现名为 A 的 Geometry 组件，如图 7-10 所示。

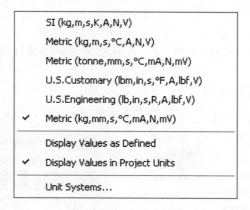

图 7-9　选择单位系统

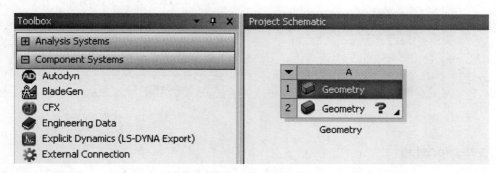

图 7-10　创建 Geometry 组件

第 2 步：建立刚体动力学分析系统

在 Workbench 左侧工具箱的分析系统中选择 Rigid Dynamics，用鼠标左键将其拖拽至 A2(Geometry)单元格中，形成刚体动力学分析系统 B，该系统的几何模型来源于几何组件 A，如图 7-11 所示。

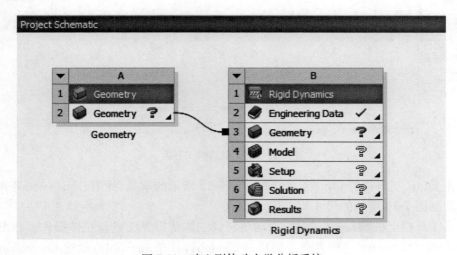

图 7-11　建立刚体动力学分析系统

(3) 创建几何模型

第1步:启动 DM 组件

用鼠标点选 A2(Geometry)组件单元格,在其右键菜单中选择"New Geometry",启动 DM 建模组件,如图 7-12 所示。

第2步:设置建模单位系统

在 DesignModeler 启动后,在 Unite 菜单中选择单位为 Millimeter(mm),如图 7-13 所示。

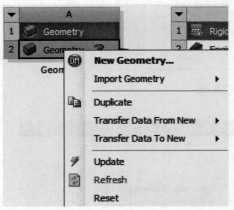

图 7-12 启动 DM

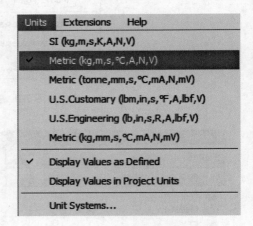

图 7-13 建模单位选择

第3步:曲柄建模

①在 Tree Outline 中选择 XYPlane 后单击 Tree Outline 下的 Sketching 标签,切换至草绘模式下,如图 7-14 所示。

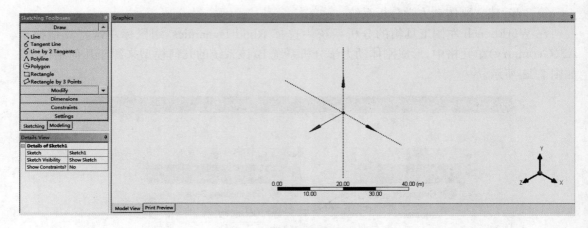

图 7-14 DM 草绘模式界面

②单击 Draw 工具栏的 Oval 工具绘制如图 7-15 所示的草图,并用 Dimension 下的尺寸标注工具标注如图 7-16 所示的尺寸。

③单击工具栏上的 Extrude 按钮,自动跳转到三维建模界面进行拉伸操作。在 Extrude1 的 Details 中将 Geometry 选择为刚才创建的 Sketch1,并单击 Apply,设置 Operation 为 Add Material,将 Extent Type 改为 Fixed,在 FD1,Depth(>0)中输入拉伸厚度 10 mm,如图 7-17

所示。然后单击工具栏上的 Generate 按钮,生成三维模型,如图 7-18 所示。

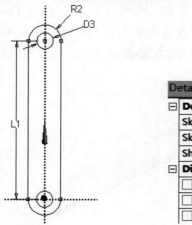

图 7-15 草图绘制　　　　图 7-16 尺寸控制

图 7-17 拉伸绘制　　　　图 7-18 三维模型

第 4 步:连杆建模

①在 Tree Outline 中选择 XYPlane 并单击创建一个新的草图,选择 Tree Outline 下的 Sketching 标签,切换至草绘模式下,单击 Draw 工具栏的 Oval 工具绘制如图 7-19 所示的草图,并用 Dimension 下的尺寸标注工具标注如图 7-20 所示的尺寸。

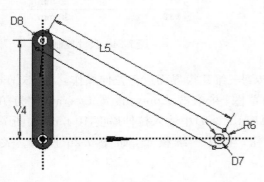

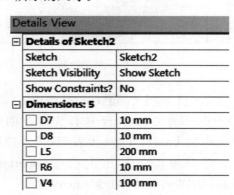

图 7-19 草图绘制　　　　图 7-20 尺寸控制

②单击工具栏上的 Extrude 按钮,自动跳转到三维建模界面进行拉伸操作。在 Extrude1 的 Details 中将 Geometry 选择为刚才创建的草图,并单击 Apply,设置 Operation 为 Add Frozen,Direction 为 Reversed,将 Extent Type 改为 Fixed,在 FD1,Depth(>0)中输入拉伸厚度 10 mm,如图 7-21 所示。然后单击工具栏上的 Generate 按钮,生成三维模型,如图 7-22 所示。

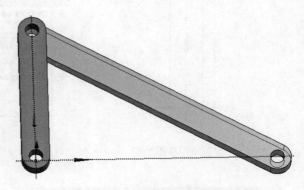

图 7-21 拉伸控制　　　　　　　　　图 7-22 三维模型

第 5 步:滑块草绘建模

①在 Tree Outline 中选择 XYPlane 并单击 创建一个新的草图,单击 Tree Outline 下的 Sketching 标签,切换至草绘模式。

②单击 Draw 工具栏的 Oval 工具绘制如图 7-23 所示的草图,并用 Dimension 下的尺寸标注工具标注如图 7-24 所示的尺寸。

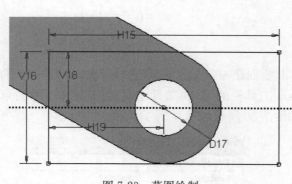

图 7-23 草图绘制　　　　　　　　　图 7-24 尺寸控制

③单击工具栏上的 Extrude 按钮,自动跳转到三维建模界面进行拉伸操作。在 Extrude1 的 Details 中将 Geometry 选择为刚才创建的草图,并单击 Apply,设置 Operation 为 Add Material,将 Extent Type 改为 Fixed,在 FD1,Depth(>0)中输入拉伸厚度 10 mm,如图 7-25 所示。然后单击工具栏上的 Generate 按钮,生成三维模型,如图 7-26 所示。关闭 DesignModeler,返回 Workbench 界面。

第 7 章 ANSYS 机构运动及多体动力学分析

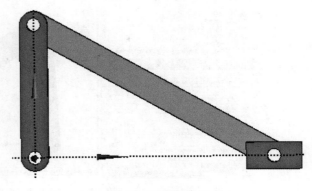

图 7-25 拉伸控制　　　　　图 7-26 三维模型

(4) 前处理

第 1 步：启动 Mechanical 组件

在 Workbench 的项目图解中双击 B4(Model)单元格，启动 Mechanical 组件。

第 2 步：设置单位系统

通过 Mechanical 的 Units 菜单，选择单位系统为 Metric(mm,kg,N,s,mV,mA)，如图 7-27 所示。

第 3 步：确认材料

在 Details of "Solid"中确认三个 Solid 的材料为 Structural Steel，如图 7-28 所示。

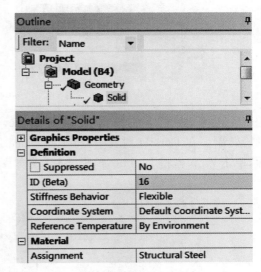

图 7-27 单位制　　　　　图 7-28 材料确认

第 4 步：定义运动副

① 选择 Connections 分支下的 Contacts，单击鼠标右键选择 Delete 将其删除。

② 选择工具栏上的 Body-Ground 下的 Revolute，在 Connection 分支下添加曲柄与大地之间的旋转副。在 Details 列表中，将 Scope 选为图 7-29 中所示曲柄下部孔的内表面，单击 Apply。

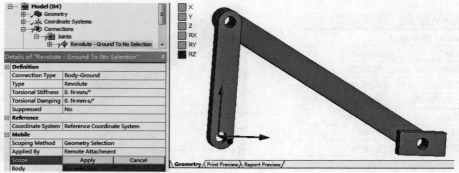

图 7-29　定义曲柄-大地旋转副

③选择工具栏上的 Body-Body 下的 Revolute，在 Connection 分支下添加曲柄与摇杆之间的旋转副。在 Details 列表中，将 Reference 下 Scope 选为如图 7-30 所示曲柄上部孔的内表面，单击 Apply，将 Mobile 下 Scope 选为如图 7-30 所示摇杆上部孔的内表面，单击 Apply。

图 7-30　定义曲柄-摇杆旋转副

④选择工具栏上的 Body-Body 下的 Revolute，在 Connection 分支下添加摇杆与滑块之间的旋转副。在 Details 列表中，将 Reference 下 Scope 选为如图 7-31 所示曲柄下部孔的内表面，单击 Apply，将 Mobile 下 Scope 选为如图 7-31 所示滑块内孔表面，单击 Apply。

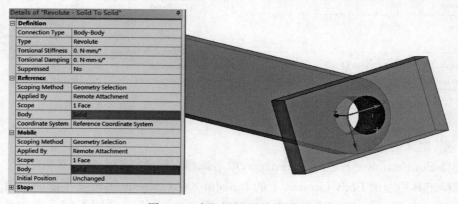

图 7-31　定义摇杆-滑块旋转副

⑤选择工具栏上的 Body-Ground 下的 Translational,在 Connection 分支下添加滑块与大地之间的移动副。在 Details 列表中,将 Scope 选为如图 7-32 所示滑块上表面,单击 Apply。

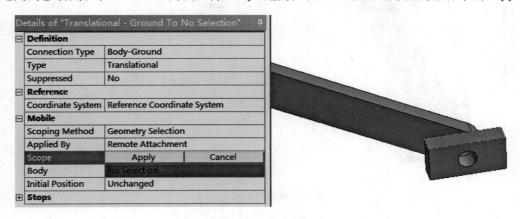

图 7-32 定义滑块-大地移动副

⑥选择刚添加的 Translational-Ground To Solid 分支下的 Reference Coordinate System,将 Details 列表中 Principal Axis 下的 Defined By 改为 Global X Axis,让滑块的局部参考坐标系的 X 轴与整体坐标系 X 轴方向一致,如图 7-33 所示。

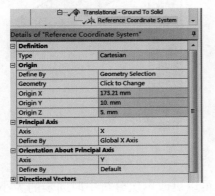 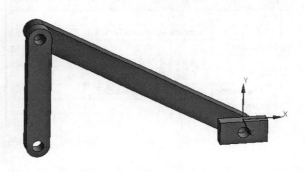

图 7-33 定义移动副参考坐标系

⑦选择刚添加的 Translational-Ground To Solid,然后单击工具栏上的 Configure 按钮,可以设置结构的初始位置,在后面的文本框中输入 30 后单击 Set 按钮,可以将曲柄初始位置绕 Z 轴旋转 30°,如图 7-34 所示。单击后面的 Revert 按钮可以取消初始位置设定。

(5)加载以及求解

第 1 步:施加角速度

①选择 Transient(B5)分支,在图形区域右键菜单,选择 Insert>Joint Load,插入 Joint Load 分支。

②在 Joint Load 分支的 Details 列表中,将 Scope 下的 Joint 选为曲柄与大地之间的旋转副 Revolute-Ground To Solid,Type 设置为角速度 Rotational Velocity,下面的幅值 Magnitude 中输入旋转角速度 10 rad/s,如图 7-35 所示。

第 2 步:分析设置

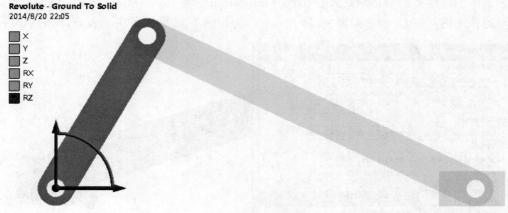

图 7-34 修改曲柄初始位置

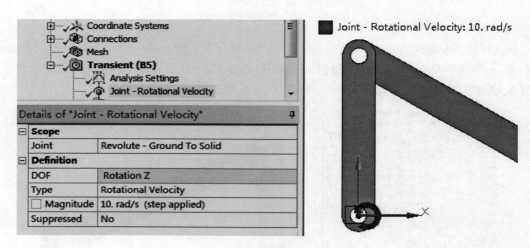

图 7-35 施加角速度

选择 Analysis Setting，在下面的 Details 列表中，可以更改本次分析中时间步的大小，将 Auto Time Step 设置成 Off，关掉系统自动设置的时间步长，并在下面的 Time Step 中输入时间步长度为 0.01 s，如图 7-36 所示。

Details of "Analysis Settings"

Step Controls	
Number Of Steps	1
Current Step Number	1
Step End Time	1. s
Auto Time Stepping	Off
Time Step	1.e-002 s

图 7-36 分析设置

第 3 步：求解

点工具栏上的 Solve 按钮进行结构计算。

(6)结果后处理

按如下步骤进行结果的后处理操作。

第 1 步：选择要查看的结果项目

①选择 Solution(B6)分支，在其右键菜单中选择 Insert>Deformation>Total，在 Solution 分支下添加一个 Total Deformation 分支、Total Velocity 分支和 Total Acceleration 分支。

② 单击树状图中 Joints 列表下的 Revolute-Ground To Solid 分支，拖动鼠标将其拖至 Solution 分支下，在结果中插入曲柄与大地之间旋转铰链的 Probe 分支，在 Details 列表中将 Options 列表下的 Result Type 分支改成 Relative Angular Velocity，监测旋转副绕 Z 轴的旋转角速度，如图 7-37 所示。

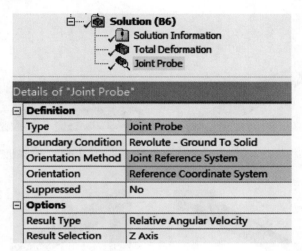

图 7-37　Joint Probe 设置

③ 单击树状图中 Joints 列表下的 Revolute-Ground To Solid 分支，拖动鼠标将其拖至 Solution 分支下，在结果中插入曲柄与大地之间旋转铰链的 Probe2 分支，在 Details 列表中将 Options 列表下的 Result Type 分支改成 TotalForce，监测旋转副传递的合力，如图 7-38 所示。用同样的方式创建其他两个转动副的 Joint Probe。

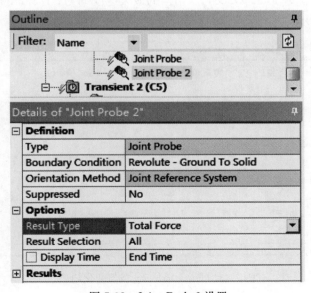

图 7-38　Joint Probe2 设置

第 2 步：评估待查看的结果项目

按下工具栏上的 Solve 按钮，评估上述加入的结果项目。

第3步：查看结果

①选择变形结果分支 Total Deformation，在 Display Time 中分别输入 0.01、0.15、0.31、0.47、0.63 后单击鼠标右键选择 Retrieve This Result。分别得到如图 7-39～图 7-42 所示的结果。

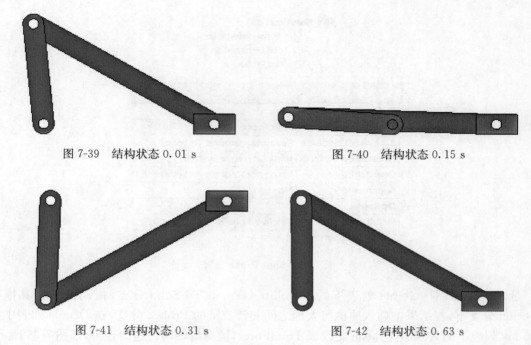

图 7-39　结构状态 0.01 s　　　　　　　图 7-40　结构状态 0.15 s

图 7-41　结构状态 0.31 s　　　　　　　图 7-42　结构状态 0.63 s

②选择速度结果分支 Total Velocity。结构的最大速度约为 1 123.2 mm/s，总体速度的极值变化趋势如图 7-43 所示。

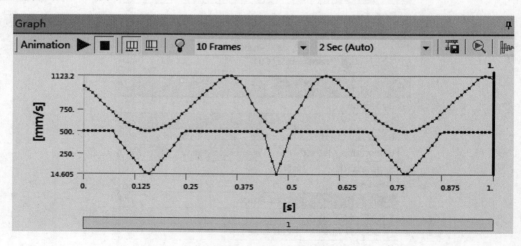

图 7-43　Total Velocity 极值变化趋势

③选择加速度结果分支 Total Acceleration。结构的最大加速度约为 14 998 mm/s^2，总体加速度的极值变化趋势如图 7-44 所示。

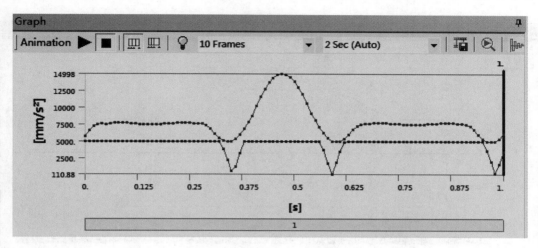

图 7-44 Total Acceleration 极值变化趋势

④选择 Joint Probe 分支,结果如图 7-45 所示,由于结构匀速旋转因此该旋转副的角速度为恒定的 10 rad/s。

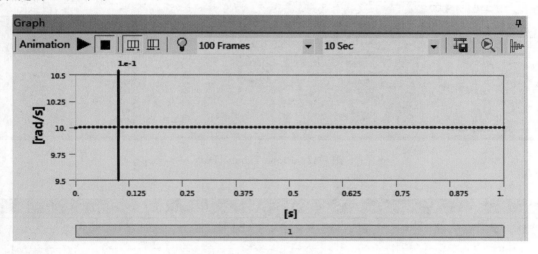

图 7-45 相对速度 Probe

⑤选择 Joint Probe2 分支,如图 7-46 所示,在 Graph 中曲线表达了该运动副传递的各方向力以及合力的数值随时间的变化过程,在表格中显示运动副所传递的力在三个坐标轴下的分量及合力的数值,如图 7-47 所示。

⑥选择 Joint Probe3 分支,结果如图 7-48 所示,在 Graph 中曲线表示该运动副传递的各方向力以及合力的数值随时间的变化,在表格中显示运动副所传递的力在三个坐标轴下的分量及合力的数值,如图 7-49 所示。

⑦选择 Joint Probe4 分支,如图 7-50 所示,在 Graph 中曲线表达了该运动副传递的各方向力以及合力数值随时间的变化,在表格中显示运动副所传递的力在三个坐标轴下的分量及合力的数值,如图 7-51 所示。

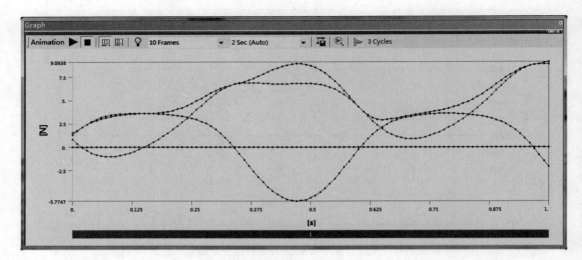

图 7-46 Probe Graph

Tabular Data

	Time [s]	Joint Probe 2 (Total Force X) [N]	Joint Probe 2 (Total Force Y) [N]	Joint Probe 2 (Total Force Z) [N]	Joint Probe 2 (Total Force Total) [N]
1	0.	1.269	0.78421	0.	1.4918
2	1.e-002	1.7044	0.3313	0.	1.7363
3	2.e-002	2.0746	-6.6593e-002	0.	2.0756
4	3.e-002	2.3821	-0.39956	0.	2.4154
5	4.e-002	2.6331	-0.66299	0.	2.7153
6	5.e-002	2.8357	-0.8568	0.	2.9623
7	6.e-002	2.9987	-0.98414	0.	3.1561
8	7.e-002	3.1302	-1.0502	0.	3.3016
9	8.e-002	3.237	-1.0608	0.	3.4064
10	9.e-002	3.3245	-1.0222	0.	3.4781

Graphics Tabular Data

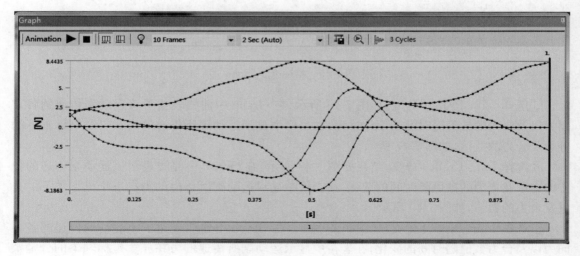

图 7-47 Probe Tabular Data

图 7-48 Probe Graph

第 7 章 ANSYS 机构运动及多体动力学分析

	Time [s]	☑ Joint Probe 3 (Total Force X) [N]	☑ Joint Probe 3 (Total Force Y) [N]	☑ Joint Probe 3 (Total Force Z) [N]	☑ Joint Probe 3 (Total Force Total) [N]
1	0.	1.269	1.6309	0.	2.0664
2	1.e-002	1.7289	1.0061	0.	2.0004
3	2.e-002	2.02	0.36924	0.	2.0534
4	3.e-002	2.1576	-0.23902	0.	2.1708
5	4.e-002	2.1671	-0.78939	0.	2.3064
6	5.e-002	2.0778	-1.2648	0.	2.4325
7	6.e-002	1.9192	-1.6588	0.	2.5367
8	7.e-002	1.7176	-1.9731	0.	2.6159
9	8.e-002	1.4943	-2.2145	0.	2.6715
10	9.e-002	1.2658	-2.3929	0.	2.7071
11	1.e-001	1.044	-2.5192	0.	2.7269

图 7-49 Probe Tabular Data

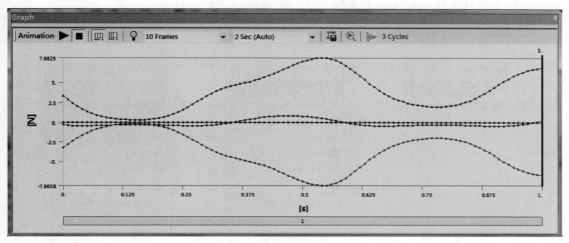

图 7-50 Probe Graph

	Time [s]	☑ Joint Probe 4 (Total Force X) [N]	☑ Joint Probe 4 (Total Force Y) [N]	☑ Joint Probe 4 (Total Force Z) [N]	☑ Joint Probe 4 (Total Force Total) [N]
1	0.	-0.32698	-3.2625	0.	3.2788
2	1.e-002	-0.3754	-2.7972	0.	2.8223
3	2.e-002	-0.40767	-2.3623	0.	2.3972
4	3.e-002	-0.42507	-1.968	0.	2.0134
5	4.e-002	-0.42978	-1.6196	0.	1.6757
6	5.e-002	-0.42452	-1.3181	0.	1.3848
7	6.e-002	-0.41209	-1.0613	0.	1.1385
8	7.e-002	-0.39515	-0.84533	0.	0.93313
9	8.e-002	-0.37598	-0.66581	0.	0.76463
10	9.e-002	-0.3564	-0.51829	0.	0.62901
11	1.e-001	-0.33778	-0.39895	0.	0.52273

图 7-51 Probe Tabular Data

此外，用户还可以根据自己的需要选择不同的运动副 Probe 监测内容，如图 7-52 所示。

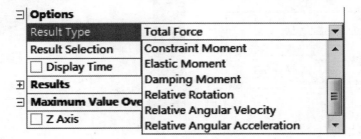

图 7-52 Probe 内容

后处理操作完成后,关闭 Mechanical 模块回到 Workbench 界面。

3. 刚柔混合体 Transient 分析

在 Rigid Dynamics 分析中,结构所有部件都被设定成刚性的,计算过程中无法得到部件的变形情况。如果连杆是柔性体,则采用 Transient 分析系统重新对模型进行设定并计算结果。

(1)建立 Transient 分析系统。

在工具栏中选择 Transient Structural 模块用鼠标拖放到 B4(Model)单元格中,建立两个分析系统之间数据传递关系。系统 C 中前四个单元格中数据从分析系统 B 中传递而来。如图 7-53 所示。双击 C5(Set Up)单元格,进入 Mechanical 分析模块。

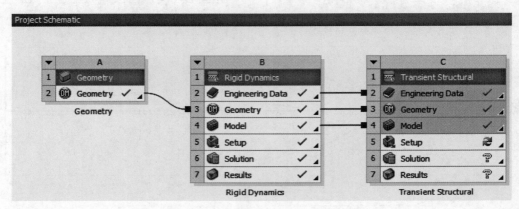

图 7-53 建立 Transient 分析系统

(2)前处理

按照如下步骤完成前处理操作。

第 1 步:设置柔性部件属性

在图形化窗口中选择连杆,在左下角 Details 列表中将 Stiffness Behavior 改成 Flexible,设置连杆为柔性部件,如图 7-54 所示。

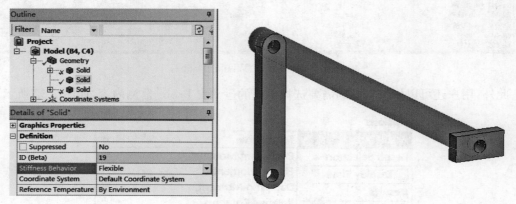

图 7-54 设置柔性部件

第 2 步:网格划分

选择 Mesh 分支,单击鼠标右键选择 Generate Mesh,采用系统默认的网格设置进行网格划分,得到如图 7-55 所示的模型。

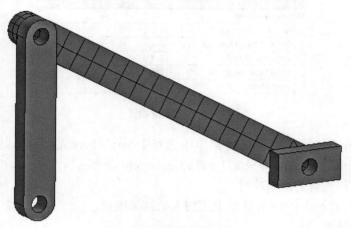

图 7-55　划分网格后的模型

(3)加载以及求解

第 1 步:施加角速度

①选择 Transient(C5)分支,在图形区域右键菜单,选择 Insert>Joint Load,插入 Joint Load 分支。

②在 Joint Load 分支的 Details 列表中,将 Scope 下的 Joint 选为曲柄与大地之间的旋转副 Revolute-Ground To Solid,Type 设置为角速度 Rotational Velocity,Magnitude 中输入旋转角速度 10 rad/s,如图 7-56 所示。

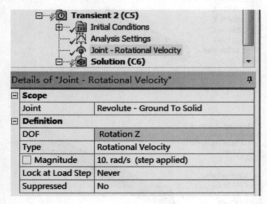 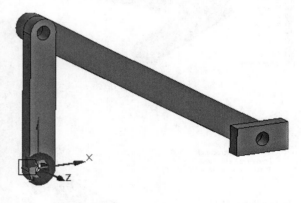

图 7-56　施加角速度

第 2 步:分析设置

选择 Analysis Setting,在下面的 Details 列表中,可以更改本次分析中时间步的大小,将 Auto Time Step 设置成 Off,关掉系统自动设置的时间步长,在 Time Step 中输入时间步长度为 0.01 s,如图 7-57 所示。

第 3 步:求解

点工具栏上的 Solve 按钮进行结构计算。

(4)结果后处理

第 1 步:选择要查看的结果

Details of "Analysis Settings"	
Step Controls	
Number Of Steps	1
Current Step Number	1
Step End Time	1. s
Auto Time Stepping	Off
Time Step	1.e-002 s

图 7-57 分析设置

选择 Solution(B6) 分支,在其右键菜单中选择 Insert＞Strain＞Equivalent 以及 Insert＞Stress＞Equivalent,在 Solution 分支下添加 Equivalent Strain 以及 Equivalent Stress 分支。

第 2 步:评估待查看的结果项目

按下工具栏上的 Solve 按钮,评估上述加入的结果项目。

第 3 步:查看结果

①选择 Solution 分支下的 EquivalentStrain 分支,分别将时间设置成 0.25 s、0.5 s、0.75 s 和 1 s,查看模型等效应变结果如图 7-58～图 7-61 所示。

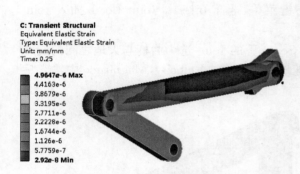

图 7-58 结构应变状态 0.25 s

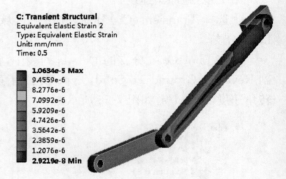

图 7-59 结构应变状态 0.50 s

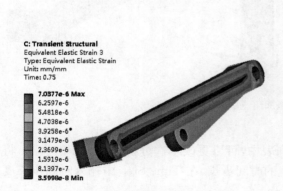

图 7-60 结构应变状态 0.75 s

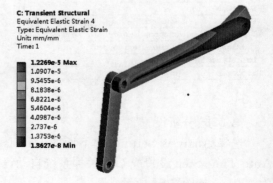

图 7-61 结构应变状态 1 s

②选择 Solution 分支下的 Equivalent Stress 分支,分别将时间设置成 0.25 s、0.5 s、0.75 s 和 1 s,查看模型等效应力结果如图 7-62～图 7-65 所示。

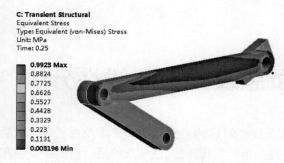

图 7-62　结构应力状态 0.25 s

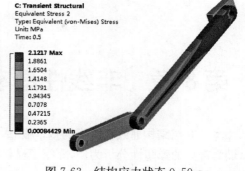

图 7-63　结构应力状态 0.50 s

图 7-64　结构应力状态 0.75 s

图 7-65　结构应力状态 1 s

第 8 章 非线性基本概念及材料非线性分析

本章介绍结构非线性分析的基本概念,包括非线性问题的类型和基本算法及选项等。随后以最为常见的弹塑性分析为例,介绍了材料非线性分析的实现方法,在本章的最后给出一个弹塑性分析的例题。

8.1 非线性问题的分类和基本算法

工程结构非线性问题大致分为材料非线性、几何非线性、状态非线性三类,不同类型的非线性问题具有一个共同的特点,即:结构的刚度(矩阵)是随结构力学有限元法求解的自由度(位移)变化而变化的。

材料非线性是由于材料的应力和应变之间不满足线性关系,因而在加载过程中引起单元(结构)刚度矩阵的变化,即结构的刚度随着自由度(位移)的变化而变化。ANSYS 可以处理的材料非线性问题类型十分广泛,包括非线性弹性、弹塑性、黏弹性、徐变、松弛等常见的工程材料非线性行为,但目前最为常用的材料非线性分析是结构的弹塑性分析。

几何非线性是由于大变形或大转动引起的结构刚度的变化,这类问题显然也具备结构刚度随着位移自由度的变化而变化这一非线性的本质特征。一个典型的情况是当杆件发生大转动时,其轴线方向的变化显著,因此轴向刚度对总体刚度矩阵的贡献也会发生显著的变化。

状态非线性是结构的刚度由于状态的改变而变化。最典型的状态非线性问题是接触问题,伴随结构的变形过程,节点之间可能进入接触状态,也可能在接触后又分离。发生接触时,物体之间出现很大的接触力,结构的刚度发生突变。

以上三类非线性问题,可以采用如下统一形式的切线增量方程来描述,即:

$$[K]^{\text{Tangent}}\{\Delta u\}=\{\Delta F\}$$

由于非线性问题的刚度矩阵随位移的变化而变化,因此难于用全量方程来表示任意时刻的结构受力情况,但由于每一时刻的切线刚度可以得到,因此采用增量形式的方程进行描述和计算,$\{\Delta u\}$ 和 $\{\Delta F\}$ 分别为位移增量和载荷增量,增量方程中的刚度阵采用当前增量步开始的切线刚度矩阵近似,这种增量形式的方程仅适用于描述位移增量$\{\Delta u\}$足够小以至于刚度在增量范围不会明显变化的增量步。

由于结构实际响应是非线性的,刚度随位移变化,对给定的荷载增量,用切线刚度无法直接计算得到与荷载增量对应的位移增量,必须采用多次迭代的方法。ANSYS 采用 N-R 迭代方法求解非线性过程,图 8-1 给出了这一求解过程的示意。对

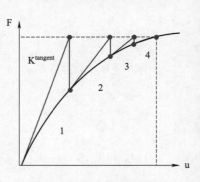

图 8-1 N-R 迭代示意图

于非线性问题,结构受到的力和位移之间不再满足线性关系,荷载作用下的结构位移响应必须经过多次迭代才能得到。每一次迭代相当于一次线性分析,计算中采用当前切线刚度矩阵 $[K]^{\text{Tangent}}$,计算出位移增量后,通过位移增量计算内力,内外力之间的不平衡力进入下一次迭代。经过多次迭代后,内外力之间的不平衡力小于允许的容差时,认为近似达到了平衡,即迭代达到收敛后停止。结构的最终非线性位移响应是各次迭代位移增量的累积。

　　ANSYS 在实际计算中,通常把需要施加的荷载历程分成多个荷载步(Load Step),每一个荷载步都分成很多的增量步(SubStep)逐级施加。对于其中的每一个增量步,各进行多次的平衡迭代(Equilibrium Iteration)。对于平衡迭代,可采用 NROPT 命令设置 N-R 迭代采用的具体算法:如果用户选择 FULL 方法(NROPT,FULL),每一次迭代都会更新刚度矩阵;如果用户选择 Modified 方法(NROPT,MODI),则程序使用修正的 N-R 迭代,一个增量步中采用增量步第一次迭代的切线刚度,后续迭代中刚度矩阵不更新,这种方法不可用于大变形几何非线性分析;如果用于选择了 Initial Stiffness 方法(NROPT,INIT),则在各增量步的迭代中均采用初始刚度,这种方法通常需要更多次的迭代。

　　对于大多数的非线性问题的求解过程,可通过一种被称为自动时间步的方法进行智能控制。AUTOTS,ON 表示打开自动时间步,这种情况下,可通过 NSUBST 或 DELTIM 命令之一指定增量步长的变化范围,程序会在指定范围中变化增量步,容易迭代收敛则放大增量步长,否则缩减增量步长。如果采用界面操作,在 Mechanical APDL 的菜单中选择 Main Menu＞Solution＞Analysis Type＞Sol'n Controls＞Basic,在 Solution Controls 设置框的 Basic 页面设置增量步长变化范围以及各增量步结果的输出内容和频率,如图 8-2 所示。

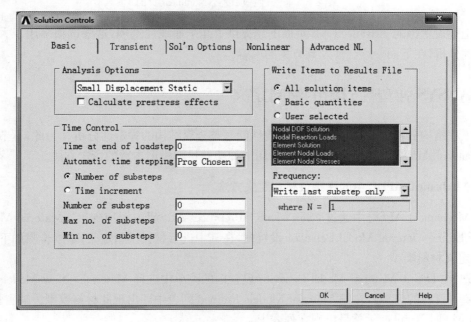

图 8-2　非线性分析设置-Basic 页面

　　N-R 迭代过程的收敛法则缺省为不超过所施加荷载的 0.5%,通过 CNVTOL 命令可以改变缺省的收敛法则。在自定义收敛法则时,注意力的收敛法则必须指定,而不能仅指定位移收敛法则。此外,用户可以根据需要采用线性搜索(LNSRCH 命令)以及预测器工具(PRED 命令)以改善收敛。用户可以设置一个增量步(Substep)中最大的平衡迭代次数(NEQIT 命令)。如果迭代过程不易收敛,可以通过 CUTCONTROL 命令设置增量步被细分缩减的法则。这些选项在 Solution Controls 设置框的 Nonlinear 页面中设置,如图 8-3 所示。

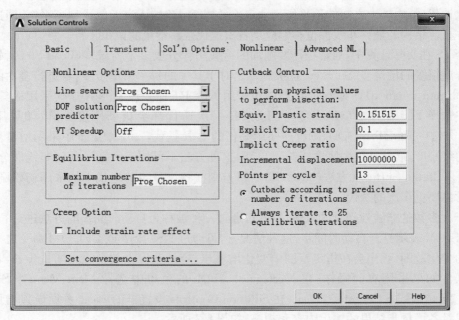

图 8-3　非线性选项设置-Nonlinear 页面

在上述设置框的 Advanced NL 页面下还提供了几个非线性选项,这些选项多用于大变形几何非线性分析,在下面一章会涉及到有关的内容。

8.2　ANSYS 弹塑性分析的材料定义

在工程结构分析中,最常见的材料非线性问题是金属结构的弹塑性分析。为此,本节仅介绍在 Mechanical APDL 以及 Workbench 中常用的弹塑性材料模型参数的指定方法。

8.2.1　Mechanical APDL 中的弹塑性材料定义方法

在 Mechanical APDL 中通过 Main Menu＞Preprocessor＞Material Props＞Material Models 菜单,打开 Define Material Model Behavior 设置框,在其中进行材料模型定义,基本步骤如下。

1. 定义材料类型

首先,在 Define Material Model Behavior 设置框的菜单中选择 Material＞New Model…,弹出对话中填写材料的 ID 号,左侧 Material Models Defined 列表中即出现此材料模型。缺省情况下,Material Model Number 1 总是出现在列表中。

2. 选择材料的本构模型

在左侧材料类型列表中用鼠标左键点选要定义参数的材料类型,在右侧 Material models Available 中选择所需的材料本构模型,与所选择的本构模型相关的参数项目即出现在左侧对应的材料 ID 下。

3. 定义模型参数

在左侧材料列表中，单击材料 ID 下的各参数项目分支，即打开相应的材料参数设置框，在其中填写材料参数，即可完成材料模型及参数的定义。

如图 8-4 所示为一个与温度相关的双线性随动强化塑性材料模型，包含 Linear Isotropic 和 Bilinear Isotropic 两个模型参数分支。

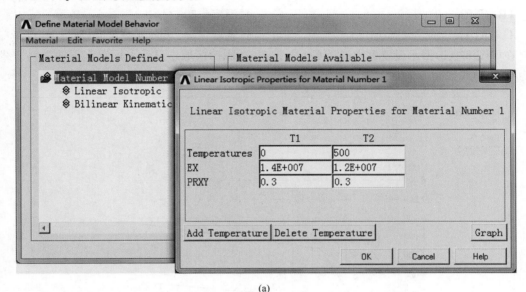

(a)

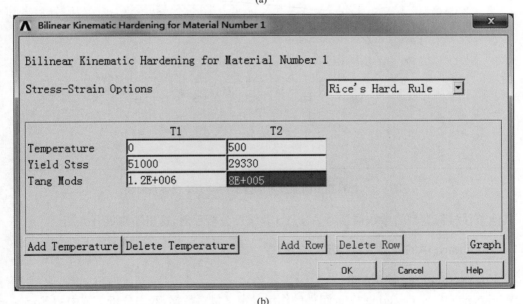

(b)

图 8-4　与温度相关的等向塑性强化模型参数定义

与上述设置框填写相对应的命令如下：
/PREP7　　　　　　　　　　　　　　！进入前处理器
MPTEMP,1,0,500　　　　　　　　　　！

```
MPDATA,EX,1,,14E6,12e6
MPDATA,PRXY,1,,0.3,0.3
TB,BKIN,1,2,2,1                    ! 考虑与温度相关的应力松弛
TBTEMP,0.0                          ! 温度＝0
TBDATA,1,51E3,1.2E6                 ! 温度＝0 的屈服强度和硬化切线模量
TBTEMP,500                          ! 温度＝500
TBDATA,1,29.33E3,0.8E6              ! 温度＝500 的屈服强度和硬化切线模量
```

在如图 8-4(b)所示设置框中选择 Graph 按钮,在图形区域中显示不同温度下的材料非线性应力-应变曲线如图 8-5 所示。

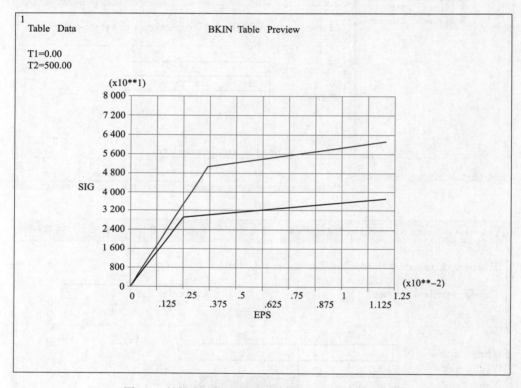

图 8-5　材料在不同温度下的弹塑性应力应变关系曲线

其他塑性材料类型的参数请参考 ANSYS 非线性分析手册,这里不再展开介绍。

8.2.2　Workbench 中的弹塑性材料定义方法

1. Engineering Data 使用简介

Workbench 中 Engineering Data 组件的作用是定义材料数据,双击分析系统中的 Engineering Data 单元格,即可进入到 Engineering Data 界面,如图 8-6 所示。

此界面由上方的菜单栏、工具栏以及五个功能区组成。五个功能区分别为:

(1) Toolbox 区域

位于界面的左侧,提供了 Workbench 支持的材料模型及参数类型,如:物理参数、线弹性材料、塑性材料模型等。

第 8 章 非线性基本概念及材料非线性分析

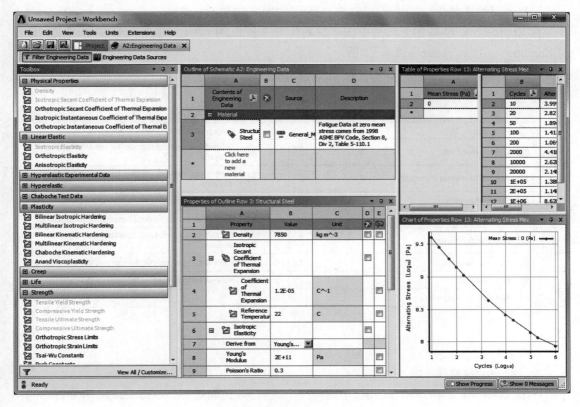

图 8-6 Engineering Data 界面

(2) Engineering Data Outline 区域

此区域列出了当前分析项目中定义的材料名称,缺省情况下仅包含 Structural Steel 一种材料类型。在 Structural Steel 下面的"Click here to add a new material"区域可以输入材料名称定义新的材料类型。

(3) Properties of Outline 区域

此区域显示 Engineering Data Outline 区域中所选择的的材料模型的各种参数,如:密度、各种材料模型的参数等。

(4) Table of Properties 区域

此区域通过表格显示 Engineering Data Outline 区域选择的材料在 Properties of Outline 区域所选择的材料特性表格数据。

(5) Chart of Properties 区域

此区域通过曲线图形显示 Outline 区域选择的材料在 Table of Properties 区域所列表显示的材料特性数据。

2. 在 Engineering Data 中定义弹塑性材料

对于 Workbench 中的弹塑性分析而言,材料非线性模型及参数均通过 Engineering Data 界面来指定,可通过以下两种方式之一定义材料。

(1) 方法一:使用材料库中的材料

此方法的具体操作步骤如下:

1)打开材料库开关

在 Engineering Data 的工具栏中按下材料库开关按钮 Engineering Data Sources ,在中间工作区出现 Engineering Data Sources 面板,如图 8-7 所示。

Engineering Data Sources

	A	B	C	D
1	Data Source		Location	Description
2	Favorites			Quick access list and default items
3	General Materials			General use material samples for use in various analyses.
4	General Non-linear Materials			General use material samples for use in non-linear analyses.
5	Explicit Materials			Material samples for use in an explicit anaylsis.
6	Hyperelastic Materials			Material stress-strain data samples for curve fitting.
7	Magnetic B-H Curves			B-H Curve samples specific for use in a magnetic analysis.
8	Thermal Materials			Material samples specific for use in a thermal analysis.
9	Fluid Materials			Material samples specific for use in a fluid analysis.
*	Click here to add a new library		...	

图 8-7 Engineering Data Sources 面板

2)选择一个材料库

在 Engineering Data Sources 面板中选择一个材料库,比如选择 Mechanical 结构分析的通用材料库 General Non-linear Materials,在 Engineering Data Sources 面板下方出现 Outline of General Non-linear Materials 材料列表,列出了 General Non-linear Materials 材料库中的所有材料,如图 8-8 所示。

Outline of General Non-linear Materials

	A	B	C	D	E
1	Contents of General Non-linear Materials	Add		Source	Description
2	Material				
3	Aluminum Alloy NL			General Ma	General aluminum alloy. Fatigue properties come from MIL-HDBK-5H, page 3-277.
4	Concrete NL			General Ma	
5	Copper Alloy NL			General Ma	
6	Gasket Linear Unloading			General Ma	
7	Gasket Non Linear Unloading			General Ma	
8	Magnesium Alloy NL			General Ma	
9	Stainless Steel NL			General Ma	
10	Structural Steel NL			General Ma	Fatigue Data at zero mean stress comes from 1998 ASME BPV Code, Section 8, Div 2, Table 5-110.1
11	Titanium Alloy NL			General Ma	

图 8-8 材料库中的材料列表

3)选择材料库中的材料添加到分析项目中

在 Outline of General Non-linear Materials 材料列表选择所需的弹塑性分析材料,比如铝合

第 8 章 非线性基本概念及材料非线性分析

金 Aluminum Alloy NL,点"＋"号按钮,在 C 列出现一本书的标记,表示此材料已经添加到当前分析项目中,如图 8-9 所示。

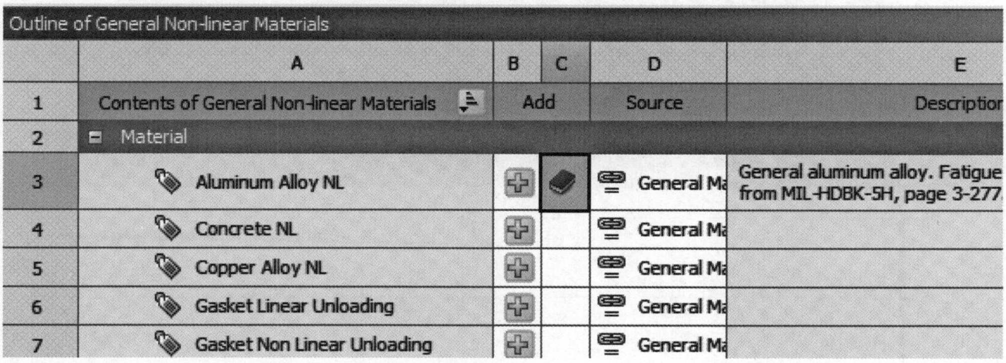

图 8-9　添加材料库中的材料到当前分析项目

添加成功后,在 Properties of Outline 材料特性列表中即出现此材料的相关特性,如图 8-10 所示。

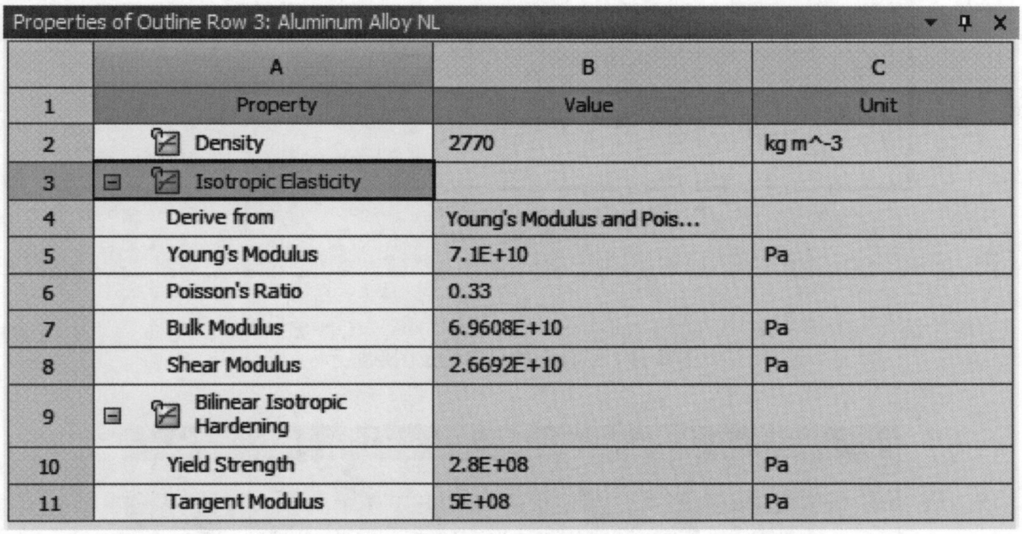

图 8-10　材料属性参数列表

在 Properties of Outline 材料特性列表中选择 Bilinear Isotropic Hardening 属性,在右侧 Table 及 Chart 区域显示这些属性的参数及应力-应变曲线,如图 8-11(a)、(b)所示。

(2)方法二:用户定义材料

具体操作步骤如下:

1)定义新材料

在 Engineering Data Outline 的"Click here to add a new material"提示区域定义新的材料名称,比如 new_material,按回车,在 Outline of Engineering Data 列表中即出现一个 new_material 材料类型,如图 8-12 所示。

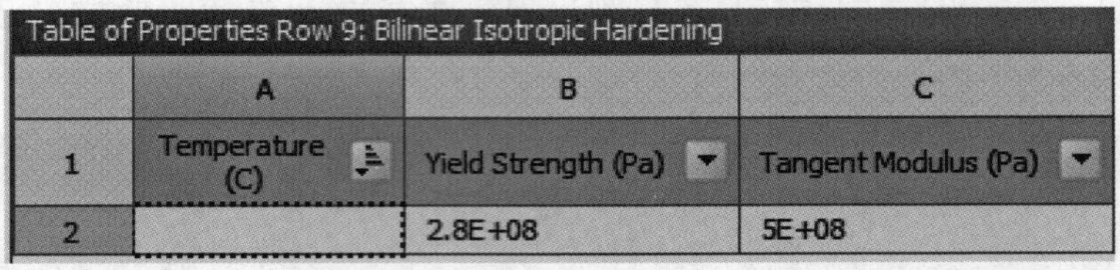

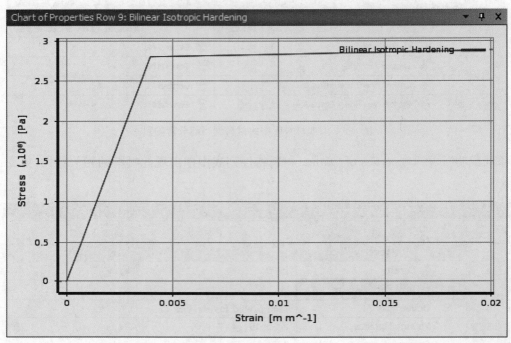

图 8-11 铝合金材料参数及图形显示

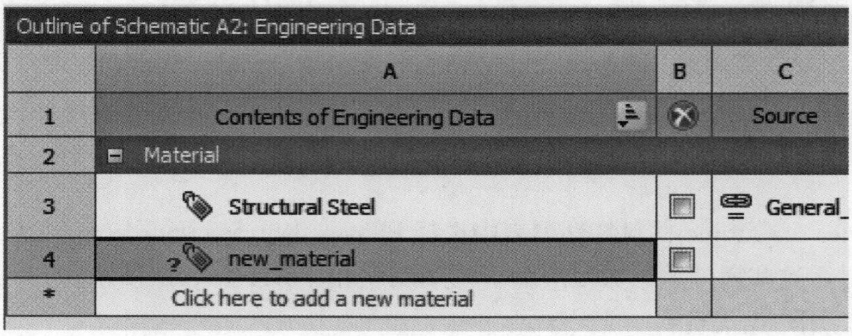

图 8-12 添加新材料类型

2) 指定材料属性

在 Engineering Data 界面左侧的 Toolbox 中选择所需的材料数据类型,用鼠标左键拖至 Engineering Data Outline 区域定义的新材料名称上,在 Properties of Outline 区域就会出现添

第8章 非线性基本概念及材料非线性分析

加的材料特性。比如为前面一步定义的 new_material 材料添加密度 Density 以及弹塑性材料 Isotropic Elasticity、Bilinear Kinematic Hardening 等材料特性，在 Properties of Outline 区域列表中就会出现这些特性，黄色区域表示缺少参数，用户需要为这些材料特性指定相应的参数，如图 8-13 所示。

图 8-13　加入新材料的属性

3) 定义材料参数

在 Properties of Outline 材料特性列表中按照单位制的提示输入正确的材料参数，比如为前面一步的 new_material 指定结构钢的材料参数，如图 8-14 所示。

图 8-14　指定材料参数

在 Properties of Outline 材料特性列表中选择 Isotropic Elasticity 模型或 Bilinear Kinematic Hardening 模型，在右侧的 Table of Properties 列表中显示弹性以及双线性随动硬化材料的特性参数，支持用户定义与温度（Temperature）相关的弹性模量、泊松比、屈服强度及硬化切线模量，如图 8-15 所示。

如果不指定随温度变化的材料参数，在 Properties of Outline 材料特性列表中选择 Bilinear Kinematic Hardening 模型，在界面右下方的 Chart of Properties 区域会显示材料的应力-应变弹塑性曲线，如图 8-16 所示。

如果有更多的非线性材料类型，按照上述方式操作即可。

Table of Properties Row 3: Isotropic Elasticity

	A	B	C
1	Temperature (C)	Young's Modulus (Pa)	Poisson's Ratio
2		2E+11	0.3
*			

(a)

Table of Properties Row 9: Bilinear Kinematic Hardening

	A	B	C
1	Temperature (C)	Yield Strength (Pa)	Tangent Modulus (Pa)
2		2E+08	2E+09
*			

(b)

图 8-15 材料参数列表（支持随温度变化材料参数）

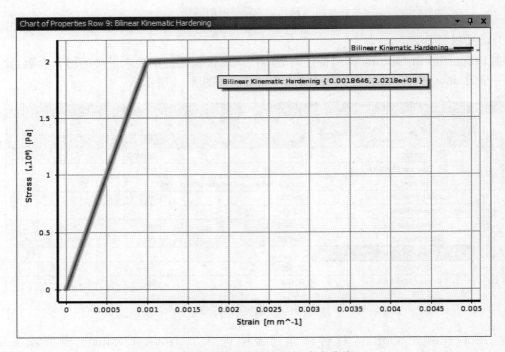

图 8-16 弹塑性材料的应力-应变曲线

完成材料的设置后，关闭 Engineering Data 界面，或单击工具栏的 Return to Project 按钮，返回 ANSYS Workbench 项目界面。

8.3 静不定桁架的弹塑性分析例题

本节以一个静不定桁架塑性分析为例，介绍材料非线性结构分析的具体实现方法和需要注意的相关问题。

1. 问题描述

如图 8-17 所示的三杆静不定桁架，各杆材料均为结构钢，弹性模量为 200 GPa，屈服强度 200 MPa，硬化模量为 2 GPa，三杆截面均为 1.0 cm²，在三杆汇交节点处承受竖直向下的荷载，分析桁架结构受力直至进入塑性失效前外力与节点位移的关系。

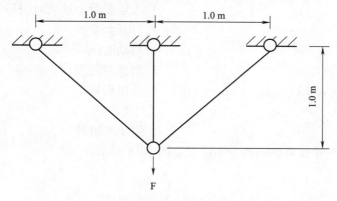

图 8-17　静不定桁架结构

2. 建模分析过程

采用 LINK180 单元模拟桁架结构，采用如下的 APDL 命令流进行建模和分析。分析过程中采用了位移控制加载的方法。

```
/PREP7                          ! 进入前处理器
ET,1,LINK180                    ! link180 单元
sectype,1,link                  ! 截面类型
secdata,1.0e-4                  ! 截面积
MPTEMP,1,0                      ! 弹性材料参数
MPDATA,EX,1,,2e11               !
MPDATA,PRXY,1,,0.3              !
TB,BKIN,1,1,2,1                 ! 塑性材料参数
TBTEMP,0                        !
TBDATA,,2e8,2e9                 !
n,1,                            ! 创建节点
n,2,-1.0,1.0,0.0                !
n,3,0.0,1.0,0.0                 !
n,4,1.0,1.0,0.0                 !
secnum,1                        ! 截面号指定
e,1,2                           ! 创建单元
e,1,4                           !
e,1,3                           !
/ESHAPE,1.0                     ! 打开单元形状显示
eplot                           ! 绘制单元
```

```
fini                                    ! 退出前处理器
/sol                                    ! 进入求解器
d,2,UX,,,4,1,UY,                        ! 约束施加
d,ALL,UZ                                ! 限定平面外变形
D,1,UY,-0.01                            ! 通过位移加载
TIME,0.01                               ! 指定载荷步结束时间等于强迫位移
NLGEOM,1                                ! 打开大变形
AUTOTS,1                                ! 自动时间步
NSUBST,50,100,50                        ! 增量步范围
OUTRES,ALL,ALL                          ! 输出设置
solve                                   ! 求解
fini                                    ! 退出求解器
```

施加了约束和强迫位移的结构分析模型如图 8-18 所示。

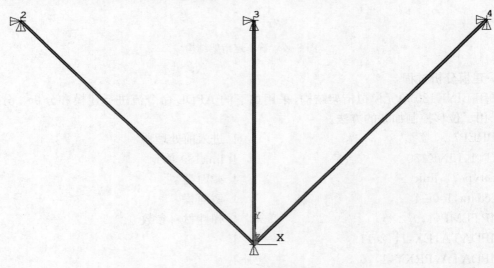

图 8-18　结构分析模型

3. 结果分析与讨论

（1）创建后处理变量

按照如下命令创建时间历程后处理变量：

```
/POST26                                 ! 进入时间历程后处理器
RFORCE,2,1,F,Y                          ! 定义载荷变量（支反力）
ESOL,3,1,1,LEPPL,1,e_plastic_1          ! 定义斜杆的塑性应变
ESOL,4,3,1,LEPPL,1,e_plastic_3          ! 竖杆的塑性应变
ESOL,5,1,1,LS,1,stress_1                ! 斜杆轴向应力
ESOL,6,3,1,LS,1,stress_3                ! 竖杆轴向应力
```

通过上述的命令,在时间历程后处理器的变量观察器中显示的变量列表如图 8-19 所示,一共 6 个变量。

第 8 章 非线性基本概念及材料非线性分析

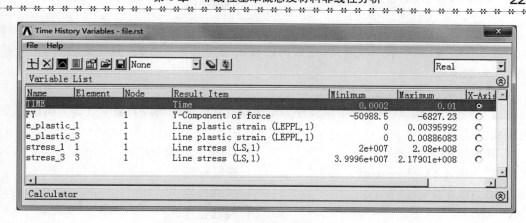

图 8-19 变量观察器中时间历程变量的列表

(2) 绘制结构载荷-变形曲线

通过下列命令流绘制加载节点的载荷-位移曲线,注意到由于位移加载且结束时间等于最终位移,因此位移变量等同于 TIME 变量。

```
/GROPT,REVY,1              ! 纵坐标倒置
/AXLAB,X,Displacement      ! 纵坐标的标签
/AXLAB,Y,Load              ! 横坐标的标签
XVAR,1                     ! 横轴变量
PLVAR,2                    ! 纵轴变量
```

由于节点 1 的竖向位移为负值,因此采用了倒置 Y 坐标轴的绘图方法,得到结构加载点的载荷-位移时间历程曲线如图 8-20 所示。

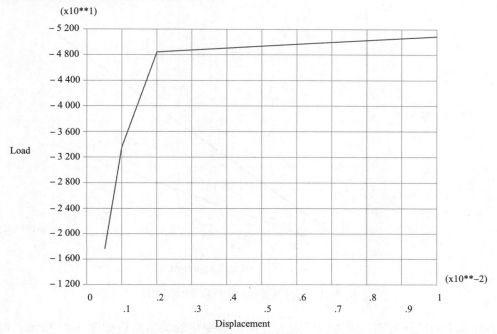

图 8-20 加载节点的载荷-位移时间历程曲线

上述曲线由三段折线构成,首先是弹性工作阶段,在竖向位移大约为 0.001 m 时,中间杆进入塑性工作阶段,斜率第一次降低;在竖向位移大约为 0.002 m 时,斜杆也达到屈服,斜率(刚度)又一次降低。

(3)各杆件的应力和应变变化情况

通过下列命令流绘制斜杆及中间竖杆的塑性应变和杆件轴向应力随节点 1 竖向位移变化的关系曲线。

```
/GROPT,REVY,0              !关闭纵坐标的倒置
/AXLAB,X,Displacement      !横轴标签
/AXLAB,Y,Plastic_strain    !纵轴标签
XVAR,1                     !横轴变量
PLVAR,3,4                  !纵轴变量
/AXLAB,X,Displacement      !横轴标签
/AXLAB,Y,Stress            !纵轴标签
XVAR,1                     !横轴变量
PLVAR,5,6                  !纵轴变量
```

斜杆及中间竖杆的塑性应变随节点 1 竖向位移变化的关系曲线如图 8-21 所示,可以看到中间竖杆在竖向位移 0.001 m 时开始产生塑性应变,斜杆在竖向位移 0.002 m 时才开始进入塑性阶段。

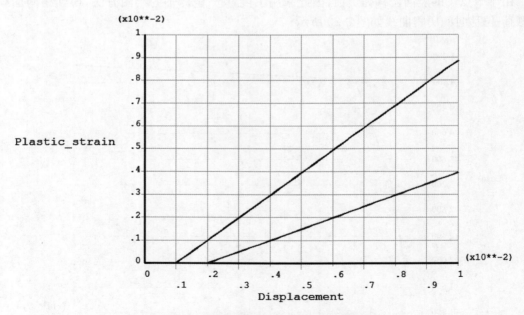

图 8-21　斜杆及竖杆的塑性应变时间曲线

斜杆及中间竖杆的轴向应力随节点 1 竖向位移变化的关系曲线如图 8-22 所示。可以看到中间竖杆在竖向位移 0.001 m 时开始屈服并进入硬化阶段,斜杆在竖向位移 0.002 m 时才

开始进入塑性阶段。

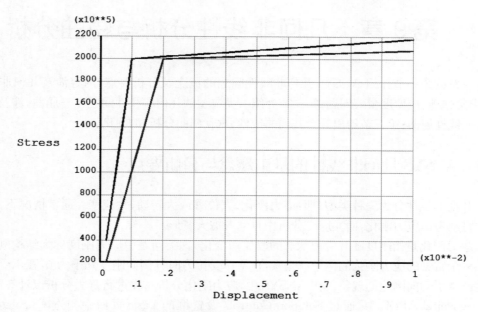

图 8-22 斜杆与竖杆的应力-时间关系曲线

在时间历程后处理器中列表显示各时间历程变量,提取竖杆刚屈服以及斜杆刚屈服两个时刻的各变量数值汇总列于表 8-1 中。

表 8-1 桁架塑性分析结果汇总

变量	竖杆刚屈服时刻的值	斜杆刚屈服时刻的值
荷载(kN)	34.1	48.4
加载节点位移(mm)	1.00	2.00
竖杆的塑性应变	0	0.988023E-03
斜杆的塑性应变	0	0
竖杆轴向应力(MPa)	199.9	201.99
斜杆轴向应力(MPa)	100.0	200.0

第9章 几何非线性分析与屈曲分析

本章的第一节介绍 ANSYS 几何非线性问题的概念及分析要点,内容涉及几何非线性的类型、求解选项、应变度量等问题;第二节介绍一类典型的几何非线性问题——屈曲,涉及特征值屈曲和非线性屈曲;第三节给出几个几何非线性分析(屈曲分析)的案例。

9.1 ANSYS 几何非线性的基本概念与分析要点

几何非线性分为三种类型,即:应力刚化、大位移或大转动、大应变。通常情况下,大变形分析中自动考虑应力刚化,而大应变分析中自动考虑大变形。

应力刚化是指刚度随着应力状态的改变而变化,这类问题中应力刚度称为结构刚度的一部分。一个常见的应力刚化的例子就是索,在不承受拉力时其侧向刚度几乎为 0,在承受拉力绷紧以后产生了侧向刚化的现象。在 ANSYS 中,应力刚化分析首先进行静力分析以计算应力刚度,在 Mechanical APDL 中,通过 Solution Controls 设置框的 Basic 页面中勾选 Calculate prestress effects 开关,如图 9-1 所示。对应命令为 PSTRES,ON。

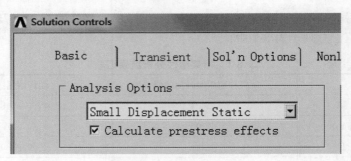

图 9-1 预应力刚度效应开关

大位移或大转动问题分析时需要向程序声明,其命令是 NLGEOM,ON。也可在 Solution Controls 的 Basic 页面中,通过在 Analysis Options 下拉列表中选择 large Displacement Static/Transient 选项以打开大变形分析开关,如图 9-2 所示。在大变形分析中,压力载荷会跟随变形后的表面法向,包括 BEAM188/189、SHELL181、PLANE182/183、SOLID185/186/187、SURF153/154 单元类型。

大应变分析中需要注意的问题是应变的度量。小应变分析中采用工程应变和工程应力,工程应变是长度的改变量与初始长度的比,工程应力是内力除以初始的截面积。大应变问题中,通常采用对数应变和真实应力,其表达式如下:

$$\sigma_{\text{true}} = \frac{F}{A} \tag{9-1}$$

第9章 几何非线性分析与屈曲分析

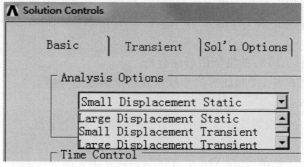

图 9-2　大变形分析选项

$$\varepsilon_{\log} = \ln\left(\frac{l}{l_0}\right) \tag{9-2}$$

单轴应力状态下,工程应力 σ、工程应变 ε 与真实应力、对数应变与之间的转换关系公式如下:

$$\sigma_{\text{true}} = \sigma(1+\varepsilon) \qquad \varepsilon_{\log} = \ln(1+\varepsilon) \tag{9-3}$$

如果已知工程应力和工程应变,在大应变分析时,这些数据需要通过以上公式转换为真实应力和对数应变。此外,大应变分析中对变形梯度较大的区域要细化网格,以避免由于网格高度扭曲而导致的发散。

9.2　屈曲分析的概念和方法

屈曲分析又称为结构稳定性分析,是一种典型的几何非线性问题,ANSYS Mechanical 提供了特征值屈曲分析以及非线性屈曲分析,用于评价结构是否会在荷载作用下失稳。特征值屈曲分析是基于经典稳定性理论,不考虑结构的缺陷,通过计算特征值问题得到结构的稳定临界荷载理论值。由于结构通常包含有几何缺陷、加载偶然偏心、残余应力等因素,结构实际在达到临界荷载理论值之前已经达到稳定承载极限,这时就需要通过非线性屈曲分析来估计结构的稳定承载力极限值。

9.2.1　特征值屈曲分析

本节介绍特征值屈曲分析的基本原理以及在 Mechanical APDL 以及 Workbench 中的特征值屈曲分析实现方法。

1. 特征值屈曲分析的原理简介

理想结构在达到临界荷载附近时,增量形式的平衡方程为:

$$([K]+\lambda[S])\{\delta\phi\}=0 \tag{9-4}$$

式中　$([K]+\lambda[S])$——切线刚度矩阵,其中$[S]$为结构的几何刚度,λ 为载荷乘子;
　　　$\{\delta\phi\}$——载荷增量,而荷载增量(右端项)趋于零。

这个方程显然是一个齐次线性方程组,因此属于特征值问题。特征值屈曲分析就是计算这个特征值问题。通过特征值屈曲分析可以得到结构的临界荷载特征值 λ_i 以及屈曲特征变形向量 $\{\delta\phi\}_i$。由于几何刚度与施加的载荷成比例,因此特征值屈曲又被称为线性屈曲。一般地,如果计算几何刚度[S]时所施加的荷载为单位荷载时,计算得到的特征值就等于屈曲临界荷载。下面介绍在 ANSYS Mechanical APDL 以及 ANSYS Mechanical(Workbench)中的特征值屈曲分析方法。

2. 基于 Mechanical APDL 的特征值屈曲分析

在 Mechanical APDL 中,按照如下的步骤完成特征值屈曲分析。

1)设置工作文件名称

通过/FILNAME 命令设置工作文件名称,最多不超过 32 个字符。

2)进入前处理器

通过命令/PREP7 或菜单 Main Menu>Preprocessor 进入前处理器。

3)建立分析模型

屈曲分析中常用于各种梁、壳结构,单元类型多为 BEAM、SHELL 等,注意正确定义这些单元的截面参数。

4)定义约束条件及荷载

在前处理器中施加约束条件,要能够反映结构的实际受力状态,约束条件会直接影响到特征值屈曲的计算结果。在结构中施加引起屈曲的荷载,在特征值屈曲分析中,多采用施加单位荷载的形式,这种情况下,特征值屈曲计算得到的特征值直接就是结构屈曲临界荷载。

5)退出前处理器

完成上述建模、加载操作后,通过 FINISH 命令或菜单 Main Menu>FINISH 退出前处理器。

6)进入求解器

通过/SOL 命令或菜单 Main Menu>Solution 进入求解器。

7)计算预应力刚度并退出求解器

通过 Main Menu>Solution>Analysis Type>Sol'n Controls,打开 Solution Controls 设置框,在 Basic 标签页面勾选 Calculate prestress effects 选项。或者通过命令 PSTRES,ON 打开此选项。通过菜单 Main Menu>Solution>Solve>Current LS 或命令 SOLVE 执行求解。

计算完成后,通过 FINISH 命令或菜单 Main Menu>FINISH 退出求解器。

8)再一次进入求解器

通过/SOL 命令或菜单 Main Menu>Solution 再一次进入求解器。

9)特征值屈曲求解并退出求解器

通过 ANTYPE,1 命令设置分析类型为特征值屈曲,也可以通过菜单 Main Menu>Solution>Analysis Type>New Analysis,打开 New Analysis 设置框,在其中选择 Eigen Buckling,如图 9-3 所示。

通过菜单 Main Menu>Solution>Analysis Type>Analysis Options,打开 Eigenvalue Buckling Options 设置框,在其中选择特征值提取方法及需要提取的屈曲模态数。一般结构可采用 Block Lanczos 方法。如果设置提取模态数为 6 阶,设置如图 9-4 所示。也可通过命令 BUCOPT 进行设置。

Main Menu>Solution>Load Step Opts>Expansion Pass>Single Expand>Expand Modes,打开 Expand Modes 设置框,设置模态扩展数,如图 9-5 所示。也可通过命令 MXPAND 进行设置。

设置完成后,通过菜单 Main Menu>Solution>Solve>Current LS 或命令 SOLVE 执行

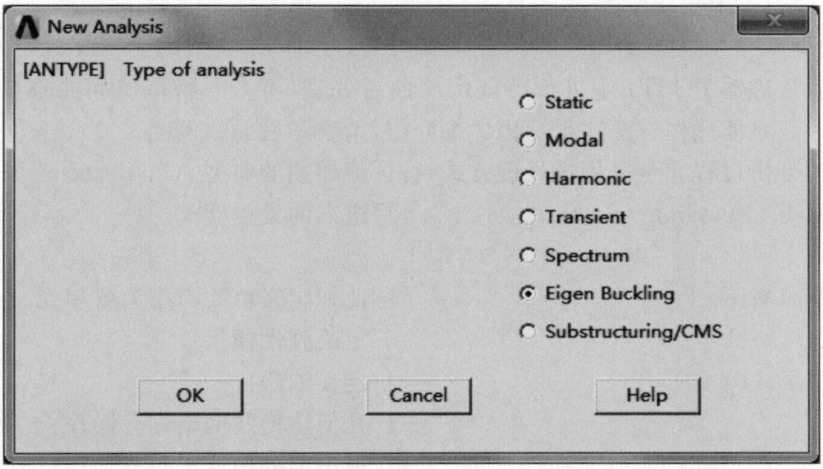

图 9-3　选择特征值屈曲分析类型

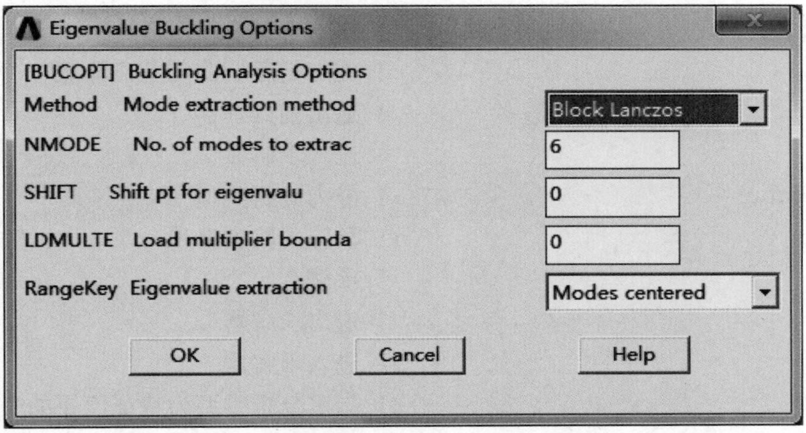

图 9-4　特征值屈曲选项

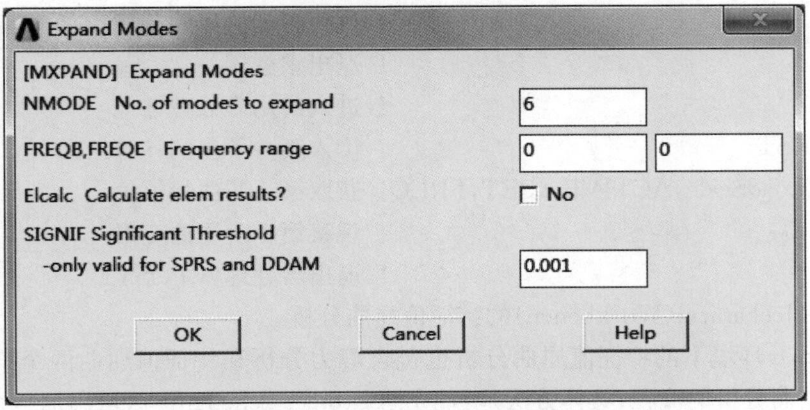

图 9-5　设置屈曲模态扩展选项

求解。求解完成后，退出求解器。

10）后处理

在通用后处理器 POST1 中进行特征值屈曲后处理，可查看特征值屈曲临界荷载值以及特征屈曲变形。具体操作方法这里不再详细介绍，请参考后面的例题。

如果建模分析过程完全采用批处理方式，特征值屈曲的典型 APDL 命令流如下：

```
/FILNAME,Buckling              ！进入前处理器
/PREP7
ET,1,BEAM188                   ！比如定义单元类型为梁单元
MP,EX,1,2e11                   ！定义弹性模量
MP,PRXY,1,0.2                  ！定义泊松比
……                            ！几何建模及网格划分操作
FINISH                         ！退出前处理器
NSEL,                          ！选择受约束节点
D,                             ！施加位移约束
ALLSEL,ALL                     ！恢复选择全部对象
F,                             ！施加引起屈曲的节点荷载
FINISH                         ！退出前处理器
/SOLU                          ！进入求解器
antype,static                  ！静力分析类型
pstres,on                      ！预应力刚度选项
Solve                          ！求解
FINISH                         ！退出求解器
/SOLU                          ！进入求解器
ANTYPE,1                       ！指定分析类型为特征值屈曲分析
BUCOPT,LANB,1,0,0              ！设置屈曲模态提取方法及模态提取数
MXPAND,1                       ！设置屈曲模态扩展数为1阶
SOLVE                          ！执行特征值屈曲分析
FINISH                         ！退出求解器
/POST1                         ！进入通用后处理器
SET,FIRST                      ！读入第一子步的计算结果
*GET,LoadScale,ACTIVE,,SET,FREQ ！获取第一屈曲特征值
PLDISP,0                       ！观察第1阶屈曲变形
FINISH                         ！退出后处理器 POST1
```

3. 基于 Mechanical(Workbench) 的特征值屈曲分析

Workbench 环境下的特征值屈曲分析也包含静力分析和特征值屈曲两个阶段。首先是搭建特征值屈曲分析的流程，具体方法是：首先向 Project Schematic 区域添加一个 Toolbox>Analysis Systems 下面的 Static Structural 系统，然后在 Toolbox>Analysis Systems 下选择 Linear Buckling 系统，用鼠标左键将其拖放至刚才添加的静力分析系统 A：Static Structural

的 A6 Solution 单元格,得到如图 9-6 所示的分析流程。

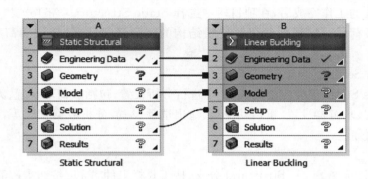

图 9-6　Workbench 环境中的特征值屈曲分析流程

在特征值屈曲分析系统中,单元格 A2 和单元格 B2、单元格 A3 和单元格 B3、单元格 A4 和单元格 B4 之间通过连线联系在一起,连线的右端为实心的方块,表示结构静力分析系统 A 和结构特征值屈曲分析系统 B 之间共享 Engineering Data(工程材料数据)、Geometry(几何模型)以及 Model(有限元模型)。单元格 A6 和单元格 B5 单元格之间通过连线相联系,而连线的右端为一个实心的圆点,这表示数据的传递,即单元格 A6 计算出的应力刚度结果传递到单元格 B5 作为设置条件。

上述系统创建后,即可开始进行特征值屈曲分析,分析过程与其他分析类型类似,也包含前处理、求解以及后处理三个阶段。前处理阶段的操作与其他分析类型类似,这里不再重复介绍。下面对特征值屈曲分析的求解及后处理过程进行介绍。

特征值屈曲分析的求解过程包括两个阶段,即:静力分析阶段和模态分析阶段。双击上述 Workbench 分析流程的 A4 或 B4 单元格,均可以启动 Mechanical 组件的操作界面。

在 Mechanical 界面的项目树(Project Tree)中,可以看到 Model 分支右侧显示(A4,B4),表示共享模型,表现为 Mesh 分支以上的各分支为共享。而分析环境有两个,即:Static Structural(A5)以及 Linear Buckling(B5),如图 9-7 所示。下面对这两个分析阶段进行介绍。

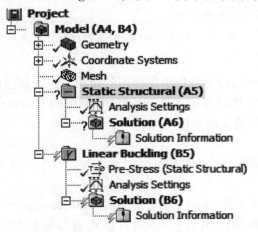

图 9-7　特征值屈曲分析的项目树

(1)静力分析阶段

按照如下步骤完成静力求解阶段。

1)加载

前处理阶段的工作完成后,在项目树中选择 Static Structural(A5)分支,在其右键菜单中选择插入约束及荷载。施加的约束要反映结构的实际受力状态,施加的荷载即引起屈曲的荷载。

2)Analysis Settings 设置

在 Analysis Settings 分支的 Details 中进行分析设置,包括载荷步设置、大变形分析开关、非线性选项设置、求解器设置、重启动控制、输出选项设置、分析数据管理等,在之前的一些章节中已经介绍过了。

3)求解

加载完成后,选择 Static Structural 分支,按工具栏上的 Solve 按钮求解静力分析。

(2)特征值屈曲分析阶段

按照如下步骤完成特征值屈曲分析阶段。

1)确认 Pre-Stress 分支

对于上述预应力模态分析系统而言,Pre-Stress 分支右边显示有(Static Structural),表示是基于静力分析的应力刚度结果。

2)Analysis Settings 设置

在 Analysis Settings 分支的 Details 中进行分析设置,主要是设置提取特征值阶数和求解方法,如图 9-8 所示。可选择 Direct 方法和 Subspace 方法,Direct 方法是缺省方法。

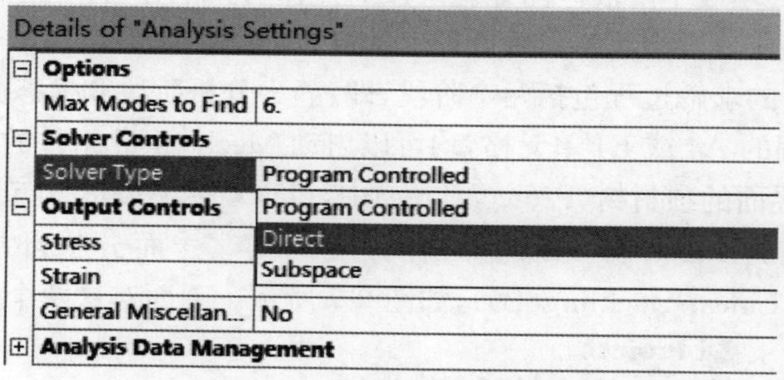

图 9-8 特征值屈曲分析求解设置

3)求解

特征值屈曲分析阶段将保持静力分析阶段使用的结构约束,不允许在特征值屈曲分析部分增加新的约束及荷载。在上述设置完成后,选择项目树中的 Linear Buckling 分支,按下工具栏上的 Solve 按钮求解特征值屈曲分析。

(3)后处理

计算完成后,按如下步骤进行后处理操作。

1)查看特征值计算结果

在 Project Tree 中选择 Linear Buckling 分支下的 Solution Information,在 Worksheet 中显示 Solver Output 求解过程的输出信息,其中可以查看特征值的计算结果。此外,选择 Linear Buckling 分支下的 Solution 分支,在 Graph 以及 Tabular Data 列表中,也可以查看特

征值计算结果列表。

2）查看特征值屈曲形状

在 Tabular Data 列表中用鼠标左键单击 Load Multiplier，然后点鼠标右键，在弹出的右键菜单中选择 Create Mode Shape Results，在 Linear Buckling 的 Solution 分支下出现与特征值相关的屈曲变形 Total Deformation 结果分支。在 Outline 中选择 Linear Buckling 下面的 Solution 分支，在其右键菜单中选择 Evaluate All Results，Mechanical 会计算这些变形结果。评估完成后，选择 Solution 分支下的 Total Deformation 结果分支，观察变形结果。

具体的后处理操作步骤可以参照本章后面的例题。

9.2.2 非线性屈曲分析

非线性屈曲分析是在特征值屈曲分析基础上，通过向结构中引入基于特征值屈曲变形的几何缺陷，考虑材料非线性和大变形，按增量法逐步增加结构荷载，进行非线性静力分析，直至结构达到结构的屈曲极限承载力。

非线性屈曲分析一般在 Mechanical APDL 中进行，一个典型的非线性屈曲分析包括建模、特征值屈曲分析、非线性屈曲分析等阶段。建模和特征值屈曲的具体操作在上面已经介绍过了，下面仅介绍非线性屈曲分析阶段的操作步骤和方法。

在 Mechanical APDL 中，非线性屈曲分析阶段包含以下具体的操作步骤。

1. 进入前处理器

通过/PREP7 命令或菜单 Main Menu>Preprocessor 进入前处理器。

2. 修正材料模型为塑性模型

如果在特征值屈曲阶段没有定义材料的非线性特性参数，在非线性屈曲阶段需要定义这些参数，通常是指定材料的塑性参数。对于金属材料，一般多采用双线性、多线性随动硬化弹塑性模型，具体参数及操作命令可参照上面一章。

3. 引入几何缺陷

在非线性屈曲分析中，一般是基于特征值屈曲分析中得到的第 1 阶屈曲特征变形按一定比例增加一个结构的初始几何缺陷。操作命令为 UPGEOM，其相关参数如下：

UPGEOM,FACTOR,LSTEP,SBSTEP,Fname,Ext

其中，FACTOR 为变形缩放比例，LSTEP 以及 SBSTEP 为更新坐标所采用的变形所对应的荷载步及荷载子步，Fname 为结果文件名，Ext 通常为 RST，即结果文件。

UPGEOM 命令的执行也可以通过菜单 Main Menu>Preprocessor>Modeling>Update Geom，打开 Update nodes using results file displacement 设置框，如图 9-9 所示，在其中指定基于节点坐标更新几何的相关参数。

4. 退出前处理器

完成上述操作后，通过 FINISH 命令或 Main Menu>FINISH 菜单退出前处理器。

5. 进入求解器

通过/SOLU 命令，或 Main Menu>Solution 菜单，进入求解器。

6. 设置分析类型

非线性屈曲为一个非线性的静力分析，通过命令 ANTYPE,STATIC 或通过菜单 Main Menu>Solution>Analysis Type>New Analysis，选择分析类型为静力分析。

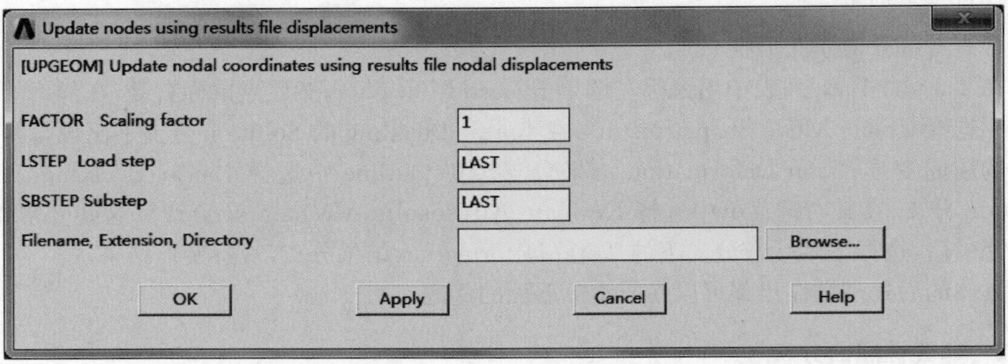

图 9-9　更新几何模型

7. 缩放荷载

在前面的特征值屈曲分析中，通常是施加单位荷载，在非线性屈曲分析中需要按实际情况加载，一般可通过放大单位荷载的方法实现，而放大的比例一般是选择特征值屈曲分析的第一阶特征值或略大的值。对于集中力，可以通过 FSCALE 命令进行比例放大，比如：FSCALE，LoadScale 或 FSCALE，1.1 * LoadScale，其中 LoadScale 为特征值屈曲中提取的第一阶屈曲特征值。

对施加于单元上的表面荷载，可以通过 SFSCALE 命令按第一阶屈曲特征值进行放大，比如：SFSCALE，PRES，LoadScale，表示对施加在单元上的压力荷载进行放大。

8. 设置分析选项

(1) 设置载荷步选项

1) 设置载荷步结束时间

可以通过 TIME 命令，或通过菜单 Main Menu>Preprocessor>Loads>Analysis Type>Sol'n Controls，在弹出的 Solution Controls 设置框的 Basic 表中指定载荷步结束时间。

在静力分析中，"时间"仅是一种跟踪机制，而没有实际的意义。在非线性屈曲分析中，一般可以指定载荷步结束时间等于所施加的荷载。由于结构失稳一般伴随着很大的变形，材料也一般进入塑性工作阶段，因此非线性屈曲分析在结构达到稳定极限承载力附近时为高度非线性状态，迭代一般不易收敛，求解以发散结束。通过计算结束的"时间"即可推知结构的稳定承载力。

2) 设置自动时间步及载荷子步范围

通过 Main Menu>Solution>Analysis Type>Sol'n Controls，在弹出的 Solution Controls 设置框的 Basic 中选择 Auto Time Stepping 为 ON，也可以通过 AUTOTS,ON 命令打开自动时间步。然后定义 Number of substeps、Max no. of substeps 以及 Min no. of substeps；或通过 NSUBST 命令定义 NSBSTP，NSBMX，NSBMN，即：初始载荷子步数、最大载荷子步数以及最小荷载子步数。这样 Mechanical 求解器在求解时会在指定范围内改变载荷子步数，实际上就是改变载荷的加载增量。容易收敛时增加步长，反之则减小步长。

3) 设置输出选项

可以在 Solution Controls 设置框的 Basic 表中设置输出选项 Write Items to Results File，以指定写到结果文件的数据内容以及写入的频率。为了后处理中绘制非线性屈曲载荷-变形曲线，一般需指定求解器输出全部子步的全部结果，命令为 OUTRES,ALL,ALL。

如果分析者完全采用 Solution Controls 设置框进行载荷步指定，则非线性屈曲分析中一组典型的 BASIC 表设置如图 9-10 所示。

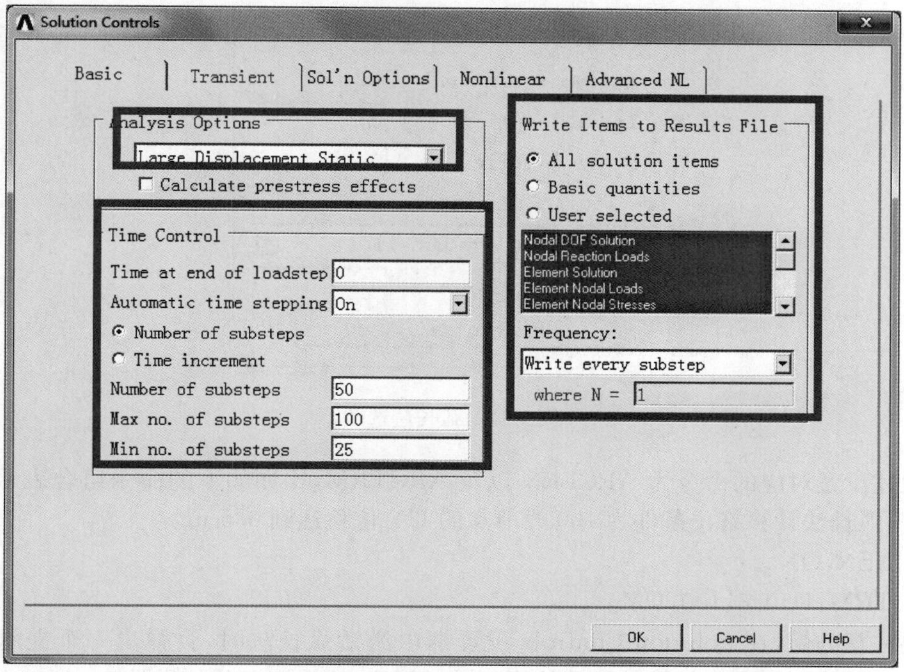

图 9-10 非线性屈曲分析中典型的 BASIC 标签页面设置

(2)设置其他非线性选项

1)大变形选项

在 Solution Controls 设置框的 Basic 表中设置 Analysis Options 为 Large Displacement Static，即：大变形静力分析，如图 9-10 所示。也可以通过 NLGEOM,ON 命令选择大变形分析。

2)一般非线性分析求解选项设置

非线性分析可以选择标准方法或弧长法。如果采用标注方法，可以在 Solution Controls 设置框的 Nonlinear 标签页面中选择打开线性搜索（Line search）开关，如图 9-11 所示。

3)弧长法非线性分析求解选项设置

如果采用弧长法进行求解，则可以更好地计算后屈曲效应。弧长法在 Solution Controls 设置框的 Advanced Nonlinear 标签页面下进行设置，如图

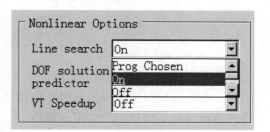

图 9-11 打开线性搜索

9-12 所示。激活 Arc-length method 后，可指定 Max Multiplier、Min Multiplier，即最大和最小参考弧长半径乘子；还可以指定弧长法终止计算的条件，在非线性屈曲分析中，经常采用监控某个节点的位移达到某个限值作为终止求解的条件，即选择 Terminate at any DOF limit，

指定 Displacement limit，并通过 Pick node 按钮打开选择框，在模型中选择监控节点。弧长法的初始半径由 NSUBST 命令的 NSBSTP 参数（初始子步数）以及 TIME 命令定义的载荷步结束时间共同决定。

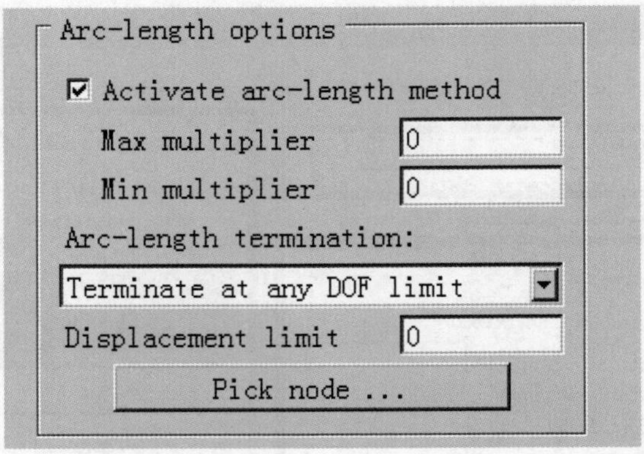

图 9-12　弧长法选项

与上述设置对应的命令为 ARCLEN 以及 ARCTRM，比如如下的命令组合表示，采用弧长法求解，弧长法计算终止条件为 100 号节点的 UY 位移达到 0.5 m。

ARCLEN,ON
ARCTRM,U,0.5,100,UY

需要注意的是，在 Solution Controls 设置框中激活弧长法时，会弹出一个提示框，如图 9-13 所示，提示在使用弧长法时，不能使用自动时间步、线性搜索及预测器。

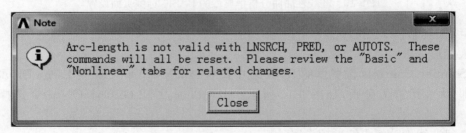

图 9-13　弧长法的限值条件

9. 求解并退出求解器

设置完成后，发出 SOLVE 命令或 Main Menu＞Solution＞Solve＞Current LS 菜单进行求解。由于结构失稳过程的高度非线性，求解过程可能发散，这时最后一个收敛的子步将给出结构失稳过程可以达到的极限承载力。

求解结束后，通过 FINISH 命令或 Main Menu＞FINISH 菜单退出求解器。

10. 后处理

（1）时间-历程后处理

在 POST26（Main Menu＞TimeHist Postpro）中，定义关注的位移变量，TIME 通常代表荷载变量，之后可以位移变量为横轴，TIME 为中轴画荷载-位移曲线。具体操作方法见本章后面的例题。

(2)通用后处理

在 POST1(Main Menu>General Postproc)中,通过 Main Menu>General Postproc>Read Results>By Pick,选择感兴趣的子步结果,观察结构的变形分布、应力分布、塑性应变分布等。具体操作这里不展开介绍,看参考本章后面的例题。

如果完全采用 APDL 命令方式进行分析,下面为一个典型的屈曲分析以及非线性屈曲分析命令流:

```
/FILNAME,Buckling              ! 进入前处理器
/PREP7
ET,1,SHELL181                  ! 定义单元类型为壳单元
MP,EX,1,2e11                   ! 定义弹性模量
MP,PRXY,1,0.2                  ! 定义泊松比
……                             ! 几何建模及网格划分操作
FINISH                         ! 退出前处理器
NSEL,                          ! 选择受约束节点
D,                             ! 施加位移约束
ALLSEL,ALL                     ! 恢复选择全部对象
sfe,all,1,pres,,1              ! 对全部单元施加单位压力
/PSF,PRES,NORM,2,0,1           ! 压力显示为箭头
/REP                           ! 重新绘图
FINISH                         ! 退出前处理器
/SOLU                          ! 进入求解器
antype,static                  ! 静力分析类型
pstres,on                      ! 预应力刚度选项
Solve                          ! 求解
FINISH                         ! 退出求解器
/SOLU                          ! 进入求解器
ANTYPE,1                       ! 指定分析类型为特征值屈曲分析
BUCOPT,LANB,6,0,0              ! 设置屈曲模态提取方法及模态提取数
MXPAND,6,0,0,1,0.001,          ! 设置屈曲模态扩展数及扩展算法选项
SOLVE                          ! 执行特征值屈曲分析
FINISH                         ! 退出求解器
/POST1                         ! 进入通用后处理器
SET,FIRST                      ! 读入第一子步的计算结果
*GET,LoadScale,ACTIVE,,SET,FREQ ! 获取第一屈曲特征值
PLDISP,0                       ! 观察第1阶屈曲变形
SET,NEXT                       ! 读入下一子步的计算结果
PLDISP,0                       ! 观察第2阶屈曲变形
……                             ! 其他后处理操作,如动画观察等
FINISH                         ! 退出后处理器 POST1
```

```
/PREP7                              ! 进入前处理器
TB,BISO,1,1,2,                      ! 修正材料模型为弹塑性模型
TBDATA,,2.0e8,0
UPGEOM,0.01,1,1,'Buckling','rst'    ! 引入几何缺陷,第一阶屈曲变形的1‰
FINISH                              ! 退出前处理器
/SOL                                ! 进入求解器
ANTYPE,0                            ! 指定分析类型为静力分析
sfscale,PRES,1.1 * LoadScale        ! 压力荷载缩放
time,1.1 * LoadScale                ! 指定载荷步结束时间等于所施加荷载
NLGEOM,1                            ! 打开大变形选项
OUTRES,ALL,ALL                      ! 输出所有子步的全部结果
NSUBST,200                          ! 设置分析的初始载荷子步数
SOLVE                               ! 求解
FINISH                              ! 退出求解器
/POST26                             ! 进入时间历程后处理器
NSOL,2,n1,U,Y,DEFLECTION            ! 指定节点 n1 位移 UY 为 2 号变量
                                      DEFLECTION
/AXLAB,X,Displacement               ! 指定绘图横坐标标签
/AXLAB,Y,Load                       ! 指定绘图纵坐标标签
XVAR,2                              ! 指定横坐标表示变量 2(位移)
PLVAR,1                             ! 绘载荷-位移曲线
FINISH
```

9.3 几何非线性及屈曲分析例题

9.3.1 桁架大变形分析

本节以一个两杆桁架为例,介绍大变形分析的方法,并对其分析结果进行讨论。

1. 问题描述

两杆桁架,杆件尺寸示意图如图 9-14 所示,在中间节点处承受 20 kN 的竖向荷载作用,杆件的弹性模量为 2×10^{11} Pa,两杆的截面积均为 5 cm^2,假设在外载荷作用下杆件始终处于线性弹性工作阶段,计算结构中间节点的位移和两杆件的轴力。

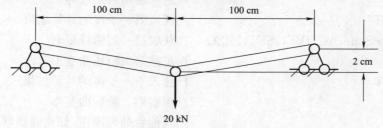

图 9-14　两杆桁架示意图

第9章 几何非线性分析与屈曲分析

2. 建模分析过程

本例题的所有操作均通过 APDL 命令流来实现。

(1) 创建分析模型

桁架结构通过直接法建立分析模型,建模及加载的命令流如下:

```
/prep7                          ! 进入前处理器
et,1,180                        ! 定义单元类型
R,1,5e-4                        ! 定义杆件截面积
MP,EX,1,2e11                    ! 定义弹性模量
MP,PRXY,1,0.3                   ! 定义泊松比
n,1                             ! 创建左边节点 1
n,2,1,-0.02                     ! 创建中间节点 2
n,3,2,0                         ! 创建右边节点 3
e,1,2                           ! 创建左边杆件
e,2,3                           ! 创建右边杆件
d,1,ux,,,3,2,uy                 ! 左右两节点约束
f,2,fy,-20e3                    ! 中间节点施加向下的荷载
finish                          ! 退出前处理器
```

上述命令执行完成后的结构模型及其加载和约束情况如图 9-15 所示。

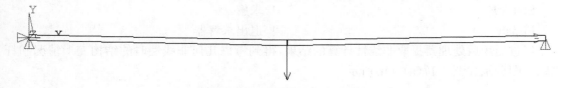

图 9-15 两杆桁架结构及约束加载情况

(2) 小变形线性分析

为了更好地说明非线性的影响,首先进行一次线性分析,操作命令流如下:

```
/solu                           ! 进入求解器
solve                           ! 求解
finish                          ! 退出求解器
/post1                          ! 进入通用后处理器
set,last                        ! 读入最后一步的结果
PRNSOL,U,Y                      ! 打印位移解
ETABLE,,SMISC,1                 ! 定义单元表
PRETAB,SMIS1                    ! 打印单元表
PLLS,SMIS1,SMIS1,1,0            ! 线性分析轴力图
```

线性分析的结构变形情况和杆件轴力图分别如图 9-16(a)、(b)所示。

(3) 大变形分析

下面进行几何非线性分析,前处理、后处理的操作命令完全一致。区别在于进入求解器之后按如下的操作命令进行设置并求解。

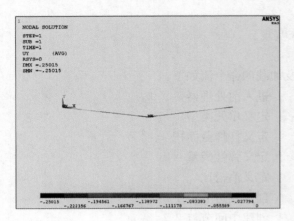 

(a) 变形   (b) 轴力图

图 9-16 线性分析计算结果

/SOLU	! 进入求解器
NLGEOM,on	! 打开大变形开关
NSUBST,20	! 设置分析子步数为 20
AUTOTS,off	! 关闭自动时间步
OUTRES,ALL,ALL	! 输出结果设置
SOLVE	! 求解
Finish	! 退出求解器

经过通用后处理器提取非线性计算的结果,得到考虑几何非线性时的结构变形情况和杆件轴力图分别如图 9-17(a)、(b)所示。

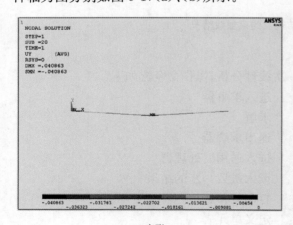

(a) 变形   (b) 轴力图

图 9-17 非线性分析计算结果

3. 分析结果的讨论

线性、非线性分析的中间节点位移及杆件轴力比较列于表 9-1 中。

对比线性解和非线性解:考虑几何非线性后,中间节点位移以及杆件轴力分别为线性情况

第 9 章 几何非线性分析与屈曲分析

下的 16.3%以及 32.9%,可见线性解与非线性解的差距十分明显,已经不能用线性解作为设计的依据了。

表 9-1 两杆桁架计算结果汇总

分析项目	中间节点位移(mm)	杆件轴力(kN)
线性分析结果	−250.15	$5.0010×10^2$
几何非线性结果	−40.863	$1.6461×10^2$

对于几何非线性解答,继续进行如下的时间历程后处理操作:

```
/post26                      ! 进入时间历程后处理器
NUMVAR,200                   ! 指定变量数
RFORCE,2,1,F,Y,RFY1          ! 提取节点 1 的 Y 向反力
NSOL,3,2,U,Y,UY2             ! 提取中间节点的变形量
PROD,100,2,,,,,,2,1,1,       ! 节点 1Y 向反力 2 倍(=施加外荷载)
ABS,101,3,,,,,,1,            ! 对变形量取绝对值
XVAR,101                     ! 选择变形量的绝对值为 X 轴变量
PLVAR,100,                   ! 绘制荷载-变形曲线
FINISH                       ! 退出时间历程后处理
```

通过上述的命令,可绘制所施加的外荷载与中间节点竖向位移之间的关系曲线,如图 9-18 所示。由施加荷载-变形曲线可知:此问题属于明显的非线性,且刚度随加载过程逐渐变大,即逐渐刚化。

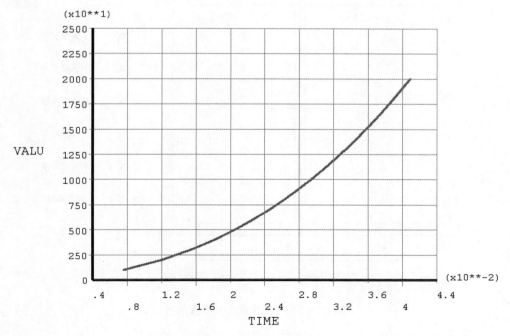

图 9-18 载荷-变形曲线

9.3.2 悬臂构件的特征值屈曲分析（Mechanical）

本节基于 Workbench 中的 Mechanical 组件，对一个悬臂的工字型截面梁进行特征值屈曲分析。

1. 问题描述

工字型截面悬臂构件，如图 9-19 所示。构件长度为 6.0 m，左端为固定端，右端承受轴向力 P，对此构件进行特征值屈曲分析，计算理论临界屈曲荷载。

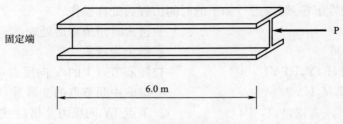

图 9-19 悬臂构件示意图

构件的横截面如图 9-20 所示，其中各参数为上下翼缘宽度 W1＝W2＝0.2 m；梁截面高度 W3＝0.2 m；上下翼缘厚度 t1＝t2＝0.02 m；腹板厚度 t3＝0.01 m。

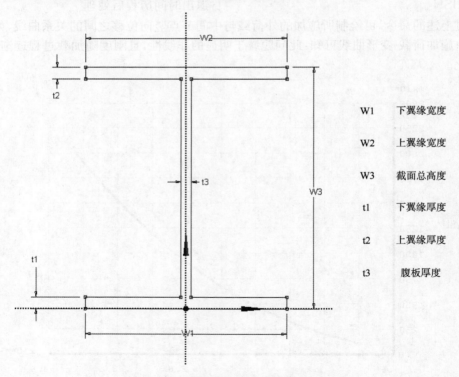

图 9-20 构件的横截面及参数描述

2. 建模及分析过程

在 Workbench 环境中的特征值屈曲建模计算的过程包括创建项目文件、建立分析系统、创建几何模型、前处理、加载以及求解等环节,下面介绍具体的操作过程及步骤。

(1) 创建项目文件

按如下的步骤进行操作。

1) 启动 Workbench

在"开始"菜单中选择 ANSYS>Workbench,启动 ANSYS Workbench。

2) 创建项目文件

打开 Workbench 界面之后,单击 Save As 按钮,选择存储路径并将项目文件另存为"Beam",保存后的文件名出现在 Workbench 窗口标题栏,如图 9-21 所示。

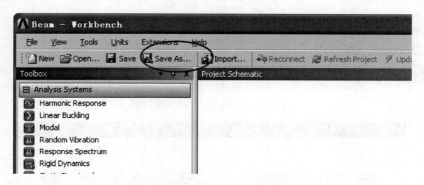

图 9-21　ANSYS Workbench 保存项目文件 Beam

3) 设置工作单位系统

通过菜单 Units,选择工作单位系统为 Metric (kg,mm,s,℃,mA,N,mV),选择 Display Values in Project Units,如图 9-22 所示。

(2) 建立分析系统

按如下的步骤进行操作。

1) 创建几何组件

在 Workbench 工具箱的 Component Systems 中,选择 Geometry,将其用鼠标左键拖拽到项目图解窗口内(或者直接双击此 Geometry 组件)。在 Project Schematic 内会出现名为 A 的 Geometry 组件,如图 9-23 所示。

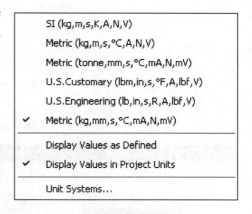

图 9-22　选择单位系统

2) 建立静力分析系统 B

在 Workbench 左侧工具箱的分析系统中选择 Static Structural(ANSYS),用鼠标左键将其拖拽至 A2(Geometry)单元格中,形成静力分析系统 B,该系统的几何模型来源于几何组件 A,如图 9-24 所示。

3) 建立特征值屈曲分析系统

在 Workbench 左侧工具箱的分析系统中选择 Linear Buckling,用鼠标左键将其拖拽至 B6(Solution)单元格,创建特征值屈曲分析系统 C,该系统的几何模型来源于几何组件 A,如图 9-25 所示。

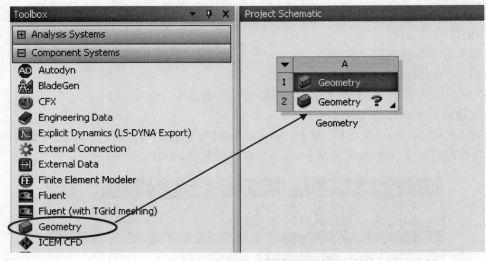

图 9-23 创建 Geometry 组件 A

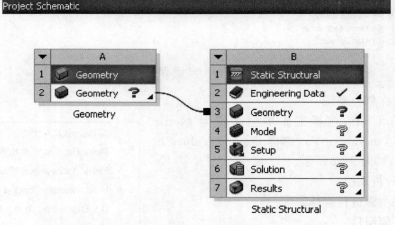

图 9-24 建立静力分析系统 B

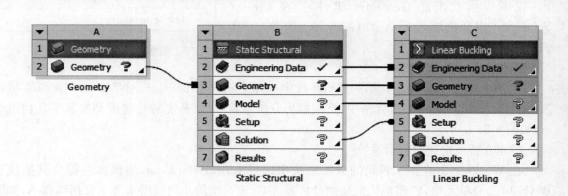

图 9-25 建立特征值屈曲分析系统 C

第 9 章 几何非线性分析与屈曲分析

(3)创建几何模型

按照如下操作步骤在 DM 中建立梁的几何模型。

1)启动 DM 组件

用鼠标点选 A2(Geometry)组件单元格,在其右键菜单中选择"New DesignModeler Geometry",启动 DM 建模组件,如图 9-26 所示。

2)设置建模单位系统

在 DesignModeler 启动后,首先会弹出如图 9-27 所示的建模长度单位系统选择对话框,在其中选择单位为 Meter(m),单击 OK 按钮确定,进入 DesignModeler 建模界面。注意到此处采用了与项目单位不一致的建模长度单位,但这并不冲突。

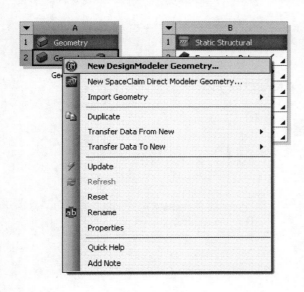

图 9-26 启动 DM

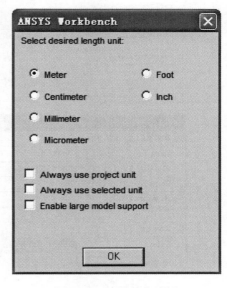

图 9-27 建模单位选择

3)选择建模平面并创建草图

在 DM 的 Geometry 树中单击 XYPlane,选择 XY 平面为草图绘制平面,接着选择草图按钮  新建草图 Sketch1,如图 9-28(a)所示。为了便于操作,单击正视按钮选择正视工作平面,如图 9-28(b)所示。

4)绘制梁的轴线

点 Tree Outline 左下侧的 Sketching 标签,切换至草绘模式,在绘图工具面板 Draw 中,选择 Line 绘制直线,此时右边的图形界面上出现一个画笔,拖动画笔放到原点上时会出现一个"P"字的标志,表示与原点重合,此时向右拖动鼠标左键,出现一个"H"字母标志表示线段为水平方向,此时松开鼠标左键,绘制一条水平线段。

5)标注梁的轴线尺寸

选择草绘工具箱的标注工具面板 Dimensions,选择通用标注 General,选择绘制的水平轴线,设置其长度 H1 为 6 m,如图 9-29 所示。

6)基于草图生成线

切换草图模式(Sketching)到 3D 模式(Modeling),选择菜单项 Concept＞Lines From

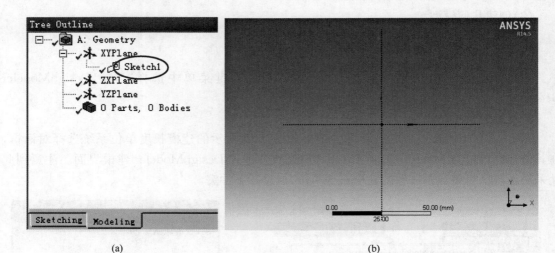

图 9-28 草图与工作平面

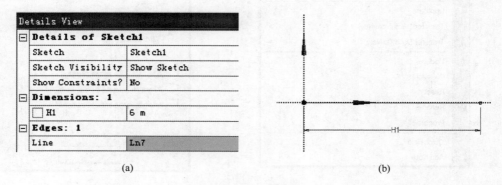

图 9-29 矩形尺寸标注

Sketches,这时在模型书中出现一个 Line1 分支,在其 Details 选项中 Base Objects 选择 XYPlane 上的 Sketch1,然后点工具栏中的 Generate 按钮以创建一个线,如图 9-30 所示。

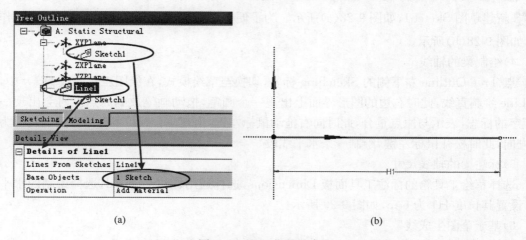

图 9-30 基于草图创建线

第 9 章　几何非线性分析与屈曲分析

7) 定义线体截面

在菜单栏中选择 Concept>Cross Section>I Section，创建工字型横截面 I1，并在左下角的详细列表中修改横截面的尺寸，如图 9-31 所示。

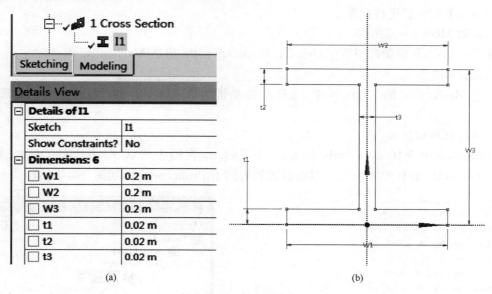

图 9-31　指定横截面

8) 对线体赋予横截面属性

① 单击选中树形窗中的 Line Body 选项，在左下角的详细列表中单击黄色 Cross Section 选项，在下拉菜单中选择已添加的工字型截面 I1，然后单击工具栏上的 Generate 按钮完成截面指定，如图 9-32(a) 所示。

② 选择菜单栏 View>Cross Section Solids，可以观察到显示横截面的线体模型及其单元坐标系，如图 9-32(b) 所示。

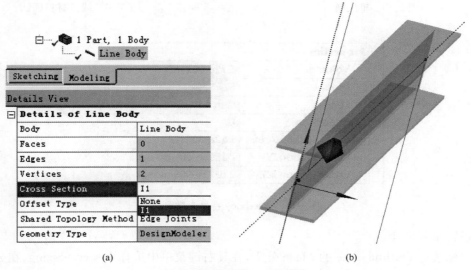

图 9-32　赋予截面后的线体

9)退出 DM

几何体建模完成，关闭 DesignModeler，回到 ANSYS Workbench 界面下。

(4)前处理

按照如下的步骤进行操作。

1)启动 Mechanical 组件

在 Workbench 的项目图解中双击 B4(Modal)单元格，启动 Mechanical 组件。

2)设置单位系统

通过 Mechanical 的 Units 菜单，选择单位系统为 Metric(m，kg，N，s，V，A)，如图 9-33 所示。

3)确认材料和截面

在 Outline 中选择 Line body 分支，在其 Details 视图中确认 Assignment 材料属性为 Structural Steel，如图 9-34 所示。截面参数列表列于 Properties 中，如图 9-35 所示。

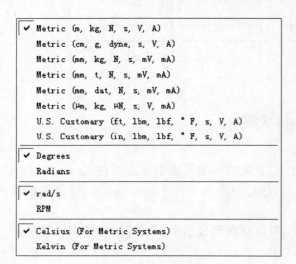

图 9-33 单位制

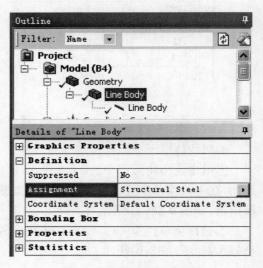

图 9-34 线体材料确认

Properties	
Volume	6.72e-002 m³
Mass	527.52 kg
Length	6. m
Cross Section	I1
Cross Section Area	1.12e-002 m²
Cross Section IYY	7.1893e-005 m²·m²
Cross Section IZZ	2.6773e-005 m²·m²

图 9-35 line body 特性参数列表

4)设置单元尺寸

用鼠标选择 Outline Tree 的 Mesh 分支，在其右键菜单中选择 Insert>Sizing，在 mesh 分支下出现一个 Edge Sizing 分支。选择此 Edge Sizing 分支，在其 Details 中的 Element Size 设

置网格尺寸为 0.5 m，如图 9-36 所示。

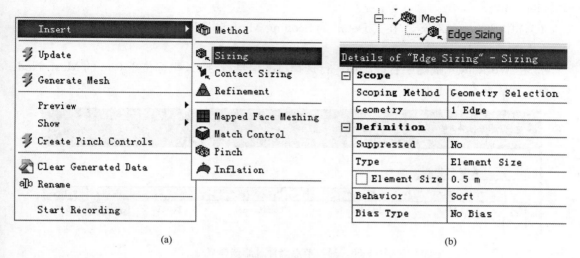

图 9-36　设置单元尺寸

5）网格划分

在 Mesh 分支的右键菜单中选择 Generate Mesh，划分网格后的结构如图 9-37 所示，整根梁被划分为 12 个单元。

图 9-37　划分单元后的梁模型

（5）加载

按照如下的步骤进行操作。

1）施加左端固定约束

①选择 Structural Static(B5)分支，工具面板的过滤选择按钮选择 Vertex(点)，选择梁的左端点。

②在图形区域点右键，在右键菜单中选择 Insert＞Fixed Support，在 Outline 中出现一个 Fixed Support 分支。

2）在梁的右端（自由端）施加节点集中力

①在 Mechanical 界面中选择 Model(B4)分支，工具栏的 Model 一栏中选择 Named

Selection,在其右键菜单中选择 Insert>Named Selection,此分支下出现一个命名选择集合分支 Selection2。

②选中 Selection2 分支,在其 Detail 的 Scoping Method 选项选择 Worksheet,视图切换至 Worksheet。

③在 Worksheet 视图中右键添加一行选择过滤信息,选择 X 坐标位于 6 m 的 Mesh Node（节点）,如图 9-38 所示。

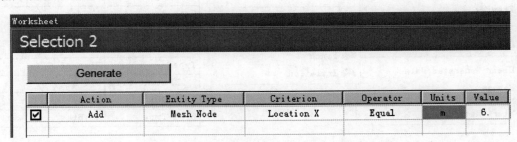

图 9-38　通过节点坐标过滤选择节点

④点 Worksheet 视图中的 Generate 按钮,形成节点选择集 Selection。此时,切换至 Graphics 模式,高亮度显示 Selection 所选择的节点集合为距离固定端 6 m 的节点,即梁的右端节点。

⑤选择 Structural Static(B5)分支,在其右键菜单中选择 Insert>Nodal Force,在 Project Tree 中出现一个 Nodal Force 分支。

⑥选择 Nodal Force 分支,在其 Details 中,设置 Scoping Method 属性为"Named Selection",在 Named Selection 下拉列表中选择上面形成的节点选择集合 Selection,设置其 X Component 为－1 N,如图 9-39(a)所示。

⑦选择菜单 View>Cross Secion Solids,打开几何截面显示开关。在模型中显示的节点力如图 9-39(b)所示。

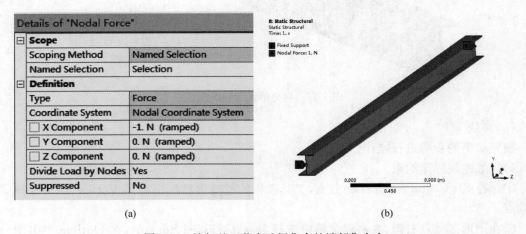

图 9-39　施加基于节点选择集合的端部集中力

(6)求解

按照如下的步骤进行操作。

第 9 章　几何非线性分析与屈曲分析

1)特征值分析选项设置

选择 Outline 中 Linear Buckling 的 Analysis Settings 分支,在其 Details 中设置 Max Modes to Find 为 6,如图 9-40 所示。

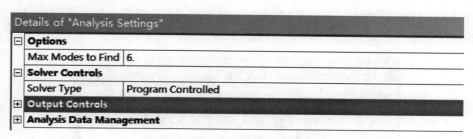

图 9-40　特征值屈曲选项设置

2)求解

在 Outline 中选择 Linear Buckling 分支,按下工具条上的 Solve 按钮,开始求解。

3. 查看计算结果

求解结束后,按如下的步骤进行后处理操作。

(1)查看特征值计算结果

在 Outline 中选择 Linear Buckling 分支下的 Solution Information,在 Worksheet 中显示 Solver Output 求解过程的输出信息,其中查看特征值计算结果如图 9-41 所示。

```
***** EIGENVALUES (LOAD MULTIPLIERS FOR BUCKLING) *****
        *** FROM BLOCK LANCZOS ITERATION ***

  SHAPE NUMBER    LOAD MULTIPLIER

       1             366760.92
       2             981844.99
       3            3283706.4
       4            8582573.7
       5            9030329.6
       6           13854807.
```

图 9-41　Solver Output 中的特征值计算结果

在 Outline 中选择 Linear Buckling 分支下的 Solution 分支,在 Graph 以及 Tabular Data 列表中,也可以查看特征值计算结果,如图 9-42 所示。

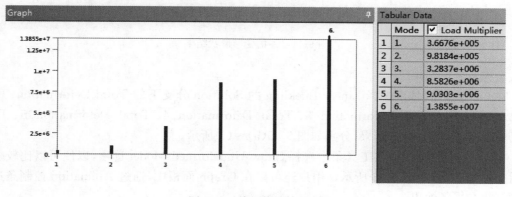

图 9-42　特征值计算结果

(2) 查看特征值屈曲形状

按如下步骤查看特征值屈曲变形结果。

1) 添加特征值屈曲变形形状结果

在 Tabular Data 列表中用鼠标左键单击 Load Multiplier,然后点鼠标右键,在弹出的右键菜单中选择 Create Mode Shape Results,如图 9-43 所示。

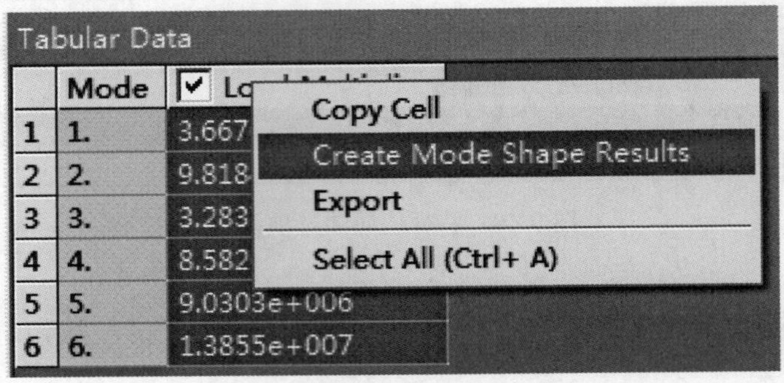

图 9-43 创建屈曲变形项目

在 Outline 的 Solution 分支下出现与特征值相关的屈曲变形结果分支,6 个特征值分别对应 Total Deformation 到 Total Deformation 6。

2) 评估变形形状结果

在 Outline 中选择 Linear Buckling 下面的 Solution 分支,在其右键菜单中选择 Evaluate All Results,如图 9-44 所示,Mechanical 会计算这些变形结果。

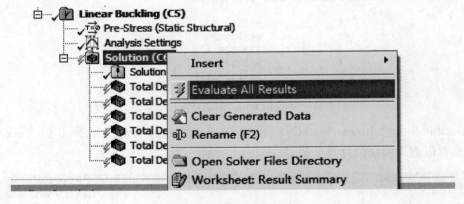

图 9-44 评估变形形状结果

3) 查看变形结果

在 Outline 中,依次选择 Linear Buckling 的 Solution 分支下的 Total Deformation、Total Deformation 2、Total Deformation 3、Total Deformation 4、Total Deformation 5、Total Deformation 6,观察变形结果,分别如图 9-45(a)~(f)所示。

在观察以上结果时,在工具条中选择 Show Undeformed Model 选项,以便可以比较变形前后的模型形状,如图 9-46 所示。用户还可以在 Graph 面板中,通过 Animation 控制条进行动画观察和视频输出。

第9章 几何非线性分析与屈曲分析

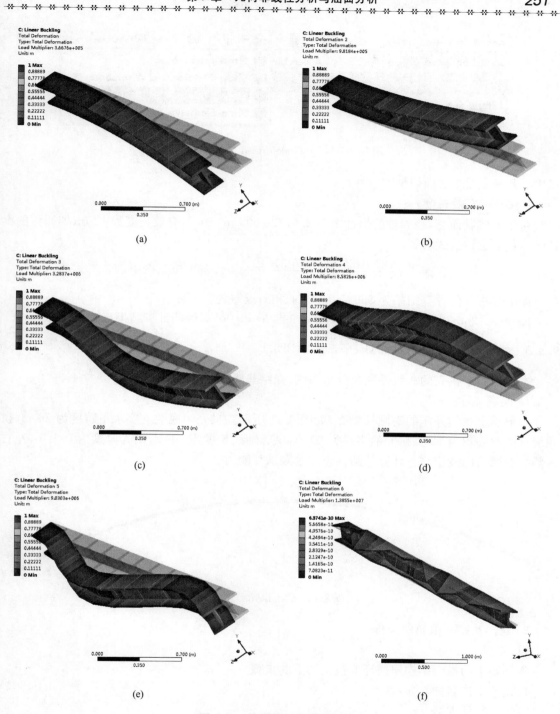

图 9-45 特征值屈曲变形结果

(3) 验证结果的正确性

根据材料力学中的理论解,一阶特征值屈曲的临界荷载的计算公式如下:

$$P_{\mathrm{cr}} = \frac{\pi^2 E I_2}{(\mu l)^2} \tag{9-5}$$

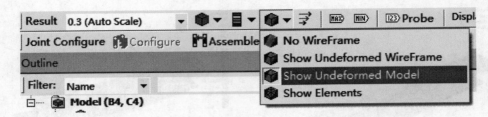

图 9-46 Show Undeformed Model 选项

式中　I_2——关于截面弱轴的惯性矩；

　　　μl——有效长度。

对于本例题而言，绕弱轴的惯性矩为 2.6773e-005 $m^2 \cdot m^2$，有效长度为 12 m（即两倍的梁长度），代入上述公式得到：

$$P_{cr}=\frac{\pi^2 \times 2 \times 10^{11} \times 2.677\ 3 \times 10^{-5}}{12^2}=3.669\ 985 \times 10^5\ \text{N}$$

而前述特征值计算结果为 366 760.92 N，相对误差为：

Error＝|366 760.92－366 998.5|/366 998.5≈0.06%，说明计算结果正确无误。

9.3.3　拱壳非线性屈曲分析（Mechanical APDL）

本节以一个拱壳的非线性屈曲分析为例，介绍非线性屈曲的分析方法。

1. 问题描述

顶部承受均匀外压的钢圆柱拱壳，如图 9-47 所示。拱壳两底端支座水平跨度为 20 m，拱壳跨过的圆心角为 120°，拱壳的半径为 20 m，拱壳轴线长度为 36 m，拱壳厚度为 0.1 m，左右两侧线约束三向线位移。计算此圆柱壳的极限承载能力。

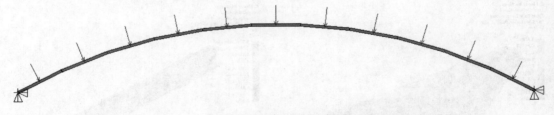

图 9-47　受压拱壳示意图

2. 建模及特征值屈曲分析

（1）建模

本例题中的拱壳结构建模环节包括如下的步骤。

1）设置工作名称与显示标题。

2）进入前处理器。

3）定义单元类型，本例中采用 SHELL181 单元。

4）定义材料及参数。

5）定义壳的截面，新版本 ANSYS 壳的厚度通过截面方式定义，实常数不再使用。

6）创建几何模型，在柱坐标系中直接创建柱面。

第9章 几何非线性分析与屈曲分析

7）设置网格划分选项。
8）划分网格。
具体的操作过程采用批处理方式，命令流如下。

```
/FILNAME,Buckling              ！进入前处理器
/TITLE,Buckling ANALYSIS
/PREP7
ET,1,181
MP,EX,1,2e11                   ！定义弹性模量
MP,PRXY,1,0.2                  ！定义泊松比
MP,DENS,1,7800                 ！定义材料密度
sect,1,shell
secdata,0.1,1,0.0,5
secoffset,MID
CSYS,1                         ！柱坐标系设为当前坐标系
k,,20.0,60,0.0                 ！建立关键点
k,,20.0,60,36.0
k,,20.0,120,36.0
k,,20.0,120,0.0
A,1,2,3,4                      ！通过关键点建立圆柱面，柱坐标系形成柱面
/VIEW,1,1,2,3                  ！改变视图角度
/REP                           ！重新绘图
aatt,1,,1,,1                   ！单元属性设置
AESIZE,ALL,2                   ！单元尺寸设置
MSHAPE,0,2D                    ！单元形状设置
MSHKEY,1                       ！划分方式为映射网格划分
AMESH,ALL                      ！划分网格
EPLOT                          ！绘制单元
```

上述建模操作结束后，可以观察几何模型及有限元模型分别如图9-48（a）、（b）所示。

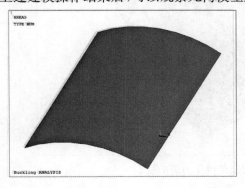
(a)

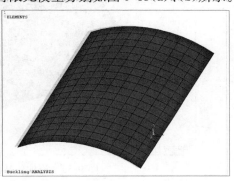
(b)

图9-48 模型示意图

(2) 施加约束及荷载

施加约束及荷载可以在前处理器中进行,也可以在求解器中进行,本例题中在前处理器中施加拱壳两直边的线位移约束及壳体表面的压力荷载,施加荷载完成后退出前处理器。加载的过程主要包含如下步骤。

1) 施加位移约束。
2) 壳体上施加单位压力荷载。
3) 完成约束及压力施加后退出前处理器。

具体的操作过程采用批处理方式,命令流如下。

```
CSYS,0                          ! 指定当前坐标系为总体直角坐标系
NSEL,S,LOC,X,-10.1,-9.9         ! 选择受约束节点
NSEL,A,LOC,X,9.9,10.1
D,ALL,UX                        ! 约束三向线位移
D,ALL,UY
D,ALL,UZ
ALLSEL,ALL                      ! 恢复选择全部对象
sfe,all,1,pres,,1               ! 对全部单元施加单位压力
/PSF,PRES,NORM,2,0,1            ! 压力显示为箭头
/REP                            ! 重新绘图
FINISH                          ! 退出前处理器
```

施加了位移约束及单位压力的模型如图 9-49 所示。

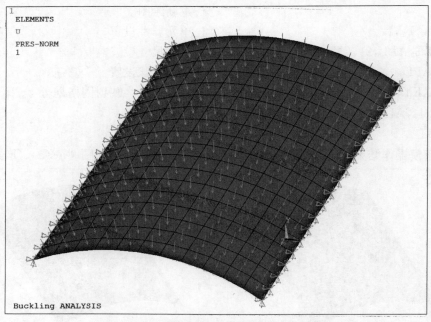

图 9-49 施加位移约束及单位压力后的模型

(3) 特征值屈曲分析

特征值屈曲分析包括预应力刚度计算阶段(静力分析)以及特征值分析阶段(特征值屈曲

分析),按如下的操作步骤进行求解。
1)进入求解器。
2)选择分析类型为静力分析。
3)打开预应力刚度选项。
4)计算预应力刚度。
5)退出求解器。
6)再一次进入求解器。
7)选择分析类型为特征值屈曲分析。
8)特征值分析选项设置。
9)特征值分析求解。
10)退出求解器。

具体求解过程采用批处理方式,命令流如下:

/SOLU	!进入求解器
antype,static	!静力分析类型
pstres,on	!预应力刚度选项
Solve	!求解
FINISH	!退出求解器
/SOLU	!进入求解器
ANTYPE,1	!指定分析类型为特征值屈曲分析
BUCOPT,LANB,6,0,0	!设置屈曲模态提取方法及模态提取数
MXPAND,6,0,0,1,0.001,	!设置屈曲模态扩展数及扩展算法选项
SOLVE	!执行特征值屈曲分析
FINISH	!退出求解器

特征值屈曲分析结束后,在 Output 输出信息窗口中可以看到各阶屈曲特征值,如图 9-50 所示。

```
***** EIGENVALUES (LOAD MULTIPLIERS FOR BUCKLING) *****
        *** FROM BLOCK LANCZOS ITERATION ***

    SHAPE NUMBER    LOAD MULTIPLIER
         1            80193.796
         2           195157.44
         3           206874.49
         4           384747.52
         5           392061.24
         6           489836.87
```

图 9-50 各阶屈曲特征值列表

可以通过如下命令提取第一阶屈曲因子并观察各阶屈曲特征值分析的变形计算结果。

/POST1   !进入通用后处理器
SET,FIRST   !读入第一子步的计算结果

```
*GET,LScale,ACTIVE,,SET,FREQ      ! 获取第一屈曲特征值
PLDISP,0                           ! 第1阶屈曲变形
SET,NEXT                           ! 读入下一子步的计算结果
PLDISP,0                           ! 第2阶屈曲变形
SET,NEXT                           ! 读入下一子步的计算结果
PLDISP,0                           ! 第3阶屈曲变形
SET,NEXT                           ! 读入下一子步的计算结果
PLDISP,0                           ! 第4阶屈曲变形
SET,NEXT                           ! 读入下一子步的计算结果
PLDISP,0                           ! 第5阶屈曲变形
SET,NEXT                           ! 读入下一子步的计算结果
PLDISP,0                           ! 第6阶屈曲变形
FINISH                             ! 退出后处理器 POST1
```

执行上述命令后,通过 Parameters>Scalar Parameters 菜单,打开 Scalar Parameters 对话框,在其中查看到提取的第一阶特征值 LSCALE 为 80 193.796 1,如图 9-51 所示。

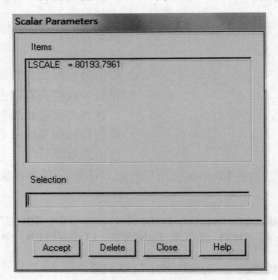

图 9-51 提取的第一阶屈曲特征值

观察到拱壳的前六阶屈曲变形分别如图 9-52(a)~(f)所示。

3. 非线性屈曲分析

下面在特征值屈曲分析进行非线性屈曲分析,具体求解步骤如下:

1)进入前处理器。
2)修正材料模型为塑性模型。
3)用第 1 阶屈曲特征变形按一定比例增加几何缺陷。
4)退出前处理器。
5)进入求解器。
6)设置分析类型。

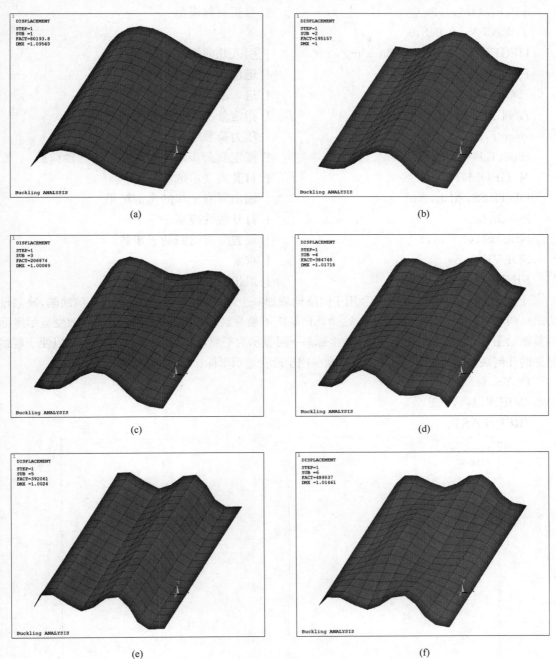

图 9-52 特征值屈曲变形结果

7)缩放单元压力荷载。
8)设置载荷步选项及非线性选项。
9)退出求解器。
具体求解过程采用批处理方式,命令流如下。
/PREP7   ! 进入前处理器

TB,BISO,1,1,2,	!修正材料模型
TBDATA,,2.0e8,0	
UPGEOM,0.05,1,1,'Buckling','rst'	!引入几何缺陷
FINISH	!退出前处理器
/SOL	!进入求解器
ANTYPE,0	!指定分析类型为静力分析
sfscale,PRES,1.2 * LScale	!压力荷载缩放
time,1.2 * LScale	!指定载荷步结束时间等于所施加荷载
NLGEOM,1	!打开大变形选项
OUTRES,ALL,ALL	!输出所有子步的全部结果
lnsrch,on	!打开线性搜索
NSUBST,200,,,1	!设置分析的载荷子步数
SOLVE	!求解
FINISH	!退出求解器

上述命令流中，UPGEOM 命令用于向结构施加一个基于第一阶屈曲变形的几何缺陷，缺陷量为第一阶特征屈曲变形向量的 5%，这个几何缺陷不易观察，为此可通过 DSYS 命令改变显示坐标系重新绘图，在直角坐标下的柱面在柱坐标系下可显示为平面，用 /VIEW 命令改变视角以便于观察施加的几何缺陷，如图 9-53 所示。下列命令用于改变显示坐标、改变视角观察几何缺陷。

DSYS,1
/VIEW,1,,,-1
/REP,FAST

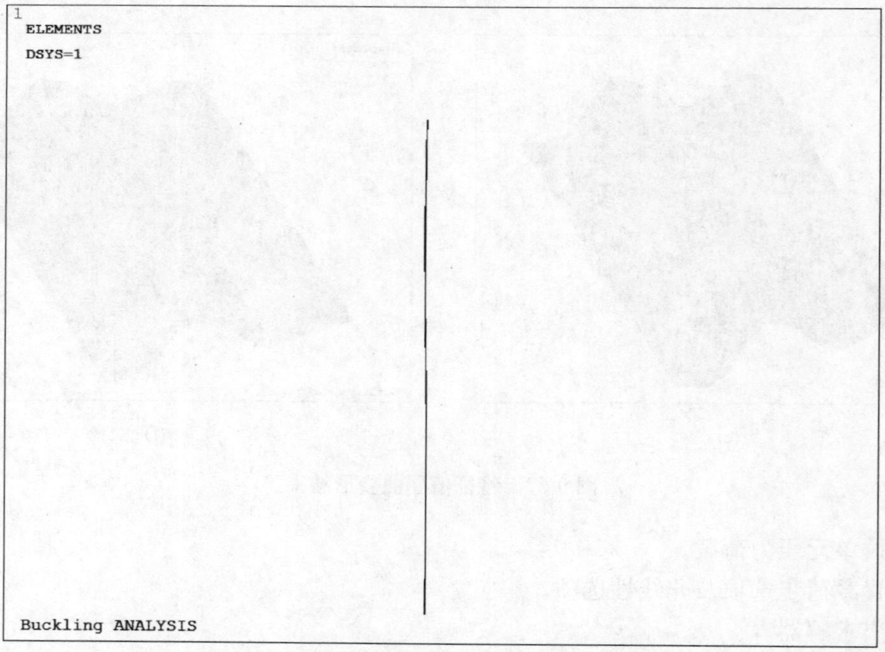

图 9-53 改变显示坐标系观察几何缺陷

第 9 章 几何非线性分析与屈曲分析

程序开始求解后,经过一系列迭代后由于结构变形过大而最后不收敛,如图 9-54 所示,点 Proceed 按钮结束求解。

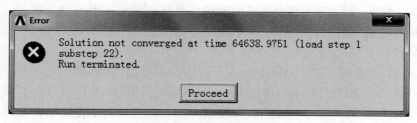

图 9-54 求解终止信息

通过如下命令对非线性屈曲分析的结果进行时间历程后处理。

FINISH	！退出求解器
/POST26	！进入时间历程后处理器
CSYS,1	！切换至柱坐标系
n1=node(20,90,18)	！选择跨中节点
NSOL,2,n1,U,X,DEFLECTION	！指定 X 方向位移变量
/AXLAB,X,Displacement	！指定绘图横坐标标签
/AXLAB,Y,Load	！指定绘图纵坐标标签
/GROPT,REVX,1	！曲线 X 轴反向
XVAR,2	！指定横坐标表示变量 2(位移)
PLVAR,1	！绘载荷-位移曲线
FINISH	

执行上述命令流,得到压力-壳顶水平位移曲线如图 9-55 所示。

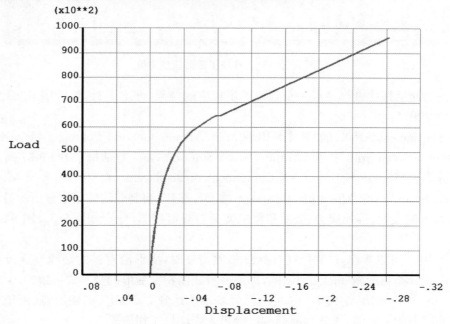

图 9-55 载荷-位移曲线

在前面的网格划分中在壳顶位置处没有节点,实际上这可以通过改变网格划分参数使得壳顶恰好有节点。本例题中不再重新修改网格参数,后处理中选择一个最靠近柱壳顶部的节点,提取其位移即可,实际后处理中选择的节点是最靠近柱坐标系下坐标值(20,90,18)的节点。在上述曲线中可以看到,在最后一个收敛子步的压力值位于 60 000 到 70 000 之间,低于第一阶屈曲特征值 80 193.796 1。

进入通用后处理器,选择 Mechanical APDL 的 GUI 菜单项 Main Menu＞General Postproc＞Read Results＞By Pick,弹出 Results File 对话框,如图 9-56 所示。其中可以看到最后收敛的子步为第 21 个子步,其 Time 值为 64 634,由于计算中设置载荷步结束时间等于载荷值,因此非线性屈曲的实际极限承载压力计算值为 64 634 Pa。

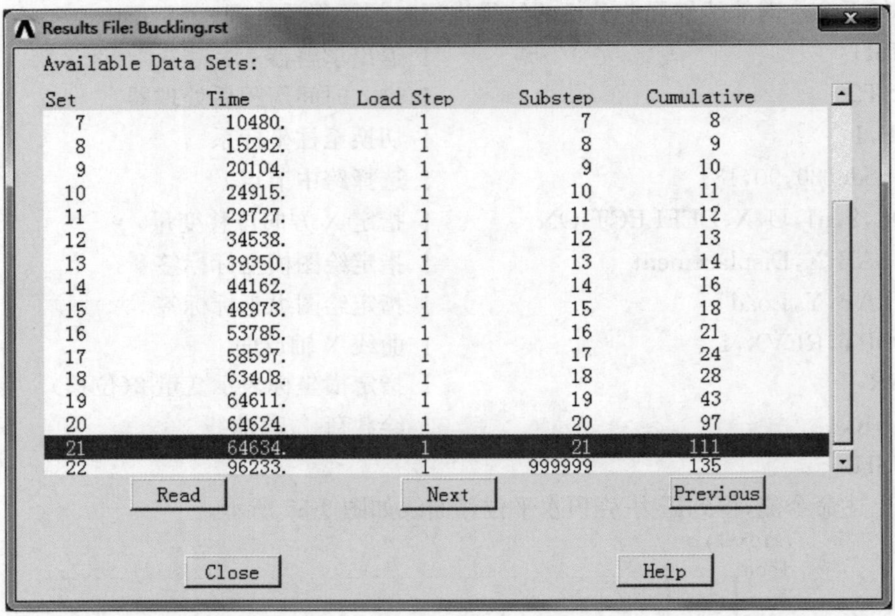

图 9-56 查看收敛子步对应压力值

在上述的对话框中选择最后一个收敛子步对应的结果,即 Set 21,然后按 Read 按钮以读入这一步的结果。

通过 Mechanical APDL 的 GUI 菜单项 Main Menu＞General Postproc＞Plot Results＞Contour Plot＞Nodal Solu,打开 Contour Nodal Solution Data 对话框,如图 9-57 所示。在此对话框中分别选择 DOF Solution＞X-Component of displacement、Stress＞von Mises stress 以及 Plastic Strain＞von Mises plastic strain,按 OK 按钮,绘制非线性屈曲分析的最后一个收敛子步的 X 方向变形、等效应力、等效塑性应变分布等值线图,分别如图 9-58、图 9-59 以及图 9-60 所示。

通过图 9-58 可以看出,拱壳结构在达到极限荷载时,变形沿着拱的轴线呈现反对称分布的特点。这一分布与所施加的几何缺陷,即第一阶屈曲特征变形的分布式一致的。

由图 9-59 可以看出,结构中局部应力已经基本上达到 200 MPa 的屈服点,由于节点应力是临近单元应力的平均值,因此判断结构已经进入弹塑性工作阶段。

第9章 几何非线性分析与屈曲分析

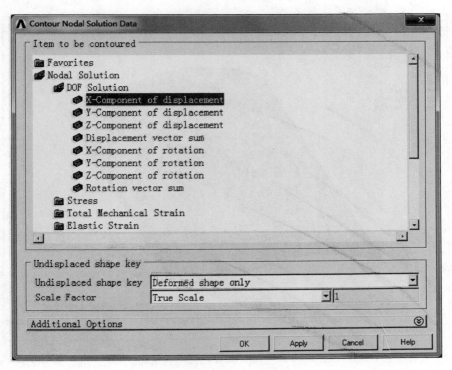

图 9-57 绘制节点解答

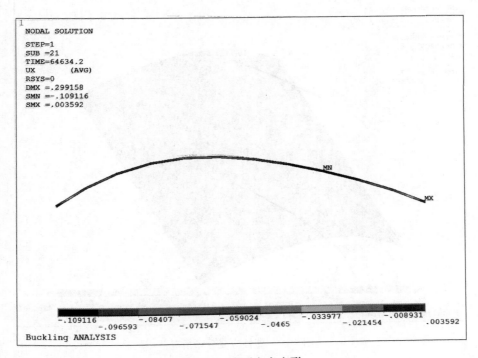

图 9-58 水平方向变形

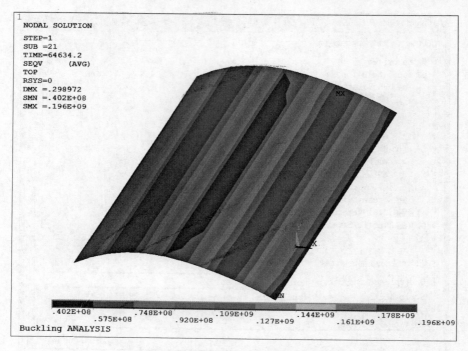

图 9-59 von Mises 应力分布情况

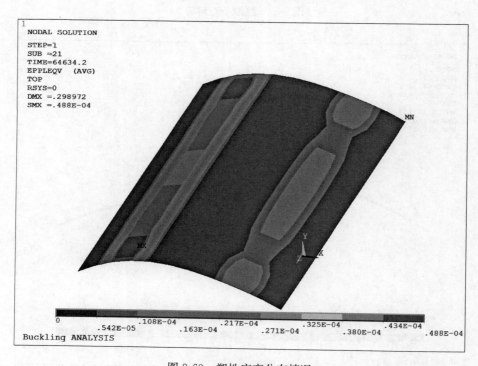

图 9-60 塑性应变分布情况

由图 9-60 可以看出，拱壳的局部已经出现塑性应变，进入塑性受力状态，塑性应变出现在前述 Mises 应力的最大部位，两者的分布是一致的。

第9章 几何非线性分析与屈曲分析

为了模拟后屈曲行为,采用弧长法计算非线性屈曲,非线性求解阶段的命令流如下。

```
/SOL                              ! 进入求解器
ANTYPE,0                          ! 指定分析类型
sfscale,PRES,1.2*LScale            ! 缩放压力荷载
time,1.2*LScale                   ! 指定载荷步结束时间
NLGEOM,1                          ! 打开大变形选项
OUTRES,ALL,ALL                    ! 输出所有子步的所有结果项目
CSYS,1
nn=node(20,90,18)                 ! 选择最靠近顶部的节点
CSYS,0
ARCLEN,1,0,0                      ! 打开弧长法
ARCTRM,U,0.15,nn,UX               ! 设置弧长法终止限值
NSUBST,200                        ! 子步数
SOLVE                             ! 求解
FINISH                            ! 退出求解器
```

注意:上述命令是在修正了弹塑性材料参数及增加了几何缺陷之后执行。

在命令中采用了拱壳顶部水平位移限值 0.15 m,计算完成后,采用与之前线性搜索方法相同的后处理方式,得到荷载-位移曲线如图 9-61 所示。

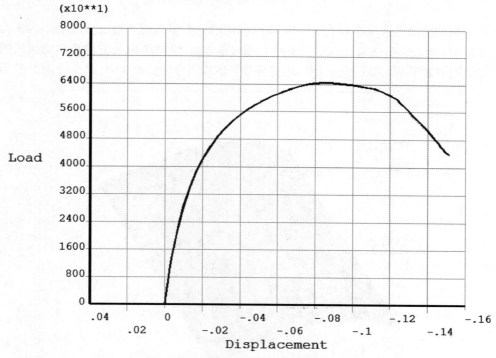

图 9-61 弧长法计算的载荷-位移曲线

弧长法计算得到了后屈曲行为,捕捉到了曲线的下降段。64 488 Pa,与前述方法最后收敛子步对应的载荷 64 634 Pa 相比,仅相差约 0.23%。

进入通用后处理器,选择 Mechanical APDL 的 GUI 菜单项 Main Menu＞General Postproc＞Read Results＞By Pick,弹出 Results File 对话框,如图 9-62 所示。

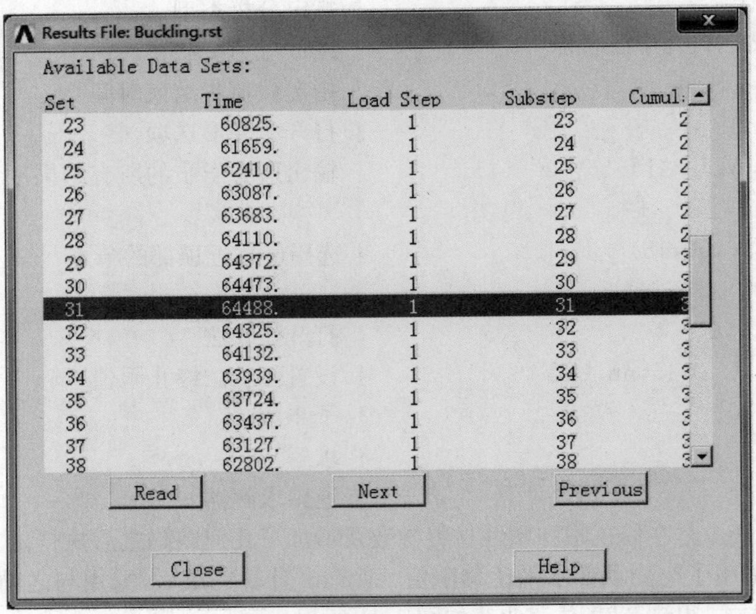

图 9-62 查看承载力极限对应的压力值

选择后屈曲阶段拱壳顶部水平位移 0.15 m 的最后一个子步的结果,此时 Time＝43 939,已经位于下降段,读入这个结果 Set,然后按照上述同样方法,绘制结构 X 方向位移等值线图、von Mises 应力等值线图以及 von Mises 塑性应变分布等值线图分别如图 9-63、图 9-64、图9-65 所示。

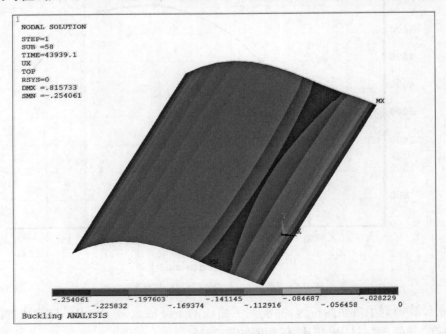

图 9-63 X 方向位移分布等值线

第 9 章 几何非线性分析与屈曲分析

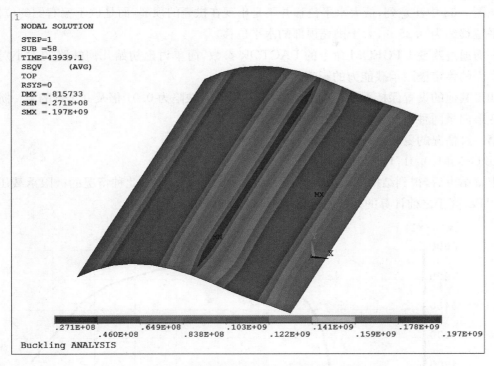

图 9-64 von Mises 等效应力分布等值线图

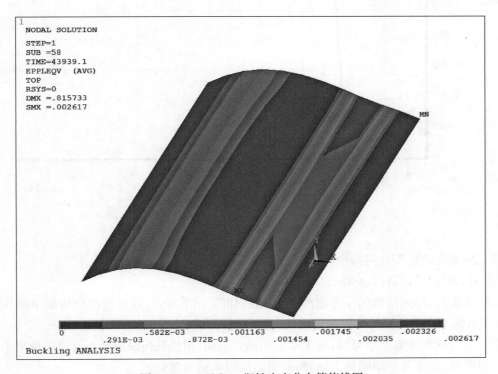

图 9-65 von Mises 塑性应变分布等值线图

在图 9-63 中注意到,最大水平位移并不是出现在拱壳的顶部,而是位于偏右侧的位置,最大水平位移约为 0.25 m,大于拱壳顶部的水平位移。

下面通过改变 UPGEOM 命令的 FACTOR 参数,简单讨论初始几何缺陷的大小对本例题中拱壳的稳定极限承载能力的影响。

如果其他的设置保持不变,下面分别计算初始几何缺陷为 0.01 倍及 0.1 倍的第一阶特征屈曲变形向量两种情况,均采用弧长法进行求解。

第一种情况的更新几何命令为:

UPGEOM,0.01,1,1,'Buckling','rst'

求解结束后,得到结构的压力载荷-变形曲线如图 9-66 所示,此种情况的极限承载压力为 75 821 Pa,高于之前计算的几何缺陷比例为 0.05 的情况。

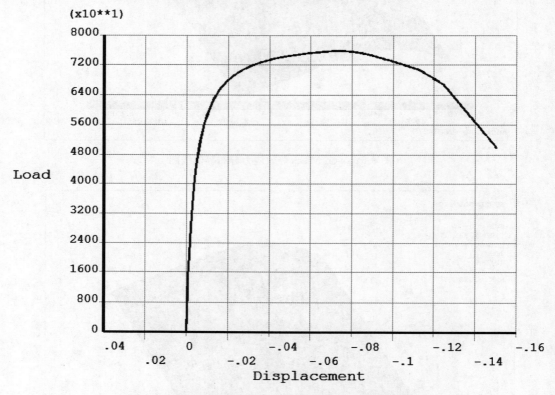

图 9-66　几何缺陷比例为 0.01 倍情况的荷载-变形曲线结果

第二种情况的更新几何命令为:

UPGEOM,0.1,1,1,'Buckling','rst'

求解结束后,得到结构的压力载荷-变形曲线如图 9-67 所示,此种情况的极限承载压力为 55 141 Pa,低于之前计算的几何缺陷比例为 0.05 倍的情况。

由以上的三组计算结果可知,对于本节的拱壳结构,初始几何缺陷大小对稳定极限承载力的影响很明显,初始几何缺陷越大,结构的稳定极限承载力越低。

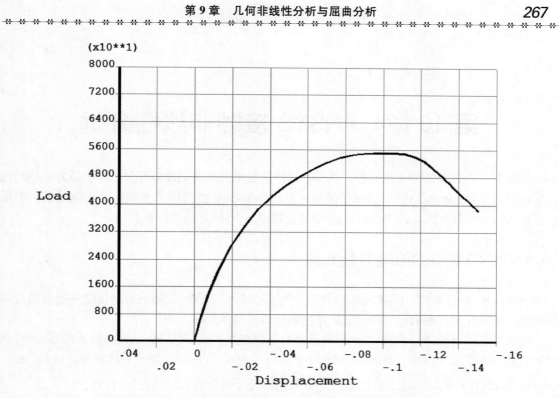

图 9-67　几何缺陷比例为 0.1 倍情况的荷载-变形曲线结果

第 10 章 ANSYS 接触非线性分析

接触是一类典型的非线性问题,ANSYS 通过接触单元来模拟接触行为。对于最为常见的面面接触问题,Mechanical APDL 提供了接触向导;Workbench 也提供了基础自动创建技术。本章介绍在 Mechanical APDL 及 Workbench 中的接触定义方法,并给出计算例题。

10.1 ANSYS 中的接触分析方法

在 Mechanical APDL 中,接触面的力学行为通过接触对来模拟,接触对的指定一般是通过接触向导。本节介绍接触向导的使用方法及接触分析的具体选项。

在 Mechanical APDL 中,部件之间的接触对可以通过 Contact Manager(接触管理器)进行创建和管理,如图 10-1 所示。Contact Manager 可以通过菜单 Main Menu＞Modeling＞Create＞Contact pair 打开,也可通过工具栏上的"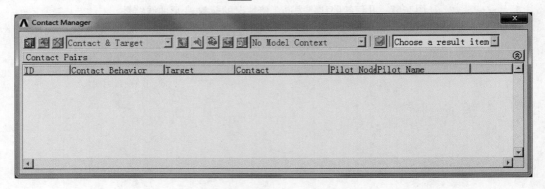"按钮(位于命令输入区域右侧)打开。

图 10-1 Contact Manager 对话框

选择 Contact Manager 工具条最左边的按钮,即可启动 Contact Wizard(接触向导),如图 10-2 所示。

对于一般的面-面装配接触,在 Target Surface 域选择 Areas 选项,在 Target Type 域选择 Flexible 选项,单击 Pick Target 按钮,弹出拾取对话框,拾取目标面,单击 OK 按钮关闭拾取框。返回 Contact Wizard 中单击 Next 按钮,定义接触面,如图 10-3 所示。

在 Contact Surface 域选择 Areas 选项,在 Contact element type 域选择 Surface-to-Surface 选项。单击 Pick Contact 按钮,弹出拾取对话框,选择接触面并单击 OK 按钮关闭拾取框。

返回 Contact Wizard 面板,点 Next 按钮,进入创建接触环节,如图 10-4 所示。选择 Optional Settings 按钮,打开 Contact Properties 设置面板,在其中设置接触对的属性和计算选项,如图 10-5 所示。其中,Basic 标签用于指定法向接触刚度、许用穿透量、Pinball 范围、接触算法等,对一般的面面接触建议采用 Augmented Lagrange 算法；Behavior of contact surface 用于设置接触表面的行为，如：Standard、Bonded、No Separation 等；Pinball region 选项用于设置 Pinball 的大小，如目标节点在 Pinball 范围内，程序会密切监测，在 Pinball 范围外则被视作远场接触不会被密切监测。Friction 标签用于指定切向接触刚度、允许滑移量、摩擦系数等；Initial Adjustment 标签用于进行界面的初始控制和调整。

图 10-2　接触向导

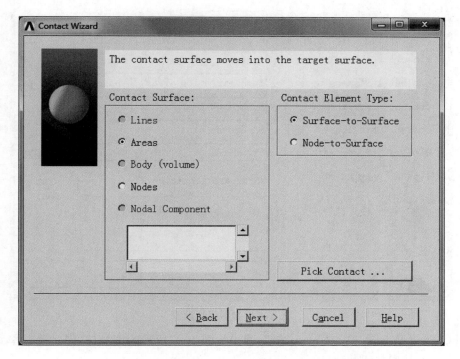

图 10-3　定义接触面

图 10-4 创建接触对

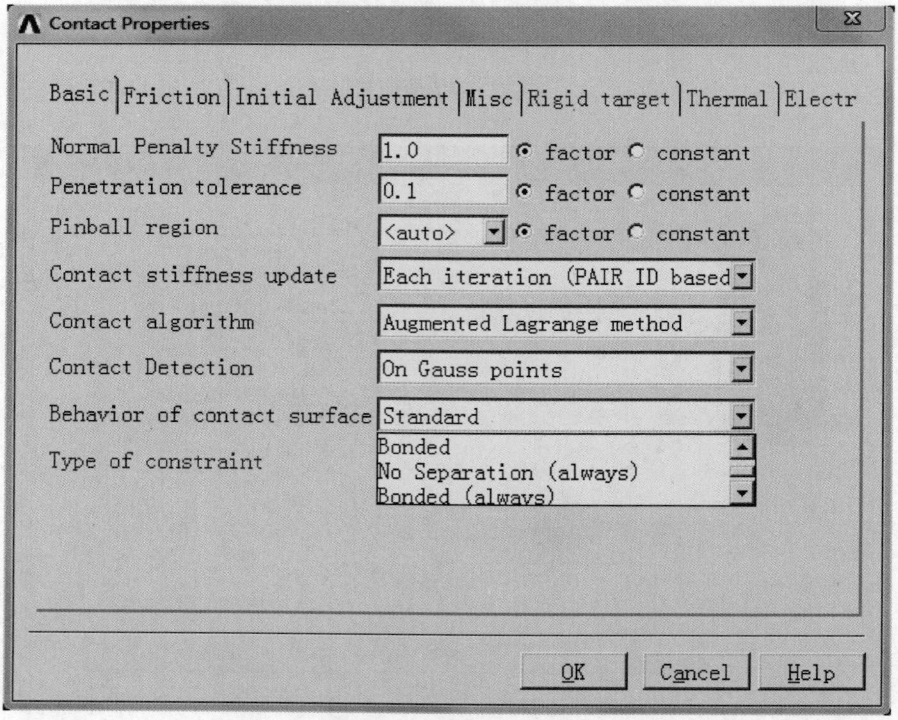

图 10-5 接触属性设置

返回 Contact Wizard,单击 Create 按钮,弹出如图 10-6 所示的消息框,提示接触单元已经生成。单击 Finish 按钮关闭此消息框。

第 10 章　ANSYS 接触非线性分析

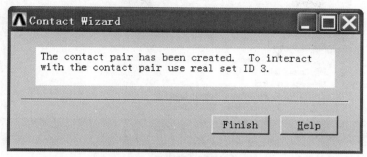

图 10-6　提示接触单元已经生成

由于 Workbench 环境的直观高效等特点,目前基于 ANSYS 的接触分析更多地是在 Workbench 环境中进行的。在 Workbench 环境中,接触对在导入几何过程中可以自动识别和创建,这一技术显著提高了建模的效率。

当自动识别的接触对不适合时,也可以通过手工方式创建和编辑接触对。手工创建接触对时,选择 Mechanical 界面左侧项目树 Project 中的 Connections 分支,右键菜单选择 Insert＞Manual Contact Region,如图 10-7 所示。

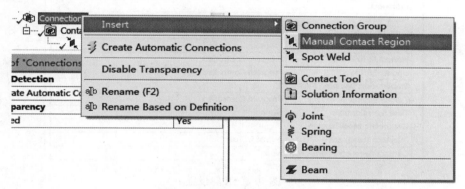

图 10-7　手工建立接触区域

不管是手工创建还是自动形成的接触对,都会在 Project 树的 Connection 分支下建立一个 Contacts 分支,在 Contacts 分支下进一步列出具体的接触对分支,选择每一个接触对分支,在其 Details 列表中进行接触的相关设置,如图 10-8 所示。

对于手工创建的接触对,首先在其 Details 中的 Contact 和 Target 域选择建立接触关系的两侧部件表面,即接触面和目标面。在 Definition 部分选择接触类型 Type,对于非线性接触分析一般选择 Frictional 和 Frictionless 接触类型,分别用来模拟有摩擦和光滑接触。Advanced 选项用于设置接触对的算法和接触刚度等参数,接触算法多选择 Augmented Lagrange 方法,对于大变形接触可采用罚函数方法;Pinball Region 选项用于判断接触状态是远场还是近场,可指定 pinball 的半径。Interface Treatment 用于调整初始接触界面,Adjust to touch 选项移动接触面使其恰好与目标面接触,这一选项用于消除初始间隙或穿透。Contact Geometry Correction 用于修正带有螺纹的螺栓接触部位,可以得到更精确的接触应力。

前述非线性分析的有关基本概念均适用于接触分析,在动态接触分析要特别注意时间步的设置,避免由于时间步过大而"捕捉"不到接触的情况。在静态接触分析中,一般可采用自动时间步技术,同时建议打开 Line Search 选项。

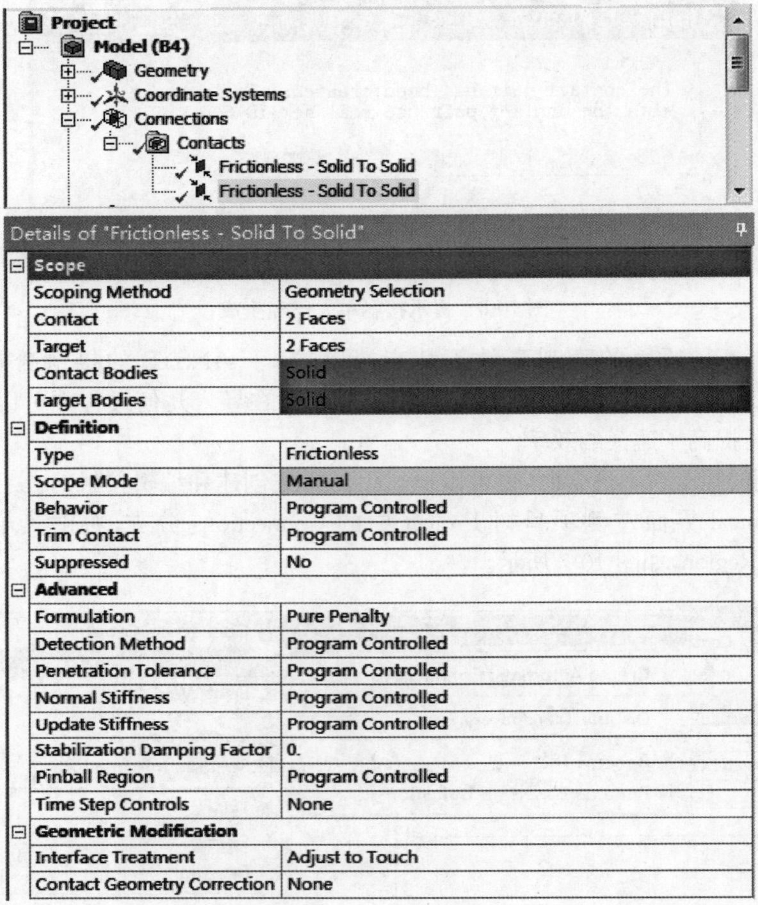

图 10-8 接触设置

10.2 接触分析例题:齿轮接触分析

本节以一个齿轮的接触问题分析为例,介绍 ANSYS 接触分析的具体实现方法。

10.2.1 问题描述

分析如图 10-9 所示的齿轮接触问题,齿轮几何尺寸详见后面建模部分。分析中假设左边齿轮固定,右边齿轮中心受到 1 000 N·mm 扭矩作用,通过接触传递力给左边的齿轮。

本例题在 Workbench 环境中进行建模和分析,涉及到的操作要点包括:
- ✓ 齿轮建模方法
- ✓ 接触对的定义方法
- ✓ 有梯度的表面力(静水压力)的施加方法
- ✓ 局部坐标系的定义与使用方法
- ✓ 数学函数(三角函数、反三角函数)的使用方法

第 10 章 ANSYS 接触非线性分析

图 10-9 齿轮接触问题

10.2.2 齿轮建模过程

在 DM 中按照如下步骤创建齿轮分析模型。

1. 建立几何组件

(1)首先启动 Workbench 界面。

(2)在 Workbench 的 Toolbox 下的 Component Systems 中找到 Geometry,双击或拖拉 Geometry 到 Project Schematic 中,得到如图 10-10 所示的 Geometry System。

2. 建立轮齿模型

按照如下步骤启动 DM 并建立轮齿几何模型。

(1)启动 DM

双击 Geometry 的 A2 单元,进入 Design Modeler,选择 mm 作为建模的单位。

(2)绘制草图

点击 按钮,正视于图纸,切换到 Sketching 模式,绘制如图 10-11 所示的齿面轮廓,其中各点的坐标列于表 10-1 中。

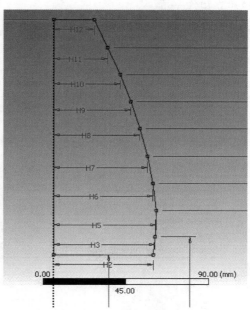

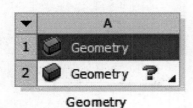

图 10-10 Geometry System

图 10-11 轮齿的齿面草图 Sketch1

表 10-1 坐 标 点

点号	1	2	3	4	5	6
x 坐标	54.28	55.34	55.95	54.11	51.10	46.94
y 坐标	768.03	778.03	793.03	808.2	823.42	838.69
点号	7	8	9	10	11	12
x 坐标	42.08	36.23	29.28	22.14	0	0
y 坐标	853.96	869.2	884.5	899.72	90	768.03

(3) 创建 Extrude 对象

切换至 Modeling 模式，加入 Extrude 对象，拉伸草图 Sketch1，拉伸厚度为 30 mm，该拉伸操作的详细窗口列表如图 10-12(a) 所示，最终的拉伸效果图如图 10-12(b) 所示。

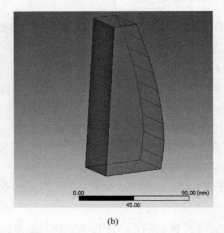

(a)　　　　　　　　(b)

图 10-12　Sketch1 拉伸

(4) 建立镜像平面

基于图 10-12 的拉伸模型的左侧面建立新平面 Plane4，点击 ✱，其详细窗口列表如图 10-13(a) 所示，新建平面结果如图 10-13(b) 所示。

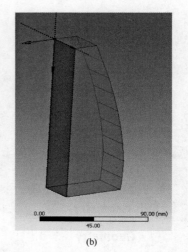

(a)　　　　　　　　(b)

图 10-13　创建镜像平面

（5）镜像操作

选择菜单 Create>Body Operation，其详细窗口列表如图 10-14(a)所示，在 Type 中选择 Mirror，设置 Preserve Bodies 为 Yes，选择 Plane4 为镜像平面，点选图 10-13(b)所示实体，镜像结果如图 10-14(b)所示。

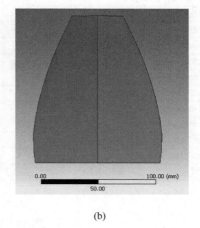

(a)　　　　　　　　　　(b)

图 10-14　建立镜像

3. 建立齿轮柱身

按照如下步骤，在 DM 中建立齿轮柱身。

（1）创建草图

选择 XY 平面，切换至 Sketching 模式。在 XY 平面上新建一个草图，绘制如图 10-15 所示的草图 Sketch2，同心圆的圆心在原点处，大圆过轮齿的齿根点，小圆直径为 1 300 mm。

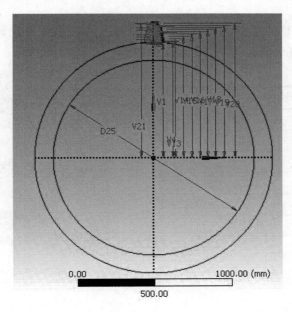

图 10-15　齿轮柱草图

(2) 基于新建草图加入 Extrude

切换至 Modeling 模式，基于新建的草图 Sketch2 加入 Extrude 对象，拉伸厚度为 30 mm，其详细窗口列表如图 10-16(a) 所示，拉伸结果如图 10-16(b) 所示。

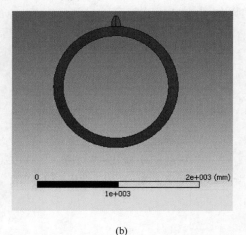

(a)　　　　　　　　　　　　　(b)

图 10-16　Sketch2 拉伸

4. 阵列轮齿

按照如下步骤，对轮齿进行圆周阵列。

(1) 创建阵列对象

选择菜单 Create>Pattern 加入阵列对象，阵列详细窗口列表如图 10-17(a) 所示，Pattern Type 设置为 Circular，选择如图 10-16(b) 所示的轮齿，设置 z 轴为 Axis，复制份数为 27 份，阵列效果图如图 10-17(b) 所示。

(2) 解冻

选择菜单 Tools>Unfreeze，在 Unfreeze 的属性中的 Bodies 选取如图 10-17 所示的所有齿轮，点 Apply，再点 Generate 按钮，得到解冻后的齿轮模型如图 10-18 所示。

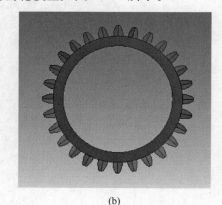

(a)　　　　　　　　　　　　　(b)

图 10-17　轮齿阵列

(3) 齿根倒角

选择 Create>Fixed Radius Blend，对生成的齿轮倒齿根角，设置 FBlend1 对象倒角半径为 22.8 mm，选择所有的齿根线，倒角效果如图 10-19 所示。

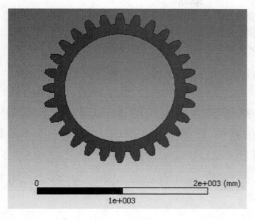
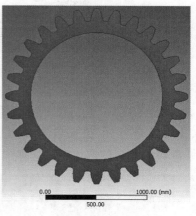

图 10-18　齿轮解冻　　　　　　　　　图 10-19　齿根倒圆角

5. 建立配对齿轮

按照如下步骤建立配对齿轮。

（1）冻结现有体

选择菜单 Tools＞Freeze，点 Generate 按钮，对图 10-19 所示的齿轮添加冻结。

（2）复制体

选择菜单 Create＞Body Operation，其详细窗口列表如图 10-20 所示，设置 Type 为 Translate，Preserve Bodies 为 Yes，设置 X Offset 为 1 680 mm，Translate 结果如图 10-21 所示。

图 10-20　齿轮体操作详细窗口列表

图 10-21　复制齿轮结果

6. 旋转齿轮

按照下面的步骤,对复制得到齿轮进行旋转定位。

(1)建立转轴草绘

在 ZX 平面中绘制如图 10-22 所示的 Sketch3,该直线偏移 Z 轴距离为 1 680 mm。

(2)旋转齿轮

选择菜单 Create>Body Operation,其详细窗口列表如图 10-23 所示,设置 Type 为 Rotate,旋转轴为图 10-22 所示的 Sketch3 中的直线,转角为 6.428 6°,Preserve Bodies 设置为 No,最终旋转后配合的两齿轮结果如图 10-24 所示。

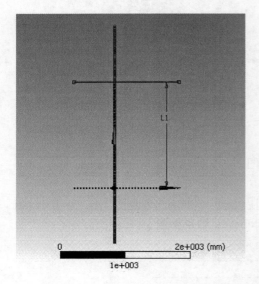

图 10-22 旋转轴　　　　　　　　　　图 10-23 齿轮旋转

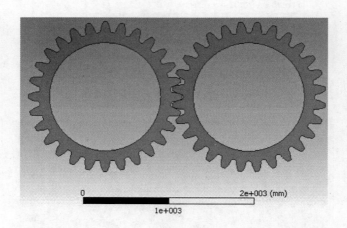

图 10-24 配合齿轮模型

至此,齿轮分析的几何模型已经创建完成,关闭 DM 返回 Workbench 环境。

10.2.3 齿轮接触分析

下面在 Mechanical 中进行齿轮的接触分析。

1. 前处理

按照如下步骤完成齿轮分析的前处理操作。

(1)启动 Mechanical 界面

在 Project Schematic 窗口中,鼠标左键双击 A4 Model 单元格进入 Mechanical。

(2)删除自动创建的接触对

在窗口左侧 Project 树中依次展开 Model(A4)>Connections>Contacts,删除程序自动探测生成的接触对。

(3)上齿接触面指定

鼠标右键单击 Contacts,选择 Insert>Manual Contact Region,插入新的接触对,建立两个齿轮上齿接触面之间的接触关系,在其 Details 中的具体属性设置如下:

1)在 Scope 中的 Contact 项中选择-Y 向齿轮接触齿齿面;
2)在 Scope 中的 Target 项中选择+Y 向齿轮接触齿齿面;
3)将 Definition 中的 Type 项改为 Frictionless;
4)将 Advanced 中的 Formulation 改为 Pure Penalty,Interface Treatment 项改为 Adjust to Touch。

(4)下齿接触面指定

参照上一步,建立两个齿轮下齿接触面之间的接触关系。

指定了接触对的齿轮结构如图 10-25(a)所示,图 10-25(b)为局部的放大。

 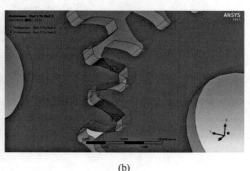

(a)　　　　　　　　　　　　　　　(b)

图 10-25　齿轮啮合面上的接触对

(5)网格划分

1)总体设置

在 Project 树选中 Model(A4)>Mesh 分支,检查并确保 Details 中的 Physics Preference 为 Mechanical,Relevance 为 0,Use Advanced Size Function 为 off,Relevance Center 为 Coarse。

2)Sizing 设置

①在 Mesh 的上下文工具栏中选择 Mesh Control>Sizing,在 Mesh 分支下加入 Sizing 分

支,并在 Details 中进行设置:Scope 中的 Geometry 项选择两个接触对 4 个面上的 8 个侧边,如图 10-26 所示;将 Definition 中的 Type 项改为 Number of Divisions,输入其值为 10,然后将 Behavior 改为 Hard。

②参照上一步,为两个接触对 4 个面上 4 条沿厚度方向的边施加尺寸控制,也将其划分成 10 份,如图 10-27 所示。

图 10-26 侧边网格尺寸控制

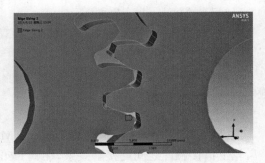

图 10-27 厚度方向上边的网格尺寸控制

3)生成网格

鼠标右键单击 Mesh,选择 Generate Mesh,对齿轮进行网格划分。离散后的有限元模型如图 10-28 所示,共计包括节点 44 566 个,单元 8 660 个。

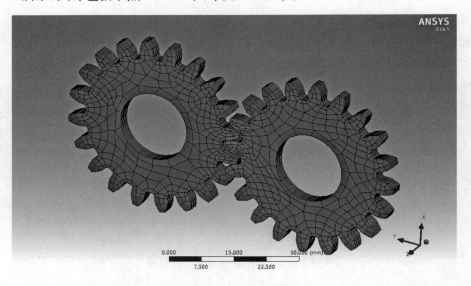

图 10-28 离散后的齿轮模型

(6)保存模型

选择菜单 File>Save Project,保存分析文件。

2. 加载以及求解

按照如下的步骤施加载荷及边界条件并求解模型。

(1)施加 Fixed Support 约束。

选择 Static Structural(A5)分支,在其上下文菜单中选择 Support>Fixed Support,然后

在 Details 中 Geometry 项下选择＋Y 方向齿轮的内圆柱面。

（2）施加 Frictionless Support。

选择 Static Structural(A5)分支，在上下文菜单中选择 Support＞Frictionless Support，在 Details 中 Geometry 项下选择－Y 方向齿轮的内圆柱面。

（3）施加扭矩。

选择 Static Structural(A5)分支，在上下文菜单中选择 Loads＞Moment，然后在 Details 中进行如下设置：

1）在 Geometry 中选择－Y 方向齿轮的内圆柱面；

2）将 Definition 中的 Define By 改为 Components，在 Z Component 中输入 1 N·m。

完成载荷及边界条件施加的模型如图 10-29 所示。

图 10-29　载荷及边界条件

（4）选择菜单 File＞Save Project，保存分析项目。

（5）选择 Solution(A6)分支，点 Solve 按钮，执行求解。

3. 后处理

按照如下步骤进行结果的后处理操作。

（1）观察等效应力结果

1）选择 Solution(A6)分支，在上下文工具栏中选择 Stress＞Equivalent(Von-Stress)。

2）鼠标右键单击 Solution(A6)然后选择 Evaluate All Results，图形显示窗口中绘制出齿轮上的等效应力分布云图，如图 10-30 所示。

从等效应力云图中可以看出最大等效应力为 54.408 MPa，位于上齿轮接触区域。

（2）观察接触工具箱结果

1）选择 Solution(A6)分支，在上下文工具栏中选择 Tools＞Contact Tool，在 Details 中的 Geometry 项中选择两个齿轮。

2）鼠标右键单击 Solution(A6)然后选择 Evaluate All Results，图形显示窗口中绘制出齿轮接触区域上的接触状态，不同接触状态以颜色区分，如图 10-31 所示。

上述操作结束后，关闭 Mechanical 返回 Workbench 界面，选择 File＞Save 保存项目文件。

图 10-30　等效应力云图

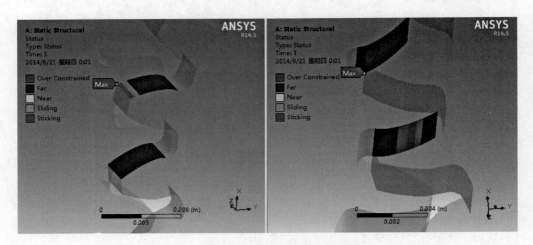

图 10-31　两个接触区域上的接触状态

第 11 章　ANSYS 显式动力分析方法与例题

显式动力分析是对隐式分析的必要补充。本章简单介绍了 ANSYS 显式动力分析的实现方法,并给出一个子弹击穿钢板的显式分析例题。显式动力分析方法是 ANSYS Mechanical 隐式分析的补充,多用于分析各种高度非线性的瞬态过程,也可用于分析准静态非线性过程。

11.1　ANSYS 显式分析方法简介

显式动力学求解器是对隐式分析求解能力的必要补充。显式求解器通常被用于分析结构在应力波、冲击、快速变化的荷载作用下的动力学响应,在显式分析中通常包含了结构的大变形、大应变、塑性、超弹性、应变率相关以及材料失效等行为。

ANSYS 目前提供 ANSYS LS-DYNA 以及 ANSYS Explicit STR(AutoDYN)两个显式分析解决方案,目前在 Workbench 环境下集成较好的是 ANSYS Explicit STR。在 ANSYS Workbench 中,显式动力分析可以通过预置的 Explicit Dynamics 模板分析系统来完成,此模板系统可通过双击 Workbench 界面左侧 Toolbox＞Analysis Systems＞Explicit Dynamics,随后在 Project Schematic 区域出现分析系统 A:Explicit Dynamics,如图 11-1 所示。

上述分析系统与一般的隐式结构分析系统类似,也同样包括 Engineering Data、Geometry、Model Setup、Solution、Results 等单元格。

在 Engineering Data 中定义材料时,必须正确定义材料密度。很多非线性材料模型可用于显式动力分析,如:超弹性、应变率及温度相关塑性、压力相关塑性、多孔介质、材料损伤、断裂失效破碎等,显式分析材料库中包含了一系列的材料类型及参数。

显式分析支持的几何体类型与隐式分析一样,同样包括线体、面体以及实体。为了避免出现小面导致的小尺寸单元,在 ANSYS DM 中清理不需要的细节特征。因为显式分析的积分步长与最小单元尺寸相关。

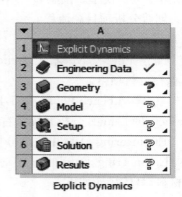

图 11-1　显式动力学分析系统

显式动力分析的过程也是在 Mechanical 界面下进行的。Geometry 分支中,刚性体属性只能赋予 Solid Body 和 Surface body,柔性体则可以是任意类型的体。Connection 分支用于定义部件之间的连接关系,可以用的连接包括 Body Interactions、Contact 和 Spot Welds,Joint

和 Beam 连接方式在显式分析中不可用。Mesh 分支中注意添加基于面的尺寸控制,以划分为更均匀的网格,同时避免出现小尺寸单元;显式分析采用低阶单元,因此需关闭 Midside nodes 选项。显式分析的荷载必须在一个荷载步内施加完成,可以施加的荷载类型包括:Acceleration、Standard Earth Gravity、Pressure、Hydrostatic Pressure、Force、Line Pressure、Fixed Supports、Displacements、Detonation Point、Velocity、Impedance Boundary、Simply Supported、Fixed Rotation、Remote Displacement 等。限于篇幅,本节对显式分析的求解选项不再详细展开介绍。

11.2 子弹击穿钢板显式动力学分析

本节以一个弹丸击穿钢板的分析为例,介绍显式动力学分析在 ANSYS Workbench 环境中的实现过程。

11.2.1 问题描述

一个直径 10 mm、长 45 mm 的子弹以 950 m/s 的初速度射向钢板,钢板尺寸为 200 mm×150 mm×10 mm,如图 11-2 所示。子弹射击方向与钢板法向之间的夹角分别为 0°、5°和 10°,试分析不同入射角度下的击穿效果。

11.2.2 建立分析模型

结合 Engineering Data、DM 及 Mechanical 等组件建立显式动力学分析模型。按照如下步骤完成进行具体的操作。

1. 创建分析项目和流程

(1)启动 Workbench。

(2)单击 File>Save,输入"Bullet Penetration"作为项目名称,保存分析项目。

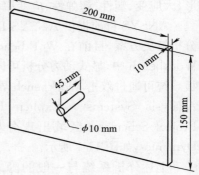

图 11-2 子弹及钢板尺寸

(3)在 Workbench 窗口左侧工具箱中的分析系统中,拖动 Explicit Dynamics 分析系统至右侧的项目图解窗口中,如图 11-3 所示。

2. Engineering Data 中添加分析的材料模型

从 Engineering Data 的显式动力学材料库中添加 STEEL 4340 材料,具体操作如下:

(1)在 Project Schematic 中双击 A2 Engineering Data 单元格。

(2)单击 Engineering Data Source 按钮 ▦。

(3)在 Engineering Data Source 表格中选中 Explicit Materials。

(4)在 Outline of Explicit Materials 表格中,转动滚轮找到 STEEL 4340,单击其右边的 ✚,将其添加至当前材料,如图 11-4

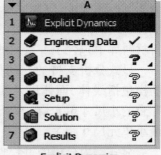

图 11-3 显式动力学分析系统

第 11 章 ANSYS 显式动力分析方法与例题

所示。

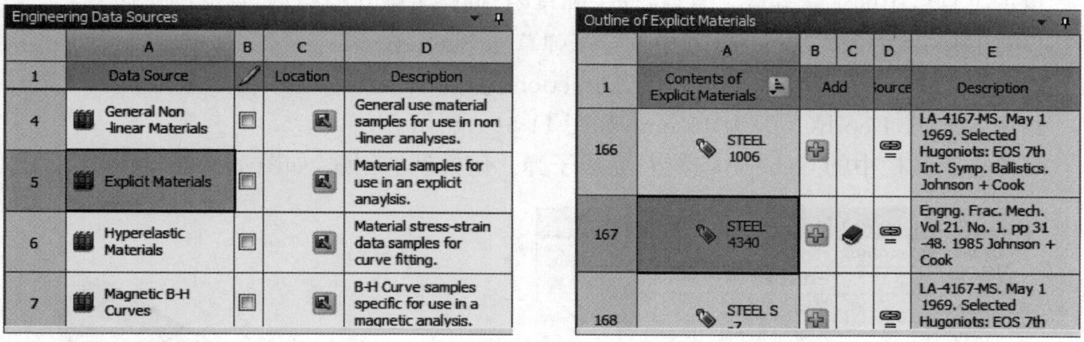

图 11-4 添加 STEEL 4340 材料

(5)再次单击 Engineering Data Source 按钮，可以看到当前材料库中包括 STEEL 4340 和 Structural 两种材料，单击 STEEL 4340 可查看其材料明细，如图 11-5 所示。

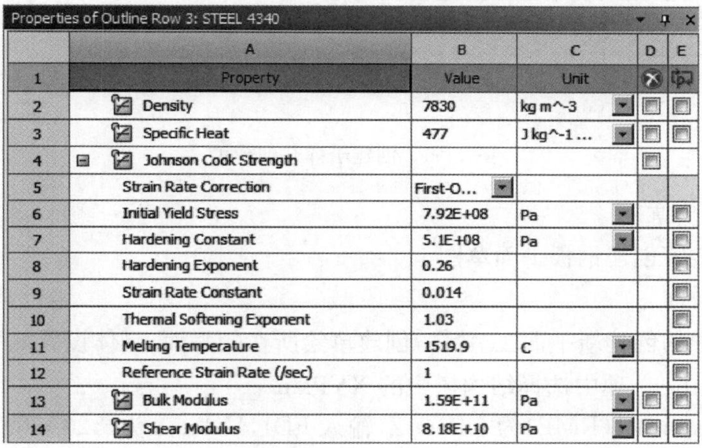

图 11-5 STEEL 4340 材料明细

(6)单击 Return To Project，或关闭 Engineering Data，返回 Workbench 项目图解窗口。

3. 建立几何模型

(1)启动 DM

双击 A3 Geometry 进入 DM，在弹出的单位选择面板中，选择"mm"作为基本单位，然后单击 OK。

(2)创建子弹草图

选中结构树中的 XY Plane，单击 Sketching 标签打开草图绘制工具箱，然后在 XY 平面上绘制子弹草图，具体操作如下：

1)选择 Draw>Circle，以坐标原点为圆心绘制一个圆(鼠标放置于原点位置时会出现"P"字符)。

2)单击 Dimension>General，对圆环进行标注。

3)在左侧 Details 中，输入圆直径为 10 mm。

(3) 创建子弹体

单击工具栏中的 Extrude 工具,拉伸子弹草图,创建子弹几何模型,具体操作如下:

1) 在 Details 中的 Geometry 项中选定子弹草图 Sketch1。
2) 选择 Operation 为 Add Material,Direction 为 Normal,Extent Type 为 Fixed。
3) 输入 FD1,Depth(>0) 为 45 mm,如图 11-6(a) 所示。
4) 单击工具栏中的 Generate 按钮,完成子弹几何模型的创建,如图 11-6(b) 所示。

(a)　　　　　　　　　　　　　　(b)

图 11-6　创建子弹几何模型

(4) 创建钢板的草图

按照如下的步骤创建钢板平面草图。

1) 创建钢板平面

单击工具栏中的创建新平面工具，创建草绘所在的平面,具体设置如下:

① 在 Base Plane 一项中选择结构树中的 XYPlane。
② 更改 Transform 1(RMB) 为 Offset Z,输入 FD1,Value 1 为 -20 mm。
③ 更改 Transform 2(RMB) 为 Rotate about Y,输入 FD2,Value 2 为 0°。
④ 单击 FD2,Value 2 前面的复选框,并输入"Angle"作为参数名称,此时项目图解窗口的分析系统下将出现 Parameter Set 图标。
⑤ 单击工具栏中的 Generate 工具,完成钢板草绘平面的创建,如图 11-7 所示。

2) 创建钢板草图

在结构树中选中上一步创建的平面 Plane1,单击 Sketching 标签打开草图绘制工具箱,绘制钢板草图。

① 单击 Draw>Rectangle,绘制一个矩形。
② 单击 Constraints>Symmetry,依次选择 Y 轴、矩形的两个竖直边,添加相对于 Y 轴的对称约束关系。
③ 参照上步操作为矩形添加相对于 X 轴的对称约束关系。
④ 单击 Dimension>General,标注矩形的两个边长。
⑤ 在左侧 Details 中,输入矩形横边长度为 200 mm,竖直边长度为 150 mm,如图 11-8 所示。

第 11 章 ANSYS 显式动力分析方法与例题

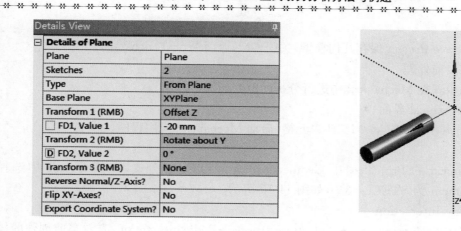

(a)　　　　　　　　　　　　　　(b)

图 11-7　创建钢板草绘平面

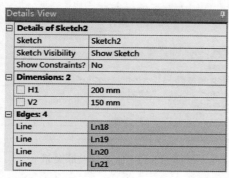

图 11-8　绘制钢板草图

(5)创建钢板几何模型

单击工具栏中的 Extrude 工具,拉伸钢板草图,创建钢板几何模型,具体操作如下:

1)切换至 Modeling 模式下。

2)在 Details 中的 Geometry 项中选定钢板草图 Sketch2。

3)设置 Operation 为 Add Material,Direction 为 Reversed,Extent Type 为 Fixed。

4)输入 FD1,Depth(>0)为 10 mm。

5)单击工具栏中的 Generate 按钮,完成钢板几何模型的创建,如图 11-9 所示。

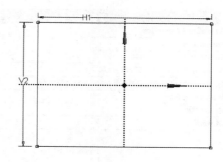 

图 11-9　创建钢板几何模型

(6) 保存几何模型

选择 File＞Save Project 保存几何模型，关闭 DM，返回 Workbench 界面。

4. Mechanical 前处理

按照如下的步骤在 Mechanical 中进行分析的前处理操作。

(1) 启动 Mechanical 界面

在 Workbench 中，双击 A4 Model 单元格，启动 Mechanical 应用程序。

(2) 指定材料

选中 Mechanical 的 Project 树中 Geometry 分支下的 Solid 分支，在其 Details 中选择 Material Assignment 为 STEEL 4340，如图 11-10 所示。

(3) 查看 Body Interaction

选择结构树中的 Connections→Body Interactions→Body Interaction，查看当前创建的体关联关系，如图 11-11 所示。

图 11-10 指派材料

图 11-11 查看体关联关系

(4) Mesh 总体设置

选中结构树中的 Model 下的 Mesh 分支，在其 Details 中，更改 Sizing 下的 Use Advanced Size Function 为 Off，Relevance Center 为 Coarse，其他选项采用缺省设置。

(5) Mesh Sizing 设置

选中 Mesh 分支，在上下文工具栏中选择 Mesh Control→Sizing，然后在 Details 中进行如下设置：

1) 在 Scope 下的 Geometry 中选择子弹及钢板模型。

2) 选择 Definition 下的 Type 为 Element Size，并输入 Element Size 为 2.5 mm，如图 11-12 所示。

(6) 钢板厚度方向尺寸设置

选中 Mesh 分支，在上下文工具栏中选择 Mesh Control＞Sizing，然后在加入的 Sizing 分支的 Details 中进行如下设置：

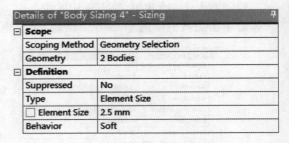

图 11-12 体尺寸控制明细设置

1) 在 Scope 下的 Geometry 中选择钢板厚度方向的任意一条边。

2) 选择 Definition 下的 Type 为 Number of Divisions，并输入 Number of Divisions 为 3，

如图 11-13 所示。

(7)网格划分

鼠标右键单击结构树中的 Mesh 分支,选择 Generate Mesh 执行网格划分,离散后有限元模型如图 11-14 所示,共计包括 20 544 个节点,15 008 个单元。

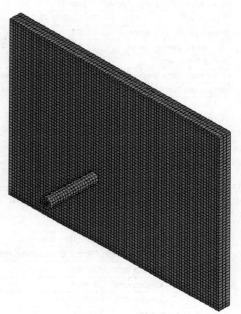

图 11-13　边尺寸控制明细设置　　　　图 11-14　子弹及钢板有限元模型

11.2.3　求　　解

按照如下步骤进行显式动力学求解。

1. 分析设置

选中结构树的 Explicit Dynamics(A5)→Analysis Settings,在其 Details 中 Step Controls→End Time 下输入 0.000 1 s;更改 Erosion Controls→Geometric Strain Limit 的值为 1,并确保 Retain Inertia of Eroded Material 为 Yes,其他选项保持缺省设置,如图 11-15 所示。

2. 指定初速度

鼠标右键单击 Explicit Dynamics(A5)→Initial Conditions,选择 Insert→Velocity,然后在 Details 中进行如下设置:

(1)在 Scope→Geometry 中选择子弹模型。

(2)设置 Define By 为 Components,并输入 Z Component 为 −950 m/s,如图 11-16 所示。

3. 求解

鼠标右键单击结构树中的 Solution(A6)分支,选择 Solve 执行求解。

11.2.4　后　处　理

按如下操作步骤进行计算结果的后处理。

Details of "Analysis Settings"	
Analysis Settings Preference	
Type	Program Controlled
Step Controls	
Resume From Cycle	0
Maximum Number of Cycles	1e+07
End Time	1.e-004 s
Maximum Energy Error	0.1
Reference Energy Cycle	0
Initial Time Step	Program Controlled
Minimum Time Step	Program Controlled
Maximum Time Step	Program Controlled

Details of "Analysis Settings"	
Step Controls	
Solver Controls	
Euler Domain Controls	
Damping Controls	
Erosion Controls	
On Geometric Strain Limit	Yes
Geometric Strain Limit	1.
On Material Failure	No
On Minimum Element Time Step	No
Retain Inertia of Eroded Material	Yes
Output Controls	

图 11-15　分析设置

Details of "Velocity"	
Scope	
Scoping Method	Geometry Selection
Geometry	1 Body
Definition	
Input Type	Velocity
Define By	Components
Coordinate System	Global Coordinate System
X Component	0. m/s
Y Component	0. m/s
Z Component	-950. m/s
Suppressed	No

图 11-16　定义子弹初速度

1. 观察能量变化曲线

选中结构树中的 Solution(A6)下的 Solution Information 分支,在其 Details 中将 Solution Output 改为 Energy Summary,此时可绘出计算过程中的各种能量随时间的变化曲线,如图 11-17 所示。

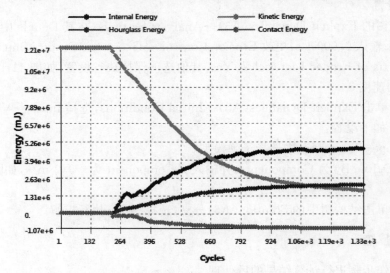

图 11-17　能量变化曲线

2. 观察动态过程

按照如下操作绘制子弹击穿钢板过程的等效应力云图,并进行动画观察。

(1)选中结构树中的 Solution(A6)分支,在上下文工具栏中选择 Stress→Equivalent(Von-Mises)。

(2)右键单击 Solution(A6)分支,选择 Evaluate All Results,此时图形显示窗口中绘出 1e-4 s 时的等效应力分布云图。

(3)单击工具栏中的 ▣ 工具,然后单击图形显示窗口中的 Z 轴,正视子弹及钢板,在钢板短边中点附近拖动鼠标将所有模型一分为二。

(4)单击窗口下方 Graph 中的 ▶ 按钮,绘制等效应力云图动画,此处仅给出部分时刻的等效应力云图,如图 11-18 所示。

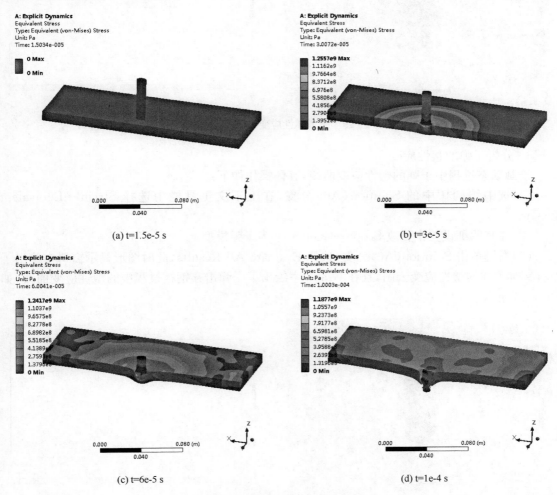

图 11-18 不同时刻的等效应力云图

3. 分析子弹的弹性应变

绘制动态过程中子弹的弹性应变曲线,具体操作如下:

(1)选中结构树中的 Solution(A6)分支,在上下文工具栏中选择 Strain→Equivalent(Von-

Mises)。

(2) 在其明细设置中更改 Scope→Geometry 为子弹模型。

(3) 取消窗口左下方 Section Planes 中 Section Plane1 前的复选框。

(4) 右键单击 Solution（A6）分支，选择 Evaluate All Results，此时图形显示窗口中绘出了 1e-4 s 时子弹的弹性应变云图，且在 Graph 中绘出了子弹击穿钢板过程中的弹性应变曲线如图 11-19 所示。

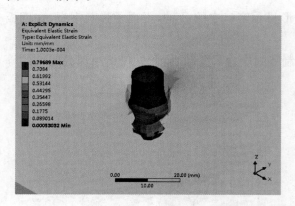 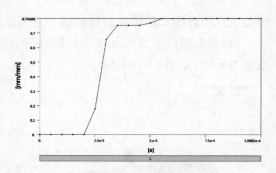

图 11-19　子弹弹性应变云图及变化曲线

4. 分析子弹的塑性应变

绘制动态过程中子弹的塑性应变曲线，具体操作如下：

(1) 选中结构树中的 Solution（A6）分支，在上下文工具栏中选择 Strain→Equivalent Plastic。

(2) 在其明细设置中更改 Scope→Geometry 为子弹模型。

(3) 右键单击 Solution（A6）分支，选择 Evaluate All Results，此时图形显示窗口中绘出了 1e-4 s 时子弹的塑性应变云图，且在 Graph 中绘出了子弹击穿钢板过程中的塑性应变曲线，如图 11-20 所示。

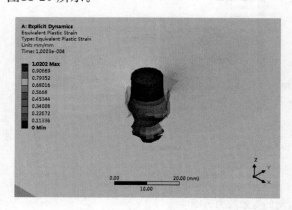 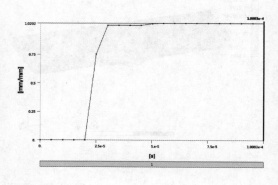

图 11-20　子弹塑性应变云图及变化曲线

5. 创建局部柱坐标系

按如下的操作创建一个局部柱坐标系。

(1)鼠标右键单击结构树中的 Coordinate Systems，选择 Insert→Coordinate System。
(2)将 Definition→Type 改为 Cylindrical。
(3)设置 Origin→Define By 为 Geometry Selection，在 Geometry 项中选择子弹实体模型，如图 11-21 所示。

图 11-21　创建局部柱坐标系

6. 绘制子弹中心的速度曲线

绘制子弹中心附近节点的速度曲线，具体操作如下：

(1)鼠标右键单击 Model(A4)，然后选择 Insert→Named Selection。
(2)在 Details 中更改 Scope→Scoping Method 为 Worksheet。
(3)在 Worksheet 中单击鼠标右键选择 Add Row，然后更改 Action 为 Add、Entity Type 为 Mesh Node、Criterion 为 Location Z、Operator 为 Range，输入 Lower Bound 值为－2，Upper Bound 值为 0，Coordinate System 选择上一步创建的局部柱坐标系。
(4)再次单击鼠标右键并选择 Add Row，然后更改 Action 为 Filter、Entity Type 为 Mesh Node、Criterion 为 Location X、Operator 为 Less Than、Value 中输入 0.5，Coordinate System 选择上一步创建的局部柱坐标系，如图 11-22 所示。

	Action	Entity Type	Criterion	Operator	Units	Value	Lower Bound	Upper Bound	Coordinate System
☑	Add	Mesh Node	Location Z	Range	mm	N/A	-2.	0.	Coordinate System
☑	Filter	Mesh Node	Location X	Less Than	mm	0.5	N/A	N/A	Coordinate System

图 11-22　创建子弹中心附近节点的命名选择

(5)单击 Generate 图标，完成 Named Selection 的创建，其名称默认为 Selection，共包括一个节点(由于网格原因，如若包含多个节点或零节点可适当更改先前两步中的限制值)。
(6)选中结构树中的 Solution(A6)分支，在上下文工具栏中选择 Deformation→Directional Velocity。
(7)在其明细设置中更改 Scope→Scoping Method 为 Named Selection，并更改 Named Selection 为上一步创建的命名选择。
(8)更改 Definition→Orientation 为 Z Axis。
(9)右键单击 Solution(A6)分支，选择 Evaluate All Results，此时图形显示窗口下方的

Graph 中绘出了子弹中心附近节点的 Z 向速度变化曲线,如图 11-23 所示。

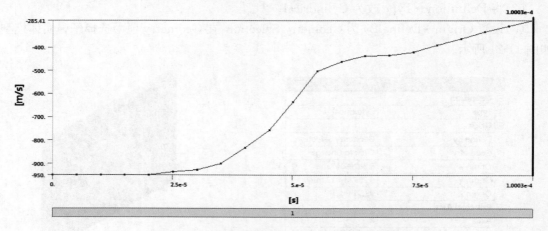

图 11-23　子弹中心附近节点的 Z 向速度变化曲线

以上操作完成后,选择菜单 File>Save Project 以保存分析文件。关闭 Mechanical 返回 Workbench 环境。

11.2.5　不同入射角的参数化分析

利用 Workbench 的参数管理功能,对不同的入射角进行参数化分析,具体的操作过程如下。

1. 添加设计点并更新设计点列表

(1)添加设计点

在项目图解窗口中,鼠标左键双击 Parameter Set 图标,然后在窗口右侧的设计点表格中添加 DP 1(Angle=5°)、DP 2(Angle=10°)两个设计点,如图 11-24 所示。

	A	B	C	D	E
1	Name	Update Order	P1 - Angle	Exported	Note
2	Current	1	0		
3	DP 1	2	5	☐	
4	DP 2	3	10	☐	

图 11-24　添加新的设计点

(2)更新设计点表

单击工具栏中的 Update All Design Points 工具,更新所有设计点。

2. DP1 作为当前设计并进行后处理

(1)评估 DP 1:5°入射

鼠标右键单击 DP 1 选择 Copy Inputs Into Current,将 DP 1 拷贝为当前设计,然后单击 Update Project 更新项目。单击 Return to Project,返回 Project Schematic 窗口。

(2)观察等效应力

选择 A7 Results 单元格,双击此单元格再次进入 Mechanical。参照先前操作可绘制入射角为 5°时不同时刻的等效应力云图,如图 11-25 所示。

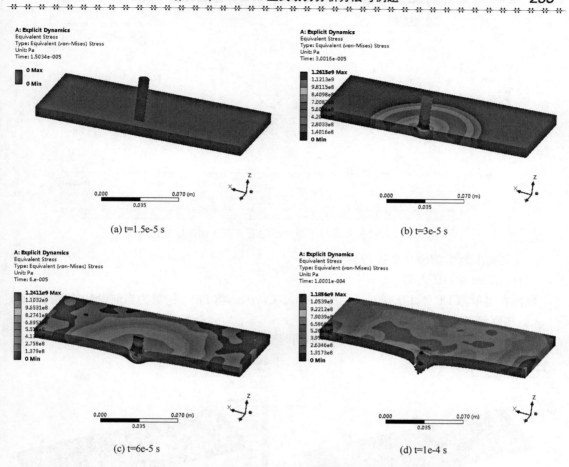

图 11-25 入射角为 5°时不同时刻的等效应力云图

(3)观察速度曲线

参照先前操作绘制入射角为 5°时子弹中心附近节点 X 及 Z 向的速度曲线,如图 11-26 及图 11-27 所示。

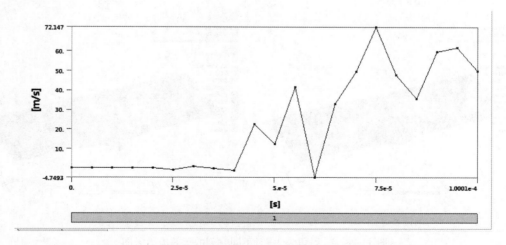

图 11-26 入射角为 5°时子弹中心附近节点 X 向速度变化曲线

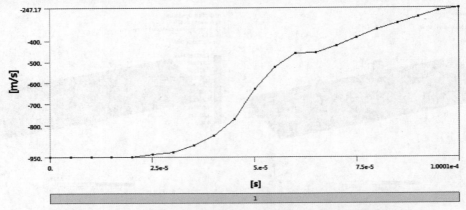

图 11-27　入射角为 5°时子弹中心附近节点 Z 向速度变化曲线

3. DP 2 作为当前设计并进行后处理

(1) 评估 DP 2：10°入射

鼠标右键单击 DP 2 并选择 Copy Inputs Into Current，将 DP 2 拷贝为当前设计并进行计算。

(2) 观察等效应力

参照先前操作可绘制入射角为 10°时不同时刻的等效应力云图，如图 11-28 所示。

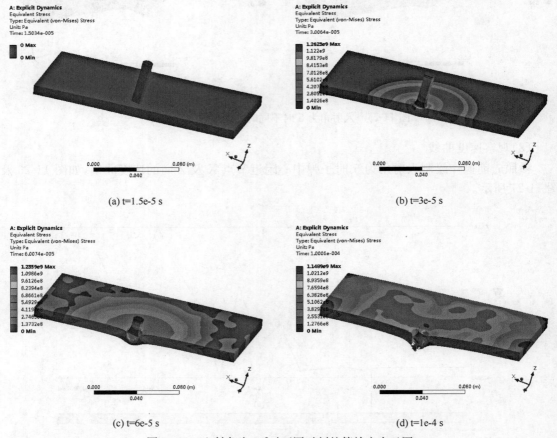

图 11-28　入射角为 10°时不同时刻的等效应力云图

(3)观察速度曲线

参照先前操作绘制入射角为10°时子弹中心附近节点 X 及 Z 向的速度曲线,如图 11-29 及图 11-30 所示。

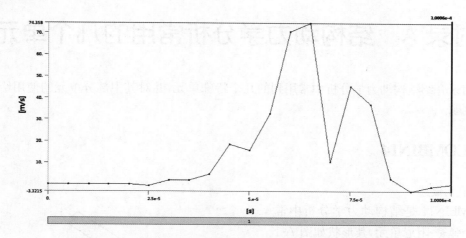

图 11-29　入射角为 10°时子弹中心附近节点 X 向速度变化曲线

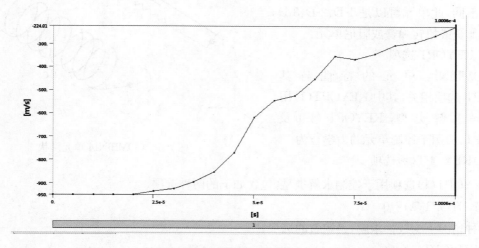

图 11-30　入射角为 10°时子弹中心附近节点 Z 向速度变化曲线

附录 A 结构动力学分析常用的几个单元

本附录介绍结构动力学分析中常用到的几个特殊单元,并对其中部分单元的使用给出具体的计算例题。

A.1 COMBIN14

1. 单元概述

COMBIN14 是结构动力学分析中常用的一个弹簧-阻尼单元,其形状如图 A-1 所示,此单元包含两个节点 I 和 J。根据选项的不同,此单元可以是 1-D、2-D、3-D 的轴向弹簧或扭转弹簧或阻尼单元。

2. KEYOPT 选项

COMBIN14 单元的特性与其 KEYOPT 选项相关,其中 KEYOPT(1)用于控制求解类型,KEYOPT(2)及 KEYOPT(3)用于控制单元的力学行为。

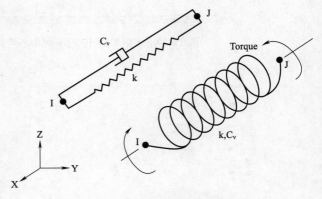

图 A-1 COMBIN14 单元形状

(1)KEYOPT(1)选项

KEYOPT(1)选项用于控制求解类型,包含如下的两种选项。

1)KEYOPT(1)=0

此种情况下为线性求解,是缺省的选项。

2)KEYOPT(1)=1

此种情况下为非线性求解,这种情况下需要定义后面的实常数 CV2 的数值。

(2)KEYOPT(2)选项

KEYOPT(2)选项用于用于控制单元的 1-D 行为自由度选项,包含如下的具体选项。

1)KEYOPT(2)=0

如果选择了此选项,则 KEYOPT(2)选项不起作用,使用下面的 KEYOPT(3)选项所指定的单元力学行为。

2)KEYOPT(2)=1

如果选择了此选项,则表示此单元为 1-D 的线弹簧-阻尼单元,且每一个节点仅有一个自由度 UX。

3)KEYOPT(2)=2

如果选择了此选项,则表示此单元为 1-D 的线弹簧-阻尼单元,且每一个节点仅有一个自由度 UY。

4)KEYOPT(2)=3

如果选择了此选项,则表示此单元为 1-D 的线弹簧-阻尼单元,且每一个节点仅有一个自由度 UZ。

5)KEYOPT(2)=4

如果选择了此选项,则表示此单元为 1-D 的扭转弹簧-阻尼单元,且每一个节点仅有一个自由度 ROTX。

6)KEYOPT(2)=5

如果选择了此选项,则表示此单元为 1-D 的扭转弹簧-阻尼单元,且每一个节点仅有一个自由度 ROTY。

7)KEYOPT(2)=6

如果选择了此选项,则表示此单元为 1-D 的扭转弹簧-阻尼单元,且每一个节点仅有一个自由度 ROTZ。

8)KEYOPT(2)=7

如果选择了此选项,则表示此单元各个节点自由度为 Pressure。

9)KEYOPT(2)=8

如果选择了此选项,则表示此单元各个节点自由度为 Temperature。

注意:KEYOPT(2)选项的优先级高于 KEYOPT(3)选项。

(3)KEYOPT(3)选项

KEYOPT(3)选项用于控制单元的 2-D、3-D 行为自由度选项,包含如下的具体选项。

1)KEYOPT(3)=0

如果选择了此选项,则表示此单元为 3-D 的线弹簧-阻尼单元。单元的每个节点有 UX、UY、UZ 三个自由度。

2)KEYOPT(3)=1

如果选择了此选项,则表示此单元为 3-D 的扭转弹簧-阻尼单元。单元的每个节点有 ROTX、ROTY、ROTZ 三个自由度。

3)KEYOPT(3)=2

如果选择了此选项,则表示此单元为 2-D 的线弹簧-阻尼单元。单元的每个节点有 UX、UY 两个自由度。这些单元必须位于 X-Y 平面内。

以上 KEYOPT 选项一般通过 KEYOPT 命令进行设置,比如 KEYOPT(1)=0,KEYOPT(2)=0,KEYOPT(3)=2,如果 COMBIN14 单元号为 1,则通过如下的命令进行设置:

KEYOPT,1,1,0

KEYOPT,1,2,0

KEYOPT,1,3,2

也可以通过 Main Menu > Preprocessor > Element Type > Add/Edit/Delete,打开

Element Types 设置框,在 Defined Element Types 列表中选择 COMBIN14 单元,按 Options 按钮,打开 COMBIN14 element type options 设置框,在其中直接指定 K1、K2 及 K3,如图 A-2 所示。

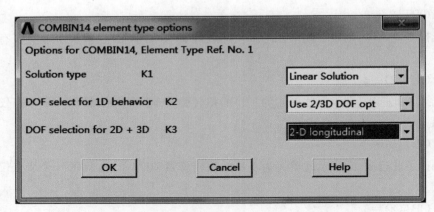

图 A-2　COMBIN14 单元的 KEYOPT 选项设置

3. 实常数

COMBIN14 单元的实常数按次序为 K,CV1,CV2,(Blank),(Blank),ILENGTH, IFORCE,这些常数的意义列于表 A-1 中。

表 A-1　COMBIN14 的实常数

序　号	实常数	意　义
R1	K	弹簧刚度系数
R2	CV1	阻尼系数
R3	CV2	阻尼系数,当 KEYOPT(1)=1 时采用
R4,R5	(Blank)	NONE
R6	ILENGTH	初始自由长度(初始圈数,K3=1)
R7	IFORCE	初始力(对于 K3=1 为初始扭矩)

实常数的指定可以通过如下的命令:
R,NSET,R1,R2,R3,R4,R5,R6
RMORE,R7,R8,R9,R10,R11,R12

如果通过界面操作,则选择菜单 Main Menu＞Preprocessor＞Real Constants＞Add/ Edit/ Delete,打开 Real Constants 设置框,在其中选择 Add 按钮,在单元列表中选择 COMBIN14,点 OK 按钮,打开 Real Constant Set Number X,for COMBIN14 设置框,如图 A-3 所示,在其中直接输入实常数的值。

COMBIN14 单元提供的回复力(扭矩)、阻尼力(扭矩)可通过这些实常数计算,计算公式如下:

$$F_x = -c_v \frac{du}{dt}$$

$$T_\theta = -c_v \frac{d\theta}{dt}$$

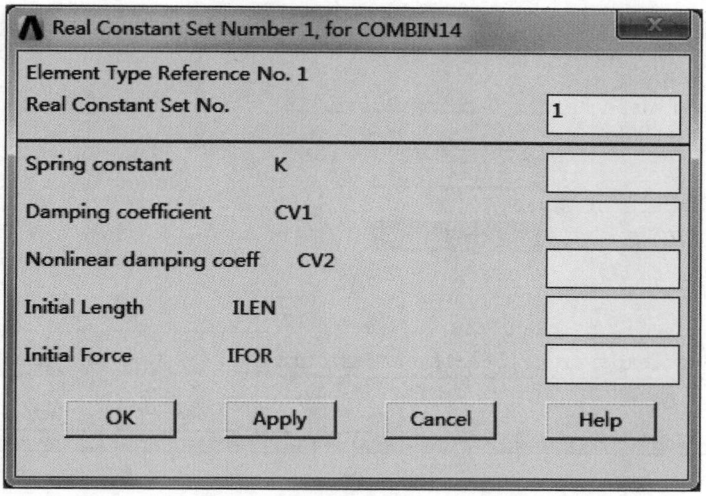

附录A 结构动力学分析常用的几个单元

图 A-3 COMBIN14 单元实常数

$$c_v = (c_v)_1 + (c_v)_2 v$$

在计算中考虑 CV2 时,必须设置 KEYOPT1=1。如果 CV2≠0,单元阻尼力是非线性的,此时计算中需要迭代求解。

单元的弹簧或阻尼特性可以通过将 K 或 CV 置零而被删除。

4. 材料参数

COMBIN14 单元可用的材料参数是刚度阻尼系数。可通过 MP,BETD 命令定义。在界面操作时可以通过选择菜单 Main Menu>Preprocessor>Material Props>Material Models,打开 Define Material Model Behavior 对话框,如图 A-4(a)所示,选择 Damping 下面的 Stiffness Multiplier 项目,在打开的设置框中输入 BETD,如图 A-4(b)所示。

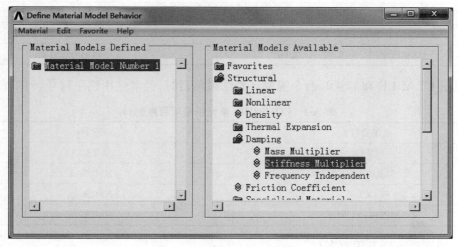

(a)

图 A-4

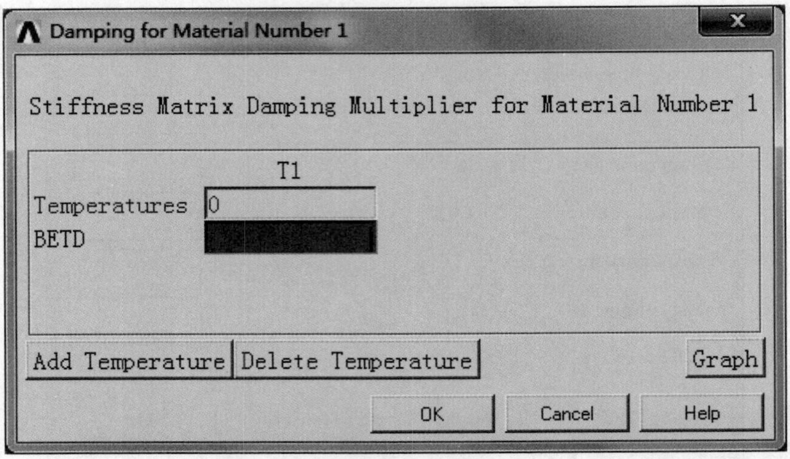

(b)

图 A-4 定义刚度阻尼系数

5. 输出参数

COMBIN14 单元的计算输出结果项目包括节点位移解以及表 A-2 所列的项目。

表 A-2 输出结果项目

输出项目	意义
EL	单元号
NODES	节点号
XC, YC, ZC	报告结果的位置坐标
FORC 或 TORQ	弹性力或扭矩
STRETCH 或 TWIST	伸长量或扭转角(弧度)
RATE	弹簧常数
VELOCITY	速度
DAMPING FORCE 或 TORQUE	阻尼力或力矩

当使用 ETABLE 和 ESOL 命令提取计算结果项目时,经常使用到序列号,列于表 A-3 中。

表 A-3 COMBIN14 单元结果项目序列号

结果项目	序列号
FORC	SMISC,1
STRETCH	NMISC,1
VELOCITY	NMISC,2
DAMPING FORCE	NMISC,3

6. 使用注意事项及限制条件

使用 COMBIN14 单元时,要注意以下的限制条件:

如果 KEYOPT(2)=0,弹簧-阻尼单元的长度不能为 0,节点 I 和节点 J 不能重合,因为此种情况下弹簧的方向与节点位置有关。

仅当 KEYOPT(2)＝0 时支持在分析中考虑应力刚化或大变形。

预加力在第一个载荷步之后不能再改变,在模态分析及谐响应分析中预加荷载被忽略不计。

当 KEYOPT(2)＞0 的情况下单元只有一个自由度,这个自由度是在节点坐标系中指定的且对两个节点是一致的,通常建议指定两个重合的节点。单元的节点 J 相对于节点 I 发生正的位移时认为弹簧受到拉伸。

对于 KEYOPT(2)＝1,2,or 3 时,单元不能提供任何力矩,如果采用了不重合的节点,且节点连线偏移了作用方向,则力矩的平衡可能无法得到满足。

A.2 MASS21

1. 单元概述

MASS21 是 ANSYS 结构动力学分析中常用的集中质量-惯性点单元,仅包含一个节点,最一般的情形此节点具有 6 个自由度:3 个方向平动以及 3 个方向的转动,在各个坐标方向可指定不相等的质量及转动惯量,如图 A-5 所示。

MASS21 单元的质量分量(单位是 Force * $Time^2$/Length)的方向以及转动惯量(单位是 Force * Length * $Time^2$)环绕的方向都是关于单元坐标系的,单元坐标系的初始方向可以是平行于总体直角坐标系的方向,也可以平行于节点坐标系的方向,与 KEYOPT(2)的设置有关。在大变形分析中,单元坐标系的方向随节点坐标系转动。

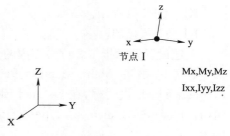

图 A-5 MASS21 单元形状

2. KEYOPT 选项

MASS21 单元的特性与其 KEYOPT 选项相关,其中 KEYOPT(1)选项用于控制实常数的意义,KEYOPT(2)选项用于控制初始单元坐标系,KEYOPT(3)选项用于控制质点的类型。

(1)KEYOPT(1)选项

KEYOPT(1)选项用于控制实常数的意义,包括以下的具体选项。

1)KEYOPT(1)＝0

实常数被理解为质量和转动惯量。

2)KEYOPT(1)＝1

实常数被理解为体积和转动惯量/密度,这种情况下,密度必须作为材料特征输入,质量以密度乘以体积的形式定义,用/ESHAPE,1 命令可以打开单元形状显示,从而可以看到单元的体积大小,可以考虑密度随温度的变化。

(2)KEYOPT(2)选项

KEYOPT(2)选项用于控制初始单元坐标系,包含如下的具体选项。

1)KEYOPT(2)＝0

这种情况下,单元坐标系初始状态下平行于总体直角坐标系。

2)KEYOPT(2)＝1

这种情况下，单元坐标系初始状态下平行于节点坐标系。

(3) KEYOPT(3)选项

KEYOPT(3)选项是用于控制质点类型，包括如下的具体选项：

1) KEYOPT(3)=0

这种情况下，MASS21单元是3-D的质点，且有转动惯性。

2) KEYOPT(3)=2

这种情况下，MASS21单元是3-D的质点，但无转动惯性。

3) KEYOPT(3)=3

这种情况下，MASS21单元是2-D的质点，且有转动惯性。

4) KEYOPT(3)=4

这种情况下，MASS21单元是2-D的质点，且无转动惯性。

MASS21的以上KEYOPT选项一般通过KEYOPT命令进行设置，比如要设置各个选项分别为KEYOPT(1)=0，KEYOPT(2)=0，KEYOPT(3)=4，如果MASS21单元号为1，可通过如下的命令进行设置：

KEYOPT,1,1,0

KEYOPT,1,2,0

KEYOPT,1,3,4

上述设置表示指定2-D平面内的集中质量，且无转动惯性。

也可以通过Main Menu＞Preprocessor＞Element Type＞Add/Edit/Delete，打开Element Types设置框，在Defined Element Types列表中选择MASS21单元，按Options按钮，打开MASS21 element type options设置框，在其中直接指定K1、K2及K3，如图A-6所示。

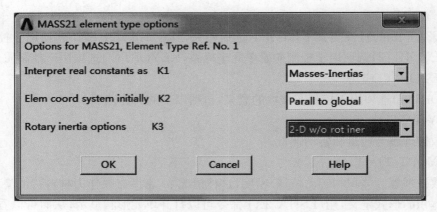

图A-6　MASS21单元的KEYOPT选项设置

3. 实常数

MASS21单元的实常数与KEYOPTION选项有关，有如下的几种情况。

(1) 情况1

当KEYOPT(3)=0时，需要输入的实常数包括MASSX、MASSY、MASSZ、IXX、IYY、IZZ。GUI操作时，可通过菜单Main Menu＞Preprocessor＞Real Constants＞Add/Edit/

Delete,打开 Real Constants 设置框,在其中选择 Add 按钮,在单元列表中选择 MASS21 单元,打开 Real Constant Set Number X,for MASS21 设置框,如图 A-7 所示,在其中直接输入实常数的值。

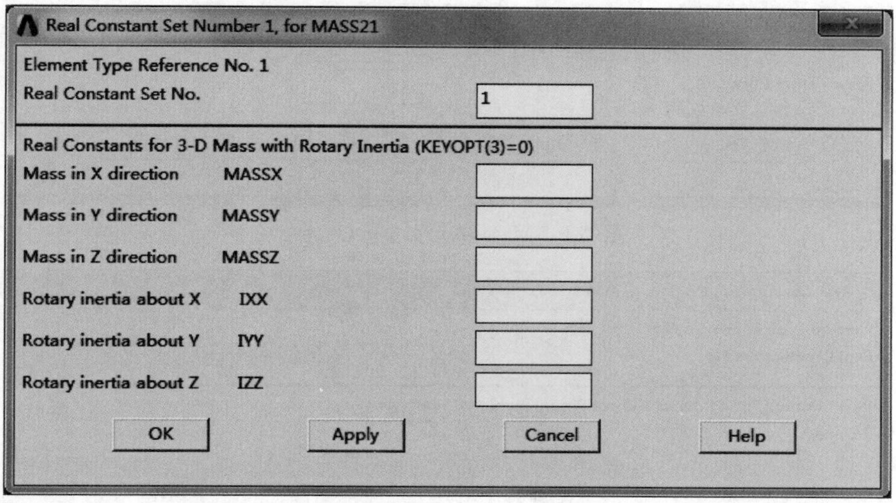

图 A-7 Mass21 的实参数(K3=0)

上述列表中,MASSX、MASSY、MASSZ 为单元坐标系中的质量分量,IXX、IYY、IZZ 是关于单元坐标系的转动惯量分量。

(2)情况 2

当 KEYOPT(3)=2 时,需要定义的实常数为 MASS,如图 A-8 所示。这种情况下,程序认为三个坐标方向的质量都等于 MASS。

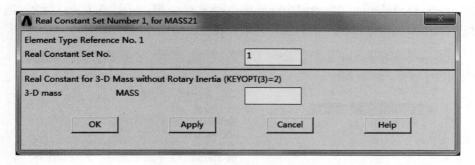

图 A-8 Mass 单元实参数(K3=2)

(3)情况 3

当 KEYOPT(3)=3 时,需要定义的实常数为 MASS 和 IZZ,如图 A-9 所示。

(4)情况 4

当 KEYOPT(3)=4 时,需要定义的实常数为 MASS,如图 A-10 所示。这种情况下,程序认为 X 和 Y 方向的质量均为 MASS。

采用批处理方式操作时,实常数的指定可以通过如下的命令:
R,NSET,R1,R2,R3,R4,R5,R6

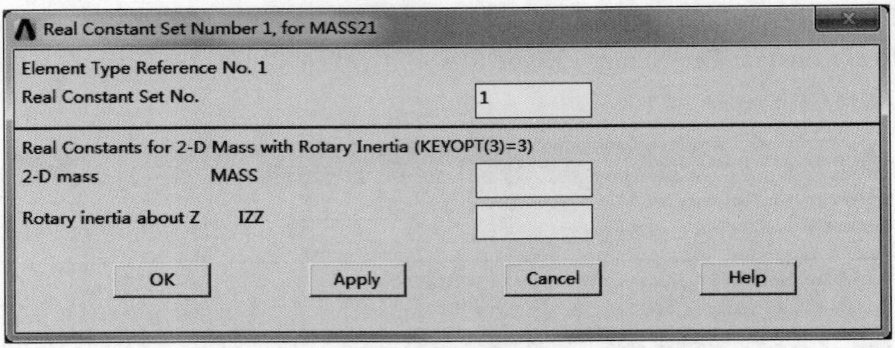

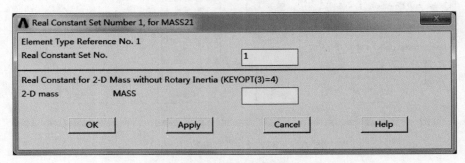

图 A-9　Mass 单元实参数（K3＝3）

图 A-10　Mass 单元实参数（K3＝4）

4. 材料参数

MASS21 单元可用的材料参数是质量 ALPD，当 KEYOPT（1）＝ 1，还需定义密度 DENS。可通过 MP，ALPD 命令或 MP，DENS 命令定义。

在界面操作时，对于 ALPD，可以通过选择菜单 Main Menu＞Preprocessor＞Material Props＞Material Models，打开 Define Material Model Behavior 对话框，如图 A-11（a）所示，选择右侧 Damping 下面的 Mass Multiplier 项目，在打开的设置框中输入 ALPD，如图 A-11（b）所示。

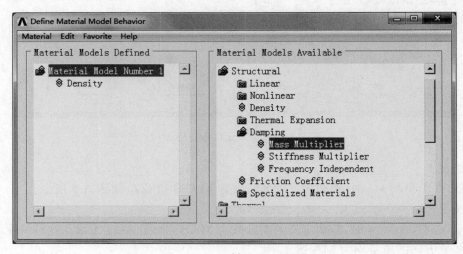

(a)

图　A-11

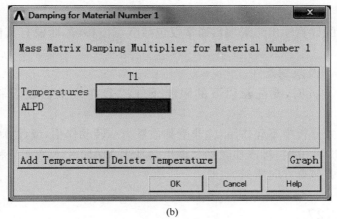

(b)

图 A-11　定义质量阻尼系数

对于 DENS,则在 Define Material Model Behavior 对话框右侧选择 Density 项目,在打开的设置框中输入 DENS 即可,如图 A-12 所示。

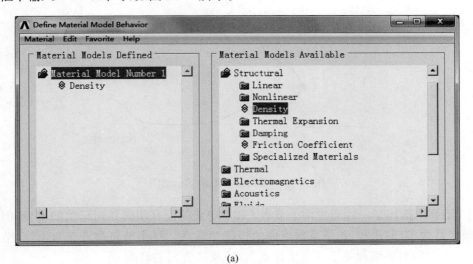

图 A-12　定义密度

5. 输出参数

MASS21 单元的计算输出结果项目通常仅包括节点位移解,而没有其他的单元计算结果输出。

6. 使用注意事项及限制条件

使用 MASS21 单元时,要注意以下的限制条件:2-D 单元被假设限制在 Z=常数的平面内。

质量单元在静力分析中不起作用,除非受到惯性力或转动作用,或计算惯性解除。

当 KEYOPT(3)= 0 时,标准质量摘要输出是基于 MASSX、MASSY 和 MASSZ 的平均。只有精确的质量摘要包含方向质量。

A.3 MATRIX27

1. 单元概述

MATRIX27 是一个抽象的矩阵单元,此单元的示意图如图 A-13 所示。

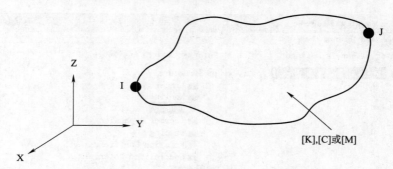

图 A-13 MATRIX27 单元示意图

MATRIX27 描述了一种通过两个节点 I 和 J 定义的没有明确几何形状的单元,但节点之间通过刚度系数、阻尼系数、质量系数组成的矩阵相联系。每个节点有 6 个自由度,节点坐标系 X、Y 及 Z 方向的平移和关于节点坐标系 X、Y 及 Z 方向的转动。

MATRIX27 单元通过两个节点以及系数矩阵来定义。刚度、阻尼、质量等矩阵系数作为单元的实常数指定。刚度系数的单位是力/长度或力×长度/弧度,阻尼系数的单位是力×时间/长度或力×长度×时间/弧度。质量系数的单位是力×时间^2/长度或力×时间^2×长度/弧度。

MATRIX27 形成的所有矩阵都是 12×12,自由度的排序依次为节点 I 以及节点 J 的 UX、UY、UZ、ROTX、ROTY、ROTZ。如果有一个节点没有用到,则使所有与此节点相关的行列置零。

组合了多个单元效应的结构矩阵通常是非负定的。偶然情况下单元矩阵可能是负定的,比如:受压杆的几何刚度矩阵,但如果有与同一节点相连的其他单元矩阵是正定的,还是可以保证最终的系统矩阵非负定。

2. KEYOPT 选项

MATRIX27 单元的特性与其 KEYOPT 选项相关,其中 KEYOPT(1)选项用于控制输入矩阵的类型是正定还是负定,KEYOPT(2)选项用于控制矩阵的对称性,KEYOPT(3)选项用于控制矩阵的物理类型,即质量矩阵、刚度矩阵还是阻尼矩阵。

(1)KEYOPT(1)选项

KEYOPT(1)选项仅当 KEYOPT(2)=0 可用,用于控制矩阵的形式,包括以下的具体选项。

1)KEYOPT(1)=0

此选项表示输入的矩阵仅能够是非负定的。

2)KEYOPT(1)=1

此选项表示输入的矩阵可以是非负定的,也可以是负定的。

(2)KEYOPT(2)选项

KEYOPT(2)选项用于设置矩阵算法,包括以下的具体选项。

1)KEYOPT(2)=0

此选项表示单元矩阵为对称矩阵,这样仅需要 78 个实常数即可。这种情况下,KEYOPT(1)= 0 为缺省选项,即按非负定矩阵输入。如果需要输入负定矩阵,需手工设置 KEYOPT(1)=1 以避免负定矩阵检查。对后面的 KEYOPT(2)=2,3 则没有这一问题。

2)KEYOPT(2)=2

此选项表示单元矩阵为非对称矩阵,这样共需要 144 个实常数。

3)KEYOPT(2)=3

此选项表示单元矩阵为斜对称矩阵,这样仅需要 66 个实常数。

(3)KEYOPT(3)选项

KEYOPT(3)选项用于设置矩阵类型,包括如下的具体选项。

1)KEYOPT(3)=2

这种情况下用于定义一个 12×12 的质量矩阵。

2)KEYOPT(3)=4

这种情况下用于定义一个 12×12 的刚度矩阵。

3)KEYOPT(3)=5

这种情况下用于定义一个 12×12 的阻尼矩阵。

(4)KEYOPT(4)选项

KEYOPT(4)选项用于设置单元矩阵输出选项,包括如下的具体选项。

1)KEYOPT(4)=0

这种情况下不打印输出单元矩阵。

2)KEYOPT(4)=1

这种情况下载求解阶段的一开始打印输出单元矩阵。

MATRIX27 的以上 KEYOPT 选项一般通过 KEYOPT 命令进行设置,比如要设置各个选项分别为 KEYOPT(1)=0,KEYOPT(2)=0,KEYOPT(3)=4,KEYOPT(4)=0,如果 MATRIX27 单元号为 1,可通过如下的命令进行设置:

KEYOPT,1,1,0

KEYOPT,1,2,0

KEYOPT,1,3,4

KEYOPT,1,4,0

上述设置表示指定对称正定的刚度矩阵,且不打印输出。

也可以通过 Main Menu > Preprocessor > Element Type > Add/Edit/Delete,打开 Element Types 设置框,在 Defined Element Types 列表中选择 MATRIX27 单元,按 Options 按钮,打开 MATRIX27 element type options 设置框,在其中直接指定 K2、K3 及 K4,如图 A-14 所示。

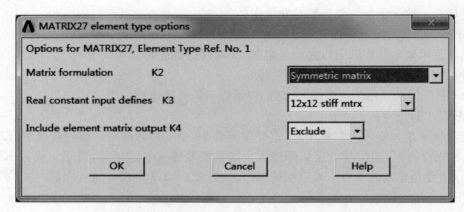

图 A-14 MATRIX27 单元的 KEYOPT 选项设置

3. 实常数

MATRIX27 单元的实常数与 KEYOPT 选项有关,有如下的几种情况。

(1)情况 1

当 KEYOPT(2)=0 时,需要定义的实常数有 78 个,依次为矩阵的上三角元素,按行顺序进行输入,即 $C_1, C_2, \ldots, C_{78}$。

GUI 操作时,可通过菜单 Main Menu > Preprocessor > Real Constants > Add/Edit/Delete,打开 Real Constants 设置框,在其中选择 Add 按钮,在单元列表中选择 MATRIX27 单元,打开 Real Constant Set Number X, for MATRIX27 设置框,如图 A-15 所示,在其中直接输入矩阵元素。

这里举一个矩阵系数输入的简单的例子,比如在 KEYOPT(2) = 0 and KEYOPT(3) = 4 情况下,一个简单的弹簧,在节点坐标的 X 方向有刚度 K,则输入的实常数应为 $C_1 = C_{58} = K, C_7 = -K$。

(2)情况 2

当 KEYOPT(2)=2 时,需要定义的实常数有 144 个,按行顺序逐行输入矩阵的元素,依次为 $C_1, C_2, \ldots, C_{144}$,即非对称矩阵的各元素。

GUI 操作时,在如图 A-16 所示设置框中输入各元素。

(3)情况 3

当 KEYOPT(2)=3 时,对角元素均为零。需要定义的实常数有 66 个,按行顺序逐行输入矩阵的各上三角非零元素,即 $C_1, C_2, \ldots, C_{66}$。

GUI 操作时,在如图 A-17 所示设置框中输入各元素。

采用批处理方式操作时,实常数的指定可以通过如下的命令:

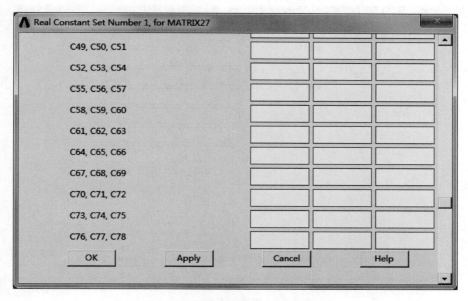

图 A-15 对称矩阵情况的实常数

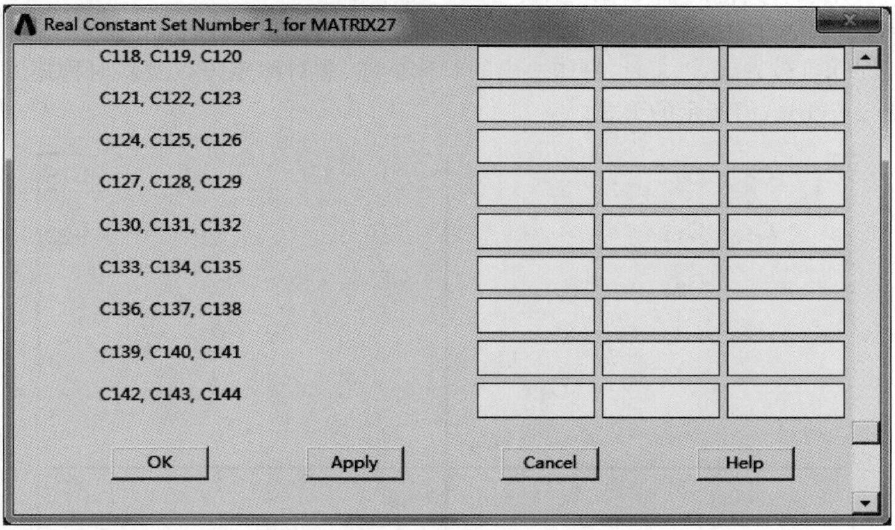

图 A-16 不对称矩阵元素输入

R,NSET,R1,R2,R3,R4,R5,R6
RMORE,R7,R8,R9,R10,R11,R12

4. 材料参数

MATRIX27 单元可用的材料参数是阻尼系数 ALPD 和 BETD,与所选择的矩阵类型有关。可通过 MP,ALPD 命令或 MP,BETD 命令定义。界面操作方法与前面介绍的其他单元相同,这里不再重复介绍。

5. 输出参数

MATRIX 单元的计算输出参数通常仅包括节点位移解答。除非要求输出单元的反力或

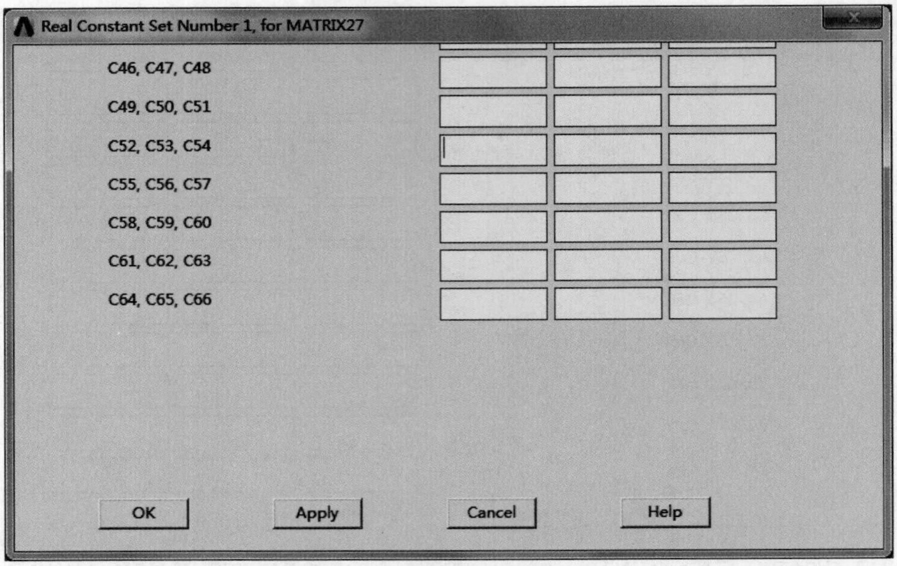

[图 A-17 矩阵上三角元素输入]

能量信息,否则没有其他的单元结果项目输出。此外,当 KEYOPT(4)＝1 会导致在第一个载荷步的第一个子步打印输出单元矩阵。

当 KEYOPT(2)＝0,2,3 时,打印输出的对称矩阵、非对称矩阵以及斜对称矩阵分别具有如图 A-18(a)、(b)、(c)所示的形式。

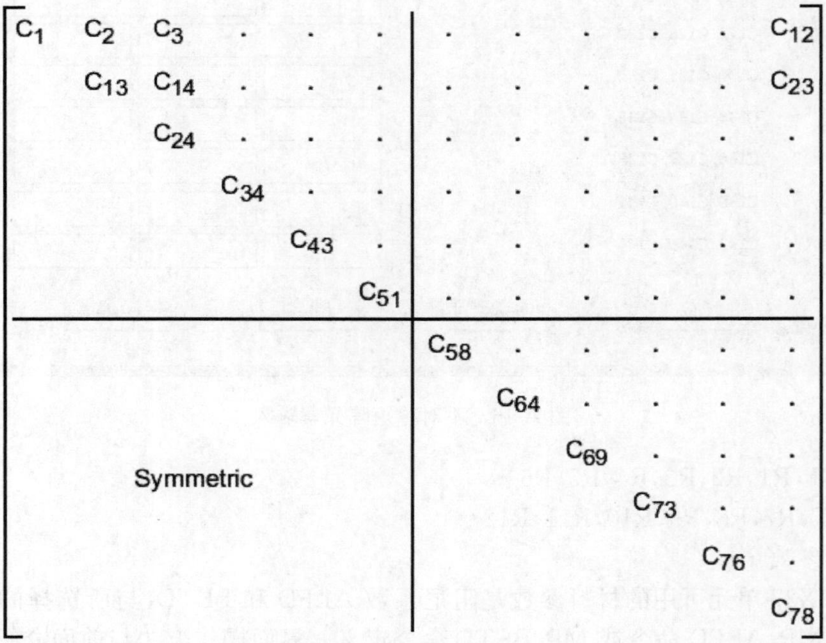

(a) KEYOPT(2)=0时打印输出的对称矩阵

图　A-18

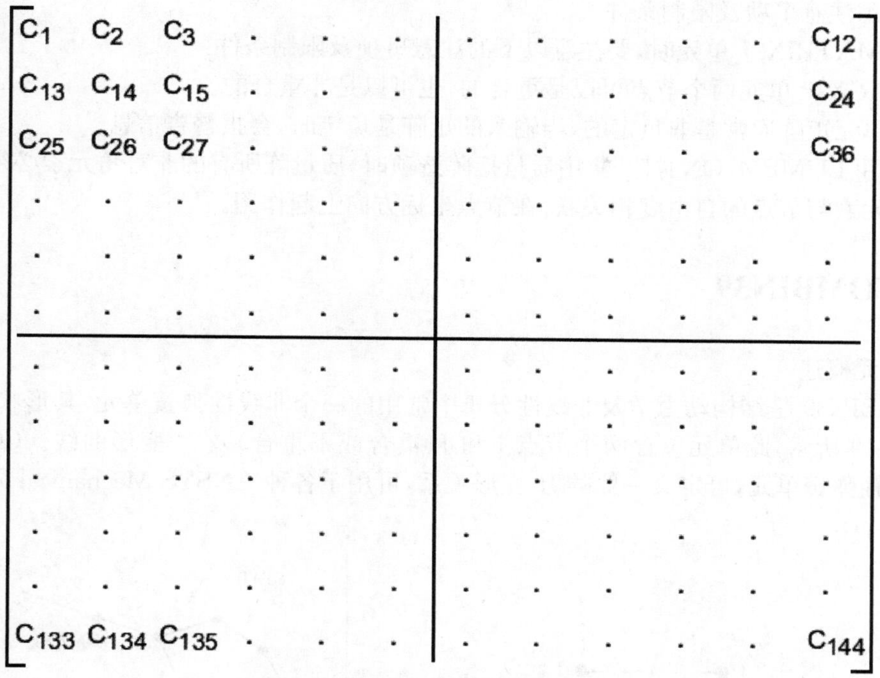

$$\begin{bmatrix}
C_1 & C_2 & C_3 & \cdot & \cdot & \cdot & \cdot & \cdot & \cdot & \cdot & \cdot & C_{12} \\
C_{13} & C_{14} & C_{15} & \cdot & \cdot & \cdot & \cdot & \cdot & \cdot & \cdot & \cdot & C_{24} \\
C_{25} & C_{26} & C_{27} & \cdot & \cdot & \cdot & \cdot & \cdot & \cdot & \cdot & \cdot & C_{36} \\
\cdot & \cdot & \cdot & \cdot & \cdot & \cdot & \cdot & \cdot & \cdot & \cdot & \cdot & \cdot \\
\cdot & \cdot & \cdot & \cdot & \cdot & \cdot & \cdot & \cdot & \cdot & \cdot & \cdot & \cdot \\
\cdot & \cdot & \cdot & \cdot & \cdot & \cdot & \cdot & \cdot & \cdot & \cdot & \cdot & \cdot \\
\cdot & \cdot & \cdot & \cdot & \cdot & \cdot & \cdot & \cdot & \cdot & \cdot & \cdot & \cdot \\
\cdot & \cdot & \cdot & \cdot & \cdot & \cdot & \cdot & \cdot & \cdot & \cdot & \cdot & \cdot \\
\cdot & \cdot & \cdot & \cdot & \cdot & \cdot & \cdot & \cdot & \cdot & \cdot & \cdot & \cdot \\
\cdot & \cdot & \cdot & \cdot & \cdot & \cdot & \cdot & \cdot & \cdot & \cdot & \cdot & \cdot \\
\cdot & \cdot & \cdot & \cdot & \cdot & \cdot & \cdot & \cdot & \cdot & \cdot & \cdot & \cdot \\
C_{133} & C_{134} & C_{135} & \cdot & \cdot & \cdot & \cdot & \cdot & \cdot & \cdot & \cdot & C_{144}
\end{bmatrix}$$

(b) 当KEYOPT(2)=2时打印输出的非对称矩阵

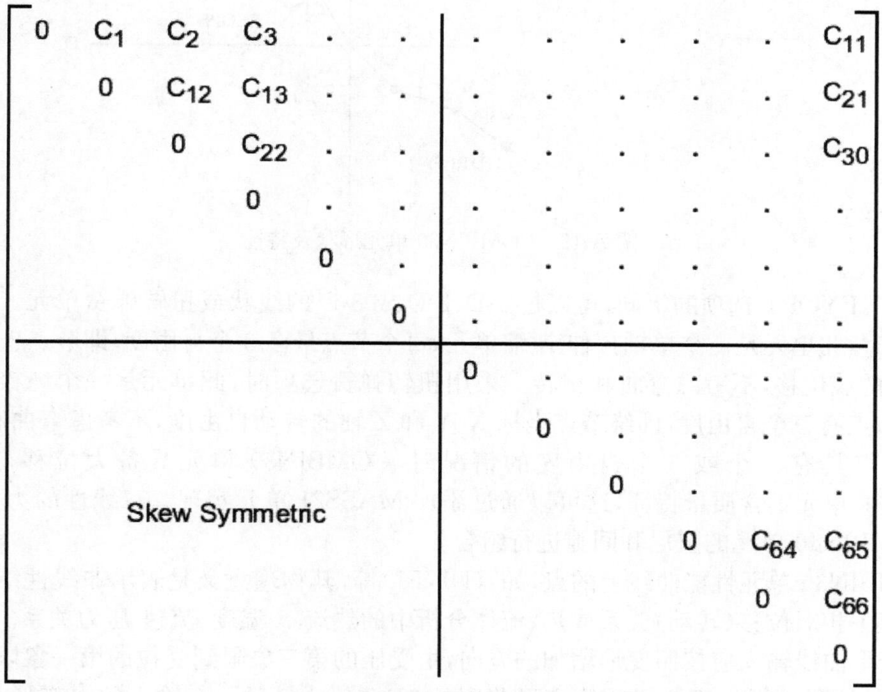

$$\begin{bmatrix}
0 & C_1 & C_2 & C_3 & \cdot & \cdot & \cdot & \cdot & \cdot & \cdot & \cdot & C_{11} \\
 & 0 & C_{12} & C_{13} & \cdot & \cdot & \cdot & \cdot & \cdot & \cdot & \cdot & C_{21} \\
 & & 0 & C_{22} & \cdot & \cdot & \cdot & \cdot & \cdot & \cdot & \cdot & C_{30} \\
 & & & 0 & \cdot & \cdot & \cdot & \cdot & \cdot & \cdot & \cdot & \cdot \\
 & & & & 0 & \cdot & \cdot & \cdot & \cdot & \cdot & \cdot & \cdot \\
 & & & & & 0 & \cdot & \cdot & \cdot & \cdot & \cdot & \cdot \\
 & & & & & & 0 & \cdot & \cdot & \cdot & \cdot & \cdot \\
 & & & & & & & 0 & \cdot & \cdot & \cdot & \cdot \\
 & \text{Skew Symmetric} & & & & & & & 0 & \cdot & \cdot & \cdot \\
 & & & & & & & & & 0 & C_{64} & C_{65} \\
 & & & & & & & & & & 0 & C_{66} \\
 & & & & & & & & & & & 0
\end{bmatrix}$$

(c) 当KEYOPT(2)=3时打印输出的斜对称矩阵

图 A-18 打印输出的矩阵示意图

6. 使用注意事项及限制条件

使用 MATRIX27 单元时,要注意以下的注意事项及限制条件:

MATRIX27 单元两个节点可以是重合的,也可以是非重合的。

由于单元矩阵通常是非负定的,当输入的矩阵是负定时,会报警告信息。

当使用[LUMPM,ON]打开集中质量矩阵选项时,质量阵所有的非对角元素必须为零。

矩阵元素与节点的自由度相关联,在节点坐标方向上起作用。

A.4 COMBIN39

1. 单元概述

COMBIN39 是结构动力学及非线性分析中常用的一个非线性弹簧单元,其形状及力学特性如图 A-19 所示,此单元包含两个节点 I 和 J(重合或不重合)及力-变形曲线。COMBIN39 是一个单轴弹簧单元,可定义一般的力-变形关系,可用于各种 ANSYS Mechanical 分析类型。

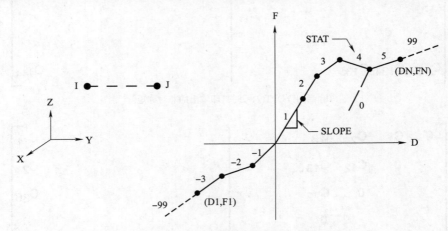

图 A-19 COMBIN39 单元形状及特性

根据 KEYOPT 选项的不同,可以是 1-D、2-D 或 3-D 的线状或扭转弹簧单元。采用线状单元选项时,此单元是一个单轴拉伸-压缩单元,每个节点最多 3 个自由度,即节点坐标系 X、Y 和 Z 方向的线位移,不考虑弯曲和扭转。采用扭转弹簧选项时,此单元是一个纯粹的旋转单元,每个节点有三个自由度,即绕节点坐标 X、Y 和 Z 轴的转动自由度,不考虑弯曲和轴向力。当每个节点具有 2 个或 3 个自由度的情况时,COMBIN39 单元具备大位移分析能力。COMBIN39 单元不含质量特征,这可以通过添加 MASS21 单元实现。双线性的力-变形单元可与 COMBIN40 单元的阻尼和间隙进行组合。

COMBIN39 单元性能曲线上的点,如:(D1,F1)等,其物理意义是表示非线性结构分析中的力(力矩)-相对位移(转动)关系或热、流体分析中的热流率-温度、流速-压力关系。

力-变形曲线输入应按照变形增加的方向,由受压的第三象限到受拉的第一象限。相邻点之间的位移增量不得小于曲线整体变形范围的 1E-7 倍。最后一个输入的点变形必须为正。曲线各段应避免倾向于垂直于变形轴。如果超出了定义的力-变形曲线,将保持最后一段定义的斜率。如受压部分的曲线是显性定义(而不是受拉段的反射)时,至少应有一个点位于(0,0)和一个第一象限的受拉点。如果使用对称反射选项,则曲线的点数可以翻倍。当 KEYOPT

(2)=1时,单元不受压,力-变形曲线不应在第三象限定义。此外,仅受拉的行为可能导致类似接触单元的收敛困难。

曲线各分段的斜率可正可负,但原点位置处的斜率必须为正。当 KEYOPT(1)=1 时,结束点的斜率不能为负,力-变形曲线的点不能定义到第二或第四象限,且任何一段的斜率不能大于原点的斜率。

KEYOPT(1)选项允许沿着加载相同路径卸载或平行原点斜率卸载,后一选项可以模拟滞回效应。KEYOPT(1)选项和 KEYOPT(2)选项可用于提供多种加载曲线,如图 A-20 所示。

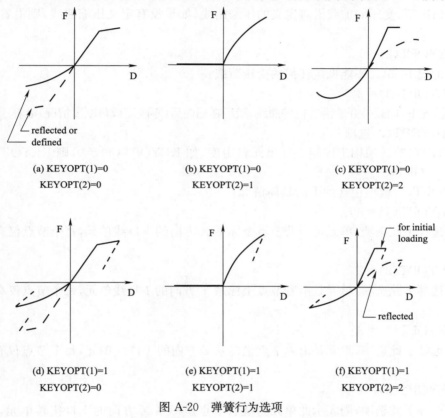

图 A-20 弹簧行为选项

图 A-20 中,前三种为保守行为,后面三种为非保守行为。

对于 KEYOPT(4)=1,3 的 3-D 和 2-D 单元情形,是一个单轴的拉伸压缩弹簧单元,每个节点 3 个或 2 个自由度,这种情况可以考虑应力刚化,可通过 NLGEOM,ON 打开几何非线性开关,但不能承受弯曲和扭转。KEYOPT(4)=2 的扭转弹簧情形,是一个纯扭转的单元,每个节点有 3 个自由度,不能承受弯曲和轴向力。弹簧力-变形曲线斜率的急剧变化会导致非线性收敛困难,这种情况下打开线性搜索(LNSRCH,ON)。

2. KEYOPT 选项

COMBIN39 单元的特性与其 KEYOPT 选项相关,其中 KEYOPT(1)选项用于控制卸载的路径,KEYOPT(2)选项用于控制单元在受压时的加载行为,KEYOPT(3)选项和 KEYOPT(4)选项用于控制单元的力学行为,KEYOPT(6)选项用于控制单元的输出。下面作具体的介绍。

(1)KEYOPT(1)选项

KEYOPT(1)选项用于控制卸载路径,包含如下的两种选项。

1) KEYOPT(1)=0

这种情况下,卸载路径将沿着加载过程相同的曲线。

2) KEYOPT(1)=1

这种情况下,卸载线平行于加载曲线的原点斜率。

(2) KEYOPT(2)选项

KEYOPT(2)选项用于控制单元在压力荷载加载时的行为,包括如下的具体选项。

1) KEYOPT(2)=0

这种情况下,受压的加载沿着定义的压缩曲线(如果没有定义压缩曲线,则沿着反射的拉伸曲线)。

2) KEYOPT(2)=1

这种情况下,单元不能抵抗任何的受压荷载。

3) KEYOPT(2)=2

这种情况下,加载一开始沿着拉伸曲线,随后在屈曲后(零刚度或负刚度情况)沿着压缩曲线。

(3) KEYOPT(3)选项

KEYOPT(3)选项用于控制 1-D 单元自由度,如 KEYOPT(4)≠0,则 KEYOPT(4)选项优先于 KEYOPT(3)选项。

KEYOPT(3)选项包含如下的具体情况:

1) KEYOPT(3)=0 或 1

如果选择了此选项,单元是沿着节点坐标系 X 方向的 1-D 线单元,每个节点仅有一个 UX 自由度。

2) KEYOPT(3)=2

如果选择了此选项,单元是沿着节点坐标系 Y 方向的 1-D 线单元,每个节点仅有一个 UY 自由度。

3) KEYOPT(3)=3

如果选择了此选项,单元是沿着节点坐标系 Z 方向的 1-D 线单元,每个节点仅有一个 UZ 自由度。

4) KEYOPT(3)=4

如果选择了此选项,则表示此单元为绕着节点坐标系 X 方向的 1-D 扭转单元,且每一个节点仅有一个自由度 ROTX。

5) KEYOPT(3)=5

如果选择了此选项,则表示此单元为绕着节点坐标系 Y 方向的 1-D 扭转单元,且每一个节点仅有一个自由度 ROTY。

6) KEYOPT(3)=6

如果选择了此选项,则表示此单元为绕着节点坐标系 Z 方向的 1-D 扭转单元,且每一个节点仅有一个自由度 ROTZ。

7) KEYOPT(3)=7

如果选择了此选项,则表示此单元各个节点自由度为 Pressure。

8) KEYOPT(3)=8

如果选择了此选项,则表示此单元各个节点自由度为 Temperature。

(4) KEYOPT(4)选项

KEYOPT(4)选项用于控制 2-D 或 3-D 单元的节点自由度，包含如下的具体选项。

1）KEYOPT(4)=0

这种情况下，使用 KEYOPT(3)选项所指定的单元性质，KEYOPT(4)不起作用。在下列的其他情况下，此选项优先级高于 KEYOPT(3)。

2）KEYOPT(4)=1

如果选择了此选项，则表示此单元为 3-D 的线弹簧单元，单元的每个节点有 UX、UY、UZ 三个自由度。

3）KEYOPT(4)=2

如果选择了此选项，则表示此单元为 3-D 的扭转弹簧单元。单元的每个节点有 ROTX、ROTY、ROTZ 三个自由度。

4）KEYOPT(4)=3

如果选择了此选项，则表示此单元为 2-D 的线弹簧单元。单元的每个节点有 UX、UY 两个自由度。这些单元必须位于 X-Y 平面内。

（5）KEYOPT(6)选项

KEYOPT(6)选项用于控制单元的输出，包含如下的具体选项：

1）KEYOPT(6)=0

这种情况下，输出单元的基本信息。

2）KEYOPT(6)=1

这种情况下，还在第一次迭代时打印输出每一个单元的力-变形表。

以上 KEYOPT 选项一般通过 KEYOPT 命令进行设置，比如 KEYOPT(1)=1，KEYOPT(2)=1，KEYOPT(3)=0，KEYOPT(4)=0，KEYOPT(6)=1，如果 COMBIN39 单元号为 1，则通过如下的命令进行设置：

KEYOPT,1,1,1
KEYOPT,1,2,1
KEYOPT,1,3,0
KEYOPT,1,4,0
KEYOPT,1,6,1

也可以通过 Main Menu > Preprocessor > Element Type > Add/Edit/Delete，打开 Element Types 设置框，在 Defined Element Types 列表中选择 COMBIN39 单元，按 Options 按钮，打开 COMBIN39 element type options 设置框，在其中直接指定 K1、K2、K3、K4 以及 K6 各选项，如图 A-21 所示。

3. 实常数

COMBIN39 单元的实常数按次序为 D1，F1，D2，F2，D3，F3，……，这些常数的序号及其意义列于表 A-4 中。

COMBIN39 单元的实常数指定可以通过如下的命令：

R,NSET,R1,R2,R3,R4,R5,R6
RMORE,R7,R8,R9,R10,R11,R12

如果通过界面操作，则选择菜单 Main Menu > Preprocessor > Real Constants > Add/Edit/Delete，打开 Real Constants 设置框，在其中选择 Add 按钮，在单元列表中选择 COMBIN39，点 OK 按钮，打开 Real Constant Set Number X, for COMBIN39 设置框，如图

A-22 所示,在其中直接输入实常数的值。

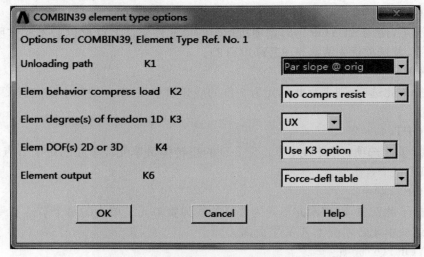

图 A-21 COMBIN39 单元的 KEYOPT 选项设置

表 A-4 COMBIN39 的实常数

序 号	实常数	意 义
1	D1	力-变形曲线第一个点的变形值
2	F1	力-变形曲线第一个点的力值
3	D2	力-变形曲线第二个点的变形值
4	F2	力-变形曲线第二个点的力值
5,…,40	D3,F3,etc.	力-变形曲线第 3 个点到第 20 个点的变形值及力值

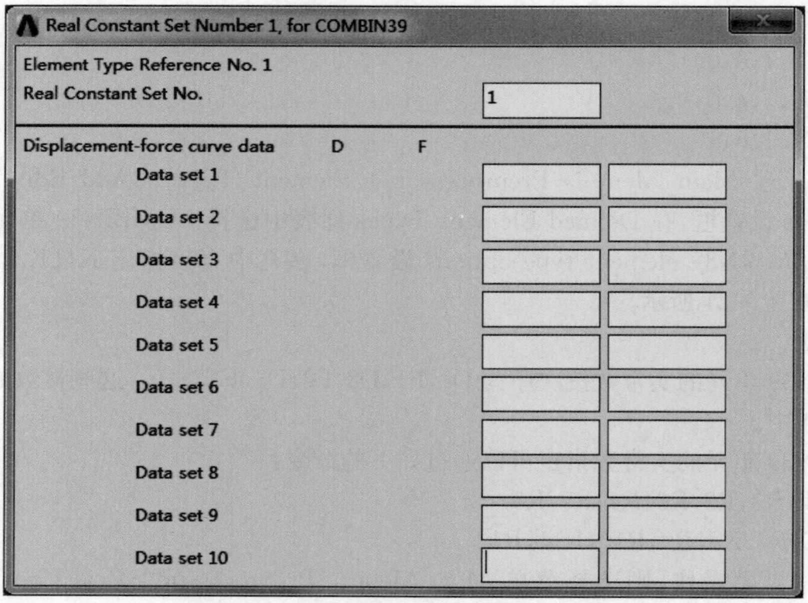

图 A-22 COMBIN39 单元实常数

4. 材料参数

COMBIN39 单元可用的材料参数是刚度阻尼系数 BETD。可通过 MP,BETD 命令定义。具体定义方法和前面相关单元的操作相同,这里不再重复介绍。

5. 输出参数

COMBIN39 单元的计算输出结果项目包括节点位移解以及表 A-5 所列的项目。

表 A-5 输出结果项目

输出项目	意 义
EL	单元号
NODES	节点号
XC,YC,ZC	报告结果位置的坐标
UORIG	反向加载的原点移位
FORCE	单元内力
STRETCH	相对位移量(包含 UORIG)
STAT	当前时间步结束时的状态参数
OLDST	当前时间步开始时的状态参数
UI,UJ	节点 I 和节点 J 的位移
CRUSH	屈曲后的力-变形曲线的状态
SLOPE	当前斜率

节点位移和力的自由度方向取决于 KEYOPT(3),在轴对称分析中,单元的内力是 360°范围的合力。STRETCH 是指当前子步结束时刻的(UX(J)−UX(I)−UORIG)值。STAT 和 OLDST 是状态参数,分别表示在当前子步和前一个子步曲线的段数,STAT 或 OLDST=0 意味着不保守的卸载过程(KEYOPT(1)= 1)。状态参数为 99 或−99 时表示当前加载的点已经超出定义的曲线范围。曲线最后一段定义的斜率将外延以提供超出位移范围的力值。

当使用 ETABLE 和 ESOL 命令提取计算结果项目时,经常使用到序列号,列于表 A-6 中。

表 A-6 COMBIN39 单元结果项目序列号

结果项目	序列号
FORC	SMISC,1
STRETCH	NMISC,1
UI	NMISC,2
UJ	NMISC,3
UORIG	NMISC,4
STAT	NMISC,5
OLDST	NMISC,6

6. 使用注意事项及限制条件

使用 COMBIN39 单元时,要注意以下的注意事项和限制条件:

如果定义 KEYOPT(4)=0,COMBIN39 单元的节点仅有一个自由度,自由度的方向通过 KEYOPT(3)在节点坐标系下定义。KEYOPT(3)还定义了力的方向。节点 I 和 J 可以是任意位置,一般建议采用重合的节点。

如果定义了 KEYOPT(4)≠0,COMBIN39 单元的节点有 2 个或 3 个位移自由度,这种情况下节点 I 和 J 不能重合,因为节点连线定义单元的受力方向。

规定节点 J 相对于节点 I 发生正的位移时单元受拉伸。

COMBIN39 单元是非线性的,求解过程需要迭代,其非线性行为仅在静力分析和非线性瞬态分析中起作用。与其他的非线性单元类似,加卸载过程要缓慢并按增量步进行,并按照实际加卸载的历史顺序。

单元所受的力符号改变时,UORIG 被重置。当 KEYOPT(2)=1 且力趋向于变负时单元不能承受和传递任何力。

当 KEYOPT(1)=1 时,单元是非线性且是非保守的。

A.5 COMBIN40

1. 单元概述

COMBIN40 是结构动力学分析中常用的一种单元,是由弹簧-滑块-阻尼并联再串联一个间隙组成的复合单元,此单元包含两个节点 I 和 J,质量可以关联到一个节点或平均分布在两个节点上,其示意图如图 A-23 所示。此单元能够用于各种 Mechanical 分析类型。

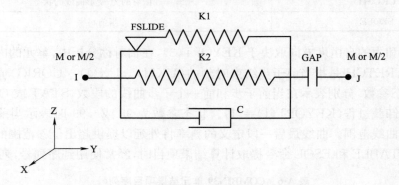

图 A-23 COMBIN40 单元示意图

在最一般情况下,COMBIN 单元通过两个节点、两个弹簧常数 K1 和 K2(力/长度)、一个阻尼系数 C(力×时间/长度)、一个质量 M(力×时间²/长度)、一个间隙尺寸 GAP(长度)以及一个极限滑动力 FSLIDE(力)所定义。括号中的各变量单位仅适用于线弹簧情形。

此单元的上述质量、弹簧、滑块、阻尼器以及间隙并不一定需要同时出现,不需要的元件可以移除。如果 K1、K2、C 中的某个为零时,对应的弹簧或阻尼元件从单元中移除。GAP 为零则间隙从单元中移除,GAP 为正表示间隙,GAP 为负表示干涉。如果间隙为零,则单元作为弹簧-阻尼-滑块组合元件,同时具有受拉和受压能力。如果间隙初始不为零,则单元的响应为:当弹簧的力(F1+F2)为负(受压),则间隙保持闭合,单元作为弹簧-阻尼并联元件。如果弹簧力为正 positive(受拉),间隙张开不传递任何力。FSLIDE 表示滑动开始前弹簧力的绝对值的极限值。当滑块弹簧的力(F1)超过 FSLIDE,滑块弹簧的力保持不变。当极限滑动力达

到|FSLIDE|时并使弹簧刚度 K1 降至零,COMBIN40 单元可以模拟分离行为。FSLIDE 为零则滑块功能被移除,形成刚性连接。如果 FSLIDE 被指定为一个负值,刚度降为零则 K1 弹簧不起任何作用。

2. KEYOPT 选项

COMBIN40 单元的特性与其 KEYOPT 选项相关,其中 KEYOPT(1)用于控制求解类型,KEYOPT(2)及 KEYOPT(3)用于控制单元的力学行为。

(1)KEYOPT(1)选项

KEYOPT(1)选项用于间隙的行为类型,包含如下的两种选项。

1)KEYOPT(1)=0

如果选择了此选项,表示间隙行为类型是标准间隙。

2)KEYOPT(1)=1

如果选择了此选项,表示间隙行为类型是在初始接触后保持关闭("锁定")。

(2)KEYOPT(3)选项

KEYOPT(3)选项用于控制单元的自由度,包含如下的具体选项。

1)KEYOPT(3)=0,1

如果选择了此选项,表示 COMBIN40 单元的每一个节点有一个位移自由度 UX,沿着节点坐标系的 X 方向。

2)KEYOPT(3)=2

如果选择了此选项,表示 COMBIN40 单元的每一个节点有一个位移自由度 UY,沿着节点坐标系的 Y 方向。

3)KEYOPT(3)=3

如果选择了此选项,表示 COMBIN40 单元的每一个节点有一个位移自由度 UZ,沿着节点坐标系的 Z 方向。

4)KEYOPT(3)=4

如果选择了此选项,表示 COMBIN40 单元的每一个节点有一个转动自由度 ROTX,绕节点坐标系的 X 轴。

5)KEYOPT(3)=5

如果选择了此选项,表示 COMBIN40 单元的每一个节点有一个转动自由度 ROTY,绕节点坐标系的 Y 轴。

6)KEYOPT(3)=6

如果选择了此选项,表示 COMBIN40 单元的每一个节点有一个转动自由度 ROTZ,绕节点坐标系的 Z 轴。

7)KEYOPT(3)=7

如果选择了此选项,则表示此单元各个节点自由度为 Pressure。

8)KEYOPT(3)=8

如果选择了此选项,则表示此单元各个节点自由度为 Temperature。

(3)KEYOPT(4)选项

KEYOPT(4)选项用于控制单元输出,包括如下的具体选项。

1)KEYOPT(4)=0

这种情况下,对于所有的状态条件产生单元打印输出。

2)KEYOPT(4)=1

这种情况下,当 GAP 为 Open(STAT=3)时抑制单元打印输出。

(4)KEYOPT(6)选项

KEYOPT(6)选项用于控制质量点的位置,具体包括如下的选项。

1)KEYOPT(6)=0

这种情况下,COMBIN40 单元的质量集中在节点 I 上。

2)KEYOPT(6)=1

这种情况下,COMBIN40 单元的质量在节点 I 和节点 J 上各分配一半。

3)KEYOPT(6)=2

这种情况下,COMBIN40 单元的质量集中在节点 I 上。

以上 KEYOPT 选项一般通过 KEYOPT 命令进行设置,比如 KEYOPT(1)=0,KEYOPT(2)=2,KEYOPT(4)=0,KEYOPT(6)=1,如果 COMBIN40 单元号为 1,则通过如下的命令进行设置:

KEYOPT,1,1,0
KEYOPT,1,3,2
KEYOPT,1,4,0
KEYOPT,1,6,1

也可以通过 Main Menu > Preprocessor > Element Type > Add/Edit/Delete,打开 Element Types 设置框,在 Defined Element Types 列表中选择 COMBIN40 单元,按 Options 按钮,打开 COMBIN40 element type options 设置框,在其中直接指定 K1、K3、K4 及 K6,如图 A-24 所示。

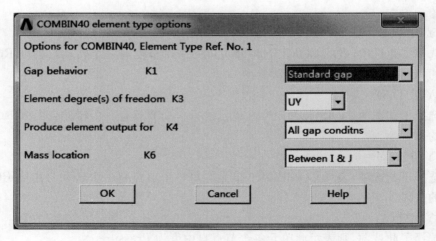

图 A-24 COMBIN40 单元的 KEYOPT 选项设置

3. 实常数

COMBIN40 单元的实常数按次序为 K1、C、M、GAP、FSLIDE、K2,这些常数的意义列于表 A-7 中。

表 A-7 COMBIN40 的实常数

序 号	实常数	意 义
R1	K1	弹簧刚度系数
R2	C	阻尼系数
R3	M	质量
R4	GAP	间隙
R5	FSLIDE	极限滑动力
R6	K2	弹簧刚度系数

实常数的指定可以通过如下的命令：
R,NSET,R1,R2,R3,R4,R5,R6
RMORE,R7,R8,R9,R10,R11,R12

如果通过界面操作，则选择菜单 Main Menu＞Preprocessor＞Real Constants＞Add/Edit/Delete，打开 Real Constants 设置框，在其中选择 Add 按钮，在单元列表中选择 COMBIN40，点 OK 按钮，打开 Real Constant Set Number X, for COMBIN40 设置框，如图 A-25 所示，在其中直接输入实常数的值。

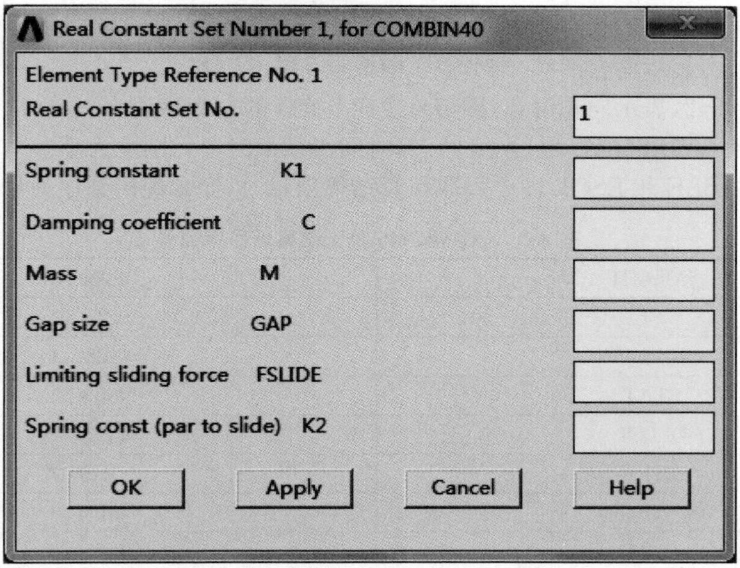

图 A-25 COMBIN40 单元实常数

4. 材料参数

COMBIN40 单元可用的材料参数是质量刚度阻尼系数 ALPD 和刚度阻尼系数 BETD。可通过 MP,ALPD 以及 MP,BETD 命令定义。界面操作的方法与前面介绍的其他单元相同，这里不再重复介绍。

5. 输出参数

COMBIN40 单元的计算输出结果项目包括节点位移解以及表 A-8 所列的项目。

表 A-8 输出结果项目

输出项目	意义
EL	单元号
NODES	节点号
XC,YC,ZC	报告结果位置的坐标
SLIDE	滑移量,GAP 闭合时 SLIDE 为零
F1	弹簧 1 中的力
STR1	弹簧 1 的相对位移
STAT	单元状态
OLDST	前一时间步的 STAT 值
UI	节点 I 的位移
UJ	节点 J 的位移
F2	弹簧 2 中的力
STR2	弹簧 2 的相对位移

表 A-8 中,STR 是子步的结束时刻弹簧位移,STR=U(J)−U(I)+GAP−SLIDE,这个值用于计算弹簧中的力。SLIDE 是子步结束时刻相对开始位置的累积滑移量。状态变量 STAT 取值有如下情况:

(1)STAT=1,表示 GAP 闭合(无滑移)。
(2)STAT=2,表示向右滑移,即节点 J 向节点 I 的右侧移动。
(3)STAT=−2,表示向左滑移,即节点 J 向节点 I 的左侧移动。
(4)STAT=3,表示 GAP 为 Open 状态,时间步结束时单元刚度为零。

当使用 ETABLE 和 ESOL 命令提取计算结果项目时,经常使用到序列号,列于表 A-9 中。

表 A-9 COMBIN40 单元结果项目序列号

结果项目	序列号
F1	SMISC,1
F2	SMISC,2
STAT	NMISC,1
OLDST	NMISC,2
STR1	NMISC,3
STR2	NMISC,4
UI	NMISC,5
UJ	NMISC,6
SLIDE	NMISC,7

6. 使用注意事项及限制条件

使用 COMBIN40 单元时,要注意以下的注意事项及限制条件:

COMBIN40 单元假设 1-D 的行为,每个节点仅有一个自由度,在节点坐标系中并按 KEYOPT 选项的指定。节点 I 和节点 J 可以是任意位置的点,通常建议指定两个重合的节点。单元的节点 J 相对于节点 I 发生正的位移时认为趋向于打开间隙,相反则间隙闭合成为一个钩子。

附录 A 结构动力学分析常用的几个单元

此单元的非线性选项仅用于静力分析及完全法瞬态分析,如在其他分析中使用,则单元保持其最初的状态。

GAP 和 FSLIDE 为零时,单元的间隙和滑块功能被自动去除。GAP 和 FSLIDE 不为零时计算需要进行迭代求解。如果 FSLIDE 不为零,单元是不保守的非线性单元。非保守的行为需要加载非常缓慢,以便跟踪按实际顺序的加载路径历史。

单元的质量仅在一个方向运动,即质量是 1-D 的,且仅可以采用集中质量矩阵。

当单元中包含间隙时,必须定义 K1 或 K2 之一,且不应指定过高的不切实际的刚度值。刚度增加时会降低收敛速度。

7. COMBIN40 单元结构动力学分析举例

下面使用 COMBIN40 单元分析本书前面几章的 2-DOF 弹簧-质量系统,并与其他单元(COMBIN14 和 MASS21 相结合)的计算结果进行比较。

(1) 模态分析

按照如下的步骤,基于 COMBIN40 单元建立 2-DOF 弹簧-质量系统的分析模型并进行模态分析,采用命令流进行。

1) 建立分析模型

建模命令流如下:

```
/filname,spring_mass
/PREP7
ET,1,COMBIN40
KEYOPT,1,3,1                    ! UX DOF
R,1,2000,10,10                  ! K1=2 000 N/m   C=10 kg/s   M=10 kg
N,1
N,3,1.0
FILL
REAL,1
E,2,1
E,3,2
D,1,ALL
/PNUM,NODE,1
/PNUM,ELEM,1
/REPLOT
FINISH
```

执行以上的命令流,得到分析模型如图 A-26 所示,图中已经标注,包括 3 个节点,2 个 COMBIN40 单元,质量点位于节点 2 和节点 3。

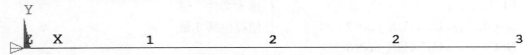

图 A-26 COMBIN40 分析模型

2) 计算模态解

按照如下的命令流进行模态分析并列表显示频率结果。

```
/SOLU
ANTYPE,MODAL              !模态分析类型
MODOPT,LANB,2,,,
SOLVE
FINISH
/POST1
SET,LIST
```

按照以上的命令流计算得到固有频率列表如图 A-27 所示。

```
***** INDEX OF DATA SETS ON RESULTS FILE *****

  SET   TIME/FREQ    LOAD STEP    SUBSTEP   CUMULATIVE
   1     1.3911          1           1          1
   2     3.6419          1           2          2
```

图 A-27 COMBIN40 单元计算的模态结果

(2) MSUP 谐响应分析

下面对阻尼比 0.05 的情况进行 MSUP 谐响应分析并提取各质点的位移频率响应曲线,命令流如下(接上面模态的命令流):

```
/SOLU                         !进入求解器
ANTYPE,HARMIC                 !HARMONIC ANALYSIS
HROPT,MSUP,2                  !MSUP 方法
HARFRQ,0,5.0                  !频率范围 0~5.0 Hz
F,3,FX,10                     !施加简谐的荷载
DMPRAT,0.05                   !阻尼比
KBC,1                         !STEP 加载
hrout,off,on                  !打开 Clust 选项
NSUBST,50                     !子步数
OUTPR,,all
OUTRES,all,all                !输出控制
SOLVE                         !求解
FINISH                        !退出求解器
/POST26                       !进入时间历程后处理器
FILE,,rfrq                    !读入文件
NSOL,2,2,U,X,UX_node2         !储存位移变量
NSOL,3,3,U,X,UX_node3
/GRID,1                       !曲线显示设置
/AXLAB,Y,DISP
```

```
PRCPLX,1
PLCPLX,0
PLVAR,2,3                          !绘制变量曲线
```
上述命令流执行后,得到各质量块的位移-频率响应曲线如图 A-28 所示。

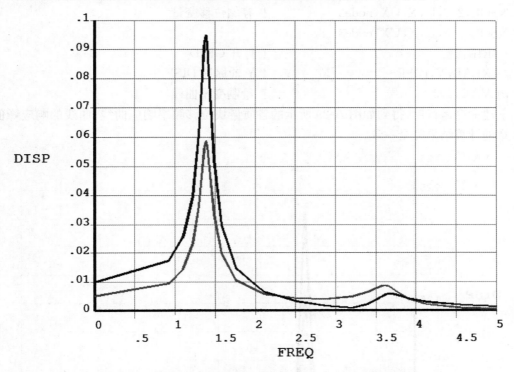

图 A-28　各质量块的位移-频率响应曲线(MSUP,COMBIN40,阻尼比 0.05)

图 A-28 中各曲线的响应峰值与之前 COMBIN14 单元和 MASS21 单元结合的方法所计算的结果完全一致。需要注意的是,MSUP 分析中不能考虑单元阻尼,因此 COMBIN40 单元的阻尼被忽略。

(3) FULL 谐响应分析

对于单元中带阻尼器的结构不能使用 MSUP 方法分析,因此采用完全法分析带有阻尼器(通过 COMBIN40 单元的实常数 C 指定)的情况,命令流如下(接上面的 COMBIN40 单元建模命令流):

```
/SOLU
ANTYPE,HARMIC                      !谐响应分析
HROPT,FULL                         !完全法
HROUT,OFF                          !幅值和相位
OUTPR,BASIC,1                      !输出项目和间隔
NSUBST,50                          !50 个子步
HARFRQ,,5                          !频率范围 0 to 5 Hz
KBC,1                              !Step 加载
```

```
F,3,FX,10                        ! 施加简谐荷载
SOLVE                            ! 求解
FINISH                           ! 退出求解器
/POST26                          ! 进入时间历程后处理
NSOL,2,2,U,X,UX_node2            ! 存储位移变量
NSOL,3,3,U,X,UX_node3
/GRID,1                          ! 打开 GRID
/AXLAB,Y,DISP                    ! Y 轴标签 DISP
PLVAR,2,3                        ! 绘制变量曲线
```

上述命令运行后,得到如图 A-29 所示的各质量块位移频率响应曲线,曲线的响应峰值与第 3 章的计算结果完全一致。

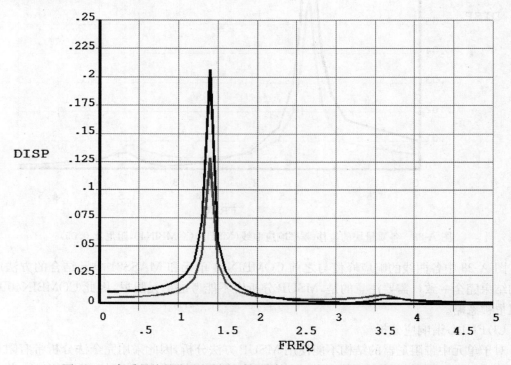

图 A-29　各质量块的位移-频率响应曲线(FULL,COMBIN40,带有阻尼器)

附录 B System Coupling 及流固耦合技术简介

ANSYS 提供了基于 Fluent 和 Mechanical 的流固耦合(FSI)分析解决方案,流体和固体求解器之间通过 Workbench 的 System Coupling 组件系统进行数据的传递。本附录简单介绍 System Coupling 组件及流固耦合分析的流程。

System Coupling 作为一个耦合分析组件,其作用是管理耦合分析流程以及在耦合分析的各参与方之间传递数据。System Coupling 中支持的参与方(Workbench 中的分析系统和组件)包括:Fluid Flow(Fluent)、Static Structural、Transient Structural、Steady-State Thermal、Transient Thermal 等 Analysis System 以及 Fluent、External Data 等 Component System。在耦合分析过程中,各参与方完成耦合分析中各自的分析任务,同时又作为数据传递的源或目标,通过 System Coupling 进行一系列单向的或双向的数据传递。

在 Workbench 中,基于 System Coupling 组件的 FSI 分析流程如图 B-1 所示。其中的各参与系统通过 Setup 单元格连接至 System Coupling 组件的 Setup 单元格,以耦合模式参与分析,形成耦合系统。当参与系统为 External Data 时,它将作为静态数据参与耦合。建立耦合后,各参与系统中 Solution 单元格右键快捷菜单中的 Update 功能将不再允许使用,这是由于此时系统的求解流程由 System Coupling 求解选项所控制。

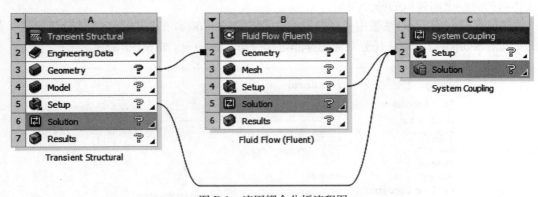

图 B-1 流固耦合分析流程图

在 Workbench 中进行一般流固耦合动力分析的实现步骤如下:

1. 创建分析项目

启动 Workbench,保存项目文件。

2. 建立分析流程

在 Project Schematic 中建立上述流固耦合分析流程,其中结构分析系统选择瞬态结构分析 Transient Structural。

3. 创建分析模型

采用 ANSYS DM 等工具创建或导入几何模型,注意流体域和固体域存在于同一个模型中。

4. 结构系统 Setup

在 Transient Structural 系统中选择 Model 单元格并进入 Mechanical 界面，进行结构域的网格划分、分析设置并施加荷载，操作方法与一般的结构瞬态分析相同，但是要在施加荷载时选择流固交界面加入 Fluid Solid Interface，如图 B-2 所示。

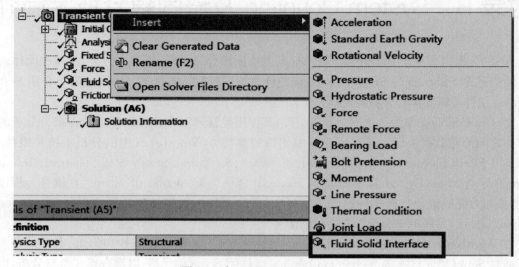

图 B-2 加入 Fluid Solid Interface

5. 流体系统 Setup

在 Fluid Flow(Fluent)系统中选择 Mesh，进入 Mesh 组件进行流体域的网格划分，注意在划分流体域的时候把固体域的部分抑制。

在 Fluid Flow(Fluent)系统中选择 Setup 单元格启动 Fluent，在其中进行流体分析设置。其中 Solution Setup 的 General 任务页面选择非定常分析 Transient，如图 B-3 所示。

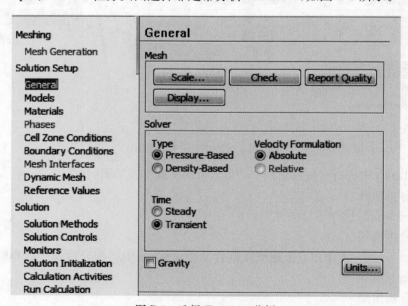

图 B-3 选择 Transient 分析

在 Solution Setup 的 Dynamic Mesh 任务页面进行动网格设置，如图 B-4 所示，勾选 Dynamic Mesh 选项。

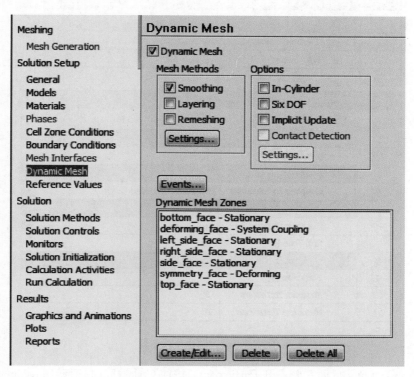

图 B-4 Dynamic Mesh 任务页面

在 Dynamic Mesh 任务页面选择 Greate/Edit 按钮，打开 Dynamic Mesh Zones，在 Zone Names 列表中选择流固耦合交界面，设置其类型为 System Coupling，如图 B-5 所示。

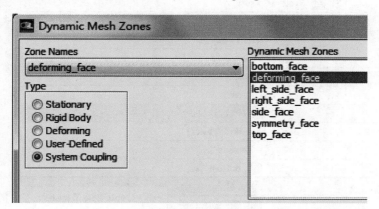

图 B-5 设置流固耦合界面

Fluent 中的其他分析设置与标准的流体分析相同，这里不再详细展开介绍。设置完成后关闭 Fluent 返回 Workbench 界面。

6. System Coupling 系统 Setup

在 Project Schematic 中选择 System Coupling 组件的 Setup 单元格，打开 System Coupling 组

件界面,在其左侧选择 Analysis Settings 分支,在其 Details 中设置耦合分析参数,如图 B-6 所示。

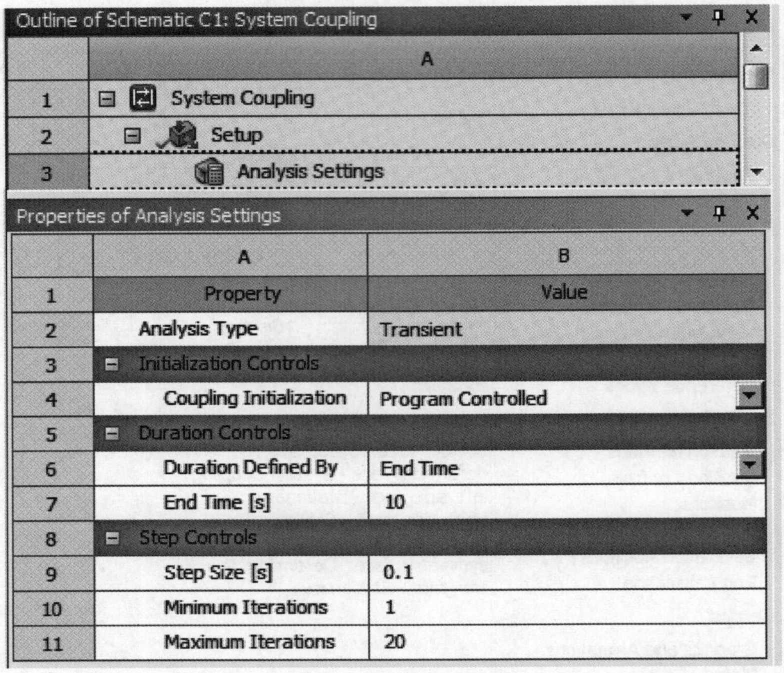

图 B-6　设置耦合分析参数

在 System Coupling 界面左侧展开 Participants,按住 Ctrl 键同时选择 Transient Structural 以及 Fluid Flow(Fluent)中的流固交界面,鼠标右键选择 Create Data Transfer,创建数据的传递,如图 B-7 所示。

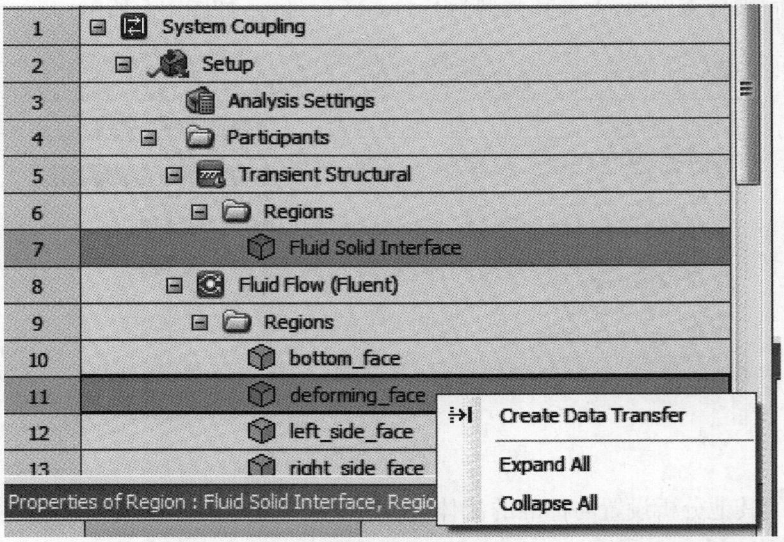

图 B-7　建立数据传递

7. 耦合分析

选择 System Coupling 界面的 Solution 分支，在工具栏选择 Update 按钮开始求解。

8. 结果后处理

计算完成后，通过 CFD-POST 后处理器查看分析结果。